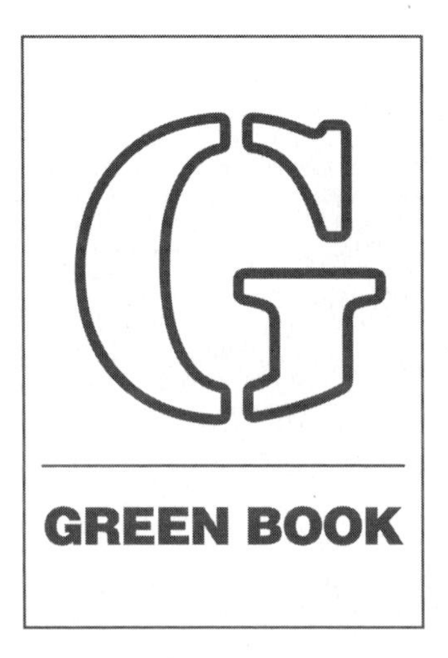

智库成果出版与传播平台

重庆生态安全与绿色发展报告（2022）

ANNUAL REPORT ON ECOLOGICAL SECURITY AND GREEN DEVELOPMENT OF CHONGQING (2022)

重庆社会科学院生态安全与绿色发展研究中心
主　　编／刘嗣方
执行主编／彭国川
副主编／朱高云　李春艳　雷　波

社会科学文献出版社
SOCIAL SCIENCES ACADEMIC PRESS (CHINA)

图书在版编目(CIP)数据

重庆生态安全与绿色发展报告．2022／刘嗣方主编
.-- 北京：社会科学文献出版社，2023.3
（重庆生态绿皮书）
ISBN 978-7-5228-1106-2

Ⅰ.①重… Ⅱ.①刘… Ⅲ.①生态环境建设-研究报告-重庆-2022 Ⅳ.①X321.271.9

中国版本图书馆 CIP 数据核字（2022）第 215553 号

重庆生态绿皮书
重庆生态安全与绿色发展报告（2022）

主　　编／刘嗣方
执行主编／彭国川
副 主 编／朱高云　李春艳　雷　波

出 版 人／王利民
责任编辑／张　媛
责任印制／王京美

出　　版／社会科学文献出版社·皮书出版分社（010）59367127
　　　　地址：北京市北三环中路甲 29 号院华龙大厦　邮编：100029
　　　　网址：www.ssap.com.cn
发　　行／社会科学文献出版社（010）59367028
印　　装／三河市东方印刷有限公司

规　　格／开 本：787mm×1092mm　1/16
　　　　印 张：22.25　字 数：334 千字
版　　次／2023 年 3 月第 1 版　2023 年 3 月第 1 次印刷
书　　号／ISBN 978-7-5228-1106-2
定　　价／138.00 元

读者服务电话：4008918866

重庆生态绿皮书编委会

主要编纂者简介

刘嗣方 重庆社会科学院党组书记、院长，重庆市社会科学界联合会兼职副主席。曾挂职巫溪县文峰区区长助理，任职城口县委副书记，先后担任中共重庆市委研究室财贸处处长、农村处（移民处）处长、专题调研处处长，中共重庆市委研究室副主任等职务。参加中央党校第四期习近平新时代中国特色社会主义思想理论研修班学习培训。曾参加香港瑞安集团重庆人才顶岗培训，参加赴美国城市规划班学习培训，参加赴德国区域经济发展专题研修班学习等。长期从事市委重要文稿起草、综合性问题和重大政策研究，参与重庆直辖以来数次市党代会报告以及党代表会议文稿起草，参与若干市委全会、重要专题会议等各类文稿起草，以及重大政策性文件起草。参与协调实施多项全市重大调研任务，承担完成了10多个市级重点课题，独立、牵头或参与起草了100多篇调研报告和专项研究报告，数十篇得到市委、市政府领导同志等重要批示并转化为决策成果。在《经济日报》《学习时报》《农民日报》《重庆日报》等报刊发表数十篇文章。获第一次经济普查工作国家级先进个人、“重庆青年五四奖章”、市直机关优秀共产党员等荣誉称号。

彭国川 重庆社会科学院生态与环境资源研究所所长，重庆市首批新型重点智库生态安全与绿色发展研究中心首席专家，经济学博士，研究员。兼任重庆市数量经济学会副会长、重庆市区域经济学会常任理事。主要从事生态经济、产业经济、区域经济研究。主持国家社科基金和省部级以上项目

30余项，为多个部门、区县、企业提供战略咨询。出版专著1部，发表学术论文30多篇；《关于建设三峡库区国家生态涵养发展示范区的建议》《关于深入推进长江上游流域综合管理的建议》《重庆筑牢长江上游重要生态屏障研究》《长江上游生态建设应构建区域合作共建机制》等近40篇决策建议被党和国家领导人、省部级领导批示。曾获得教育部人文社科优秀成果奖一等奖1项，重庆发展研究奖一等奖1项、二等奖2项、三等奖1项，重庆市社会科学优秀成果二等奖1项。

朱高云　重庆社会科学院党组成员、副院长。曾在中国嘉陵集团工作。历任重庆市委办公厅信息处副处长（正处级），重庆市委办公厅秘书四处副处长（正处级），重庆市委办公厅秘书二处副处长（正处级），重庆市秀山自治县副县长，重庆市彭水自治县县委常委、组织部部长、县委副书记，重庆市南川区委常委、区生态农业园区（区中医药科技产业园区）党工委书记。参与翻译《权力伙伴》《俄罗斯的政治体制》等书籍，主持重庆市委组织部安排的“抓党建促脱贫攻坚”课题调研，主持重庆市重大决策咨询研究课题重大项目1项，组织编制秀山自治县、彭水自治县、南川区相关领域发展规划。曾获重庆市委、市政府脱贫攻坚先进个人称号。

李春艳　重庆社会科学院生态与环境资源研究所、重庆市首批新型重点智库生态安全与绿色发展研究中心研究员，博士，重庆区域经济学会理事。主要从事区域经济、绿色发展相关领域研究。主持国家社会科学基金西部项目1项，省部级项目6项，横向项目3项；出版专著《环境规制对三峡库区绿色发展影响研究》，编著《三峡库区旅游发展案例集》；在中文核心期刊上发表论文10余篇；参与撰写决策建议近10篇，获省部级领导批示3篇；获省部级二等奖1项、三等奖2项。

雷　波　重庆市生态环境科学研究院生态环境研究所所长、教授级高级工程师。长期从事生态系统结构与功能及环境生态学相关研究。主持或主研各级、各类课题或项目40余项，近年来主要从事重庆市生物多样性综合观测网络建设、区域生物多样性调查与评估工作。获得重庆市发展研究奖三等奖1项、重庆市科技进步奖三等奖1项，授权专利10余项，发表文章40余篇。

序

党的十八大提出："把生态文明建设放在突出地位，融入经济建设、政治建设、文化建设、社会建设各方面和全过程，努力建设美丽中国，实现中华民族永续发展。"山清水秀美丽之地是习近平总书记着眼全局、心系重庆长远发展，为重庆量身定制的目标定位。习近平总书记站在人与自然和谐共生的高度，针对重庆具有特殊而重要的作用和独特的生态优势，分别于2016年、2018年、2019年多次要求重庆建设山清水秀美丽之地，强调"要把修复长江生态环境摆在压倒性位置，共抓大保护，不搞大开发"，"筑牢长江上游重要生态屏障"；"坚持生态优先、绿色发展"，"在推进长江经济带绿色发展中发挥示范作用"；要坚持"人与自然和谐共生"，"走生产发展、生活富裕、生态良好的文明发展道路"；"推动成渝地区双城经济圈建设"，"加强生态环境保护"，"推进两地生态共建和环境共保"。总书记系列重要讲话为重庆走向生态文明新时代提供了科学指引和根本遵循。

重庆深学笃用习近平生态文明思想，深入贯彻落实习近平总书记系列重要讲话和重要指示批示要求，以山清水秀美丽之地统领生态文明建设，从政治上、思想上、制度上、组织上、作风上全面发力，山清水秀美丽之地建设迈出坚实步伐，长江上游重要生态屏障进一步筑牢，污染防治攻坚战阶段性目标任务圆满完成，巴渝大地的天更蓝、山更绿、水更清、空气更清新，"山水之城·美丽之地"独特魅力更加彰显，人民日益增长的优美生态环境需要得到不断满足，生态文明建设发生了历史性、转折性、全局性变化。在实践探索上，重庆围绕生态文明建设的制度体系、责任体系、经济体系等方面，开展了率先启动环保机构垂直管理制度改革、建立司法“全覆盖”的专门化体系、探索长江生态检察官制度、建立三级“双总河长”架构、启动林长制试点、建立区域横向生态补偿提高森林覆盖率机制、形成“碳汇+”生态产品价值实现机制等系列改革探索，丰富和完善了“美丽中国”的实践路径；开展了山水林田湖草系统修复试点、创建国家生态文明建设示范区、“绿水青山就是金山银山”实践创新基地、生态环境导向的开发（EOD）模式等典型案例，为践行习近平生态文明思想提供了鲜活的重庆素材。

随着山清水秀美丽之地建设实践的深入，对其的理论研究也在不断深化。山清水秀美丽之地建设根植于新时代重庆生态文明建设实践，具有鲜明的时代特征。立足新形势新要求，紧密结合重庆实际，以从全局谋划一域、以一域服务全局的视角来看，山清水秀美丽之地具有生态系统安全、绿色低碳发展、彰显生态文化、城乡共富共美、开放协同联动、治理能力现代化等内在特征。随着认识的不断深化和实践的不断深入，结合国家战略部署和环境形势变化带来的新要求、人民群众对美好生活期盼的变化，山清水秀美丽之地的内涵和外延也将不断拓展丰富。“山清水秀美丽之地”从人与自然的基本关系出发，深刻诠释了生态文明建设与经济建设、政治建设、社会建设、文化建设的有机联系，需要系统性整体性把握。人与自然和谐共生的生态哲理，是建设山清水秀美丽之地的出发点。就自然本身而言，山清水秀美丽之地蕴含了山水林田湖草生命共同体的系统观念；就人与自然的关系而言，山清水秀美丽之地蕴含了绿水青山就是金山银山的发展理念、用最严格制度最严密法治保护生态环境的法治逻辑、生态兴则文明兴的文明史观、良好生态环境是最普惠的民生福祉的人本思想和共建人类命运共同体的全球思维。山清水秀美丽之地是美丽中国的重庆画卷，山清水秀美丽之地的标志性意象性独特，蕴含了当代生态哲学思想和生态美学意蕴。从字面上看，山清水秀美丽之地就是建设一个山清水秀、自然秀美的重庆，更进一层的含义是人类活动和生态环境之间更加和谐，具有深厚的生态哲学内涵和生态美学意蕴，表现为山水自然之美、绿色发展之美、人文精神之美、城乡家园之美和制度健全之美。

党的二十大报告提出，“中国式现代化是人与自然和谐共生的现代化”。要尊重自然、顺应自然、保护自然，坚持绿水青山就是金山银山理念，坚持绿色发展观，坚定不移走生产发展、生活富裕、生态良好的文明发展道路。放眼重庆未来发展，市第六次党代会明确要求紧紧围绕把总书记殷殷嘱托全面落实在重庆大地上这条主线，奋力书写建设山清水秀美丽之地新篇章，努力实现“生态文明建设水平显著提升”的新目标，对“深入推动绿色发展，进一步筑牢长江上游重要生态屏障”作出部署安排。新的赶考路上，我们要持续深学笃用习近平生态文明思想，以“碳达峰碳中和”目标引领经济社会发展全面绿色转型，促进坚持生态优先、推动高质量发展、创造高品质生活有机结合、相得益彰，加快建设人与自然和谐共生的现代化。要持续实施长江生态环境系统性保护修复，让一江碧水、两岸青山美景永存；要深入打好污染防治攻坚战，让人民群众获得感、幸福感、安全感持续提升；要大力拓展生态价值实现路径，让经济发展绿色动能全面增强；要不断改善城乡人居环境，实现城市让生活更美好、乡村让人们更向往；要积极培育生态文化，让尊重自然、敬畏自然、保护自然蔚然成风；要着力深化生态文明体制改革，让环境治理现代化水平显著提高；要推动共建绿色“一带一路”、构建人类命运共同体，让美丽中国的重庆故事传得更开更广更远。

重庆社会科学院生态安全与绿色发展研究中心是全市首批新型重点智库，长期致力于长江上游生态安全与绿色发展的基础理论、应用对策和公共政策研究，团队多项成果被党和国家领导人、市领导批示并转化应用。“关于建设山清水秀美丽之地内涵及指标体系研究”成果得到了市委主要领导肯定；围绕市委六次党代会专题研究“重庆推动山清水秀美丽之地建设研究”成果被吸纳进党代会报告；承担的中宣部马克思主义理论研究和建设工程2022年度重点项目“山清水秀美丽之地：习近平生态文明思想的重庆实践研究”如期结题。随着研究的深入，我们更加深刻地认识到，系统总结山清水秀美丽之地建设的创新性实践，深入挖掘阐释其理论内涵，推动系统化、学理化研究，能够为丰富发展习近平生态文明思想提供重要的实践素材支撑，更好指导重庆生态文明建设实践，为全国兄弟省市乃至美丽中国建设提供经验启示，充分彰显习近平生态文明思想的真理力量和实践伟力。2022年度重庆生态绿皮书以“山清水秀美丽之地：习近平生态文明思想重庆实践”为主题，力求全面展现在习近平生态文明思想指引下山清水秀美丽之地取得的变革性实践、突破性进展、标志性成果、实践经验和典型案例，进一步研判发展趋势、提出政策建议，以期为各级党委政府、学界、社会提供决策和理论参考。

刘嗣方

重庆社会科学院党组书记、院长

摘　要

生态文明建设是关乎中华民族永续发展的根本大计，是党中央高度关注和强调的“国之大者”。习近平总书记要求重庆加快建设山清水秀美丽之地，在推进长江经济带绿色发展中发挥示范作用，体现了习近平总书记对重庆生态文明建设的高度重视，赋予重庆更大的责任和使命。党的十九大以来，重庆深学笃用习近平生态文明思想，对标对表习近平总书记系列重要指示批示要求，以山清水秀美丽之地统领生态文明建设，从政治上、思想上、制度上、组织上、作风上全面发力，山清水秀美丽之地建设迈出坚实步伐，长江上游重要生态屏障进一步筑牢，污染防治攻坚战阶段性目标任务圆满完成，巴渝大地的天更蓝、山更绿、水更清、空气更清新，“山水之城·美丽之地”独特魅力更加彰显，人民日益增长的优美生态环境需要得到不断满足，生态文明建设发生了历史性、转折性、全局性变化。

《重庆生态安全与绿色发展报告（2022）》分为四个部分，包括总报告、生态安全篇、绿色发展篇、治理能力篇。

本报告从多个维度对重庆山清水秀美丽之地建设中存在的问题和取得的成绩进行总结分析。研究发现山清水秀美丽之地建设在思想理念、污染防治攻坚、生态系统修复、经济绿色低碳转型、城乡美丽家园建设以及生态治理体系和能力建设方面取得了显著成效，但与维持长江上游乃至长江流域生态安全的要求相比还存在一定差距，且不同区域之间发展不平衡问题需要进一步关注。未来重庆将推进实现人与自然和谐共生现代化，建成美丽中国的典型范例、长江经济带绿色发展的引领示范，为共建绿色“一带一路”、构建人类命运共同体贡献重庆智慧。

关键词： 生态安全　绿色发展　治理能力　重庆

Abstract

The construction of ecological civilization is a fundamental plan related to the sustainable development of the Chinese nation, and it is the "The Top Priorities of the Country" highly concerned and emphasized by the Central Committee of the Chinese Communist Party. Xi Jinping, General Secretary of the Communist Party of China (CPC), has required Chongqing to accelerate the construction of a beautiful place with green mountains and clear waters, and play an exemplary role in promoting the green development of the Yangtze River Economic Belt, which reflects that Xi Jinping attaches great importance to the construction of Chongqing's ecological civilization and endows Chongqing with greater responsibilities and missions. Since the 19th National Congress of the CPC, Chongqing has been deeply learning the concepts of ecological civilization and a series of important instructions to guide the construction of a beautiful place with green mountains and clear waters. Chongqing has comprehensively promoted the construction of ecological civilization politically, ideologically, institutionally and organizationally. The important ecological barriers in the Upper Reaches of the Yangtze River have been further strengthened, and the phased objectives and tasks of pollution prevention and control have been successfully completed. The sky in Chongqing is bluer, the mountains are greener, the water is clearer, and the air is fresher. The unique charm of "A Beautiful Place with Green Mountains and Clear Waters" is more evident. The peoples' growing needs for a beautiful ecological environment are constantly met. The construction of ecological civilization has undergone historic, turning and overall changes.

Annual Report on Ecological Security and Green Development of Chongqing (2022) includes four parts: General Report, Ecological Security, Green

Development, and Governance Capacity.

This report summarizes and analyzes the problems and achievements in the construction of "A Beautiful Place with Green Mountains and Clear Waters". We found that the construction of "A Beautiful Place with Green Mountains and Clear Waters" has made remarkable achievements in terms of ideology, pollution prevention and control, ecosystem restoration, green and low-carbon transformation of economy, construction of beautiful urban and rural homes, and ecological governance system and capacity building, but there is still a gap compared with the requirements of maintaining ecological security in the Upper Reaches of the Yangtze River, and the unbalanced development between different regions needs further attention. Chongqing will promote the modernization of harmonious coexistence between human and nature, build a typical example of a beautiful China, build a demonstration area for green development in the Yangtze River Economic Belt, and contribute Chongqing's wisdom to the joint construction of the green "The Belt and Road" and the construction of a community of human life.

Keywords: Ecological Security; Green Development; Governance Capacity; Chong Qing

目 录

Ⅰ 总报告

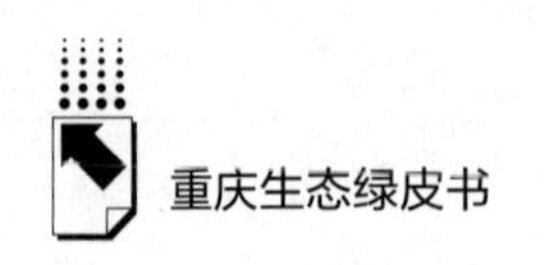

Ⅱ　生态安全篇

Ⅲ　绿色发展篇

Ⅳ　治理能力篇

CONTENTS

I General Reports

II Ecological Security

Ⅲ Green Development

Ⅳ Governance Capability

总 报 告

General Reports

G.1

重庆“山清水秀美丽之地”建设形势及展望

刘嗣方　彭国川　代云川　吕　红　李春艳　孙贵艳　朱旭森　刘严严*

摘　要： 山清水秀美丽之地是习近平生态文明思想的生动实践，是美丽中国的典型范例。随着认识不断深化和实践不断深入，山清水秀美丽之地的内涵和外延经历了从环境污染防治到生态修复放在压倒性位置再到全面绿色转型的丰富拓展过程。党的十九大以来，山

---

* 刘嗣方，重庆社会科学院党组书记、院长，研究方向为综合性问题和重大政策研究；彭国川，重庆社会科学院生态与环境资源研究所所长，生态安全与绿色发展研究中心主任、研究员，主要从事生态经济、产业经济、区域经济研究；代云川，博士，重庆社会科学院生态与环境资源研究所助理研究员，主要从事景观生态学、保护生物学、生态经济等领域研究；吕红，重庆社会科学院生态与环境资源研究所副所长、研究员，生态安全与绿色发展研究中心研究员、碳中和青年创新团队负责人，管理学博士，研究领域为绿色低碳和可持续发展；李春艳，重庆社会科学院生态与环境资源研究所（生态安全与绿色发展研究中心）研究员，主要从事区域经济、绿色发展等领域研究；孙贵艳，重庆社会科学院生态与环境资源研究所（生态安全与绿色发展研究中心）研究员，主要从事区域经济研究；朱旭森，城市与区域经济研究所副所长，主要从事区域经济、大都市圈发展、土地资源利用等研究；刘严严，重庆科技学院讲师，重庆社会科学院生态安全与绿色发展研究中心博士后，主要从事公共管理、生态经济等研究。

清水秀美丽之地建设在思想理念、污染防治攻坚、生态系统修复、经济绿色低碳转型、城乡美丽家园建设以及生态治理体系和能力建设方面取得了显著成效，未来将推进实现人与自然和谐共生现代化，建成美丽中国的典型范例、长江经济带绿色发展的引领示范，为共建绿色“一带一路”、构建人类生命共同体贡献重庆智慧。

关键词： 山清水秀美丽之地　生态建设　生态修复　重庆

生态文明建设是关乎中华民族永续发展的根本大计，是党中央高度关注和强调的“国之大者”。2016 年 1 月，习近平总书记要求重庆“成为山清水秀美丽之地”，在第一次推动长江经济带发展座谈会上指出，“要把修复长江生态环境摆在压倒性位置，共抓大保护，不搞大开发”。2018 年 3 月，习近平总书记再次强调，“加快建设山清水秀美丽之地”。2019 年又强调，重庆要在推进长江经济带绿色发展中发挥示范作用。山清水秀美丽之地是美丽中国的重庆实践，是习近平总书记着眼全局、心系重庆长远发展，为重庆量身定制的目标定位。从“成为山清水秀美丽之地”到“加快建设山清水秀美丽之地”再到“在推进长江经济带绿色发展中发挥示范作用”，体现了习近平总书记对重庆生态文明建设一以贯之的高度重视，赋予了重庆更大的责任和使命。

一　山清水秀美丽之地的产生背景

党中央高度重视重庆生态文明建设和生态环境保护，历届中央领导对重庆生态环境和生态文明建设多次作出重要指示要求。直辖之初，加强环境保护和建设就是中央交办的“四件大事”之一；党的十八大以来要求重庆筑牢长江上游生态屏障，建设山清水秀美丽之地，在推进长江经济带绿色发展中发挥示范作用。重庆勇于承担“上游责任”，始终把生态环境建设放在重要位置，努力遏制生态环境进一步恶化趋势。随着我国生态文明建设的不断推进，重庆对生态环境保护和山清水秀美丽之地建设战略意义的认识也在不断深化。真正发生根本性变化的是党的十九大以来，重庆全面贯彻习近平生态文明思想，对标对表习近平总书记系列重要指示批示要求，把生态文明建设提到全市战略和全局高度，以高度的政治责任感和历史使命感推进山清水秀美丽之地建设，从政治上、思想上、制度上、组织上、作风上全面发力，系统谋划、全面推进，山清水秀美丽之地建设发生了历史性、转折性、全局性变化。

（一）2012年以前：着力解决环境污染防治，但生态环境保护与经济社会发展的矛盾未得到根本解决

“有利于三峡工程建设和完成移民任务”是重庆直辖的三大原因之一。1998 年 3 月，江泽民同志要求重庆必须集中精力办好三峡库区百万移民、振兴老工业基地、探索大城市带动大农村的新路子、加强生态建设和环境保护“四件大事”，强调“要加强生态环境建设，实现可持续发展”，“彻底改变长江上游地区的生态环境面貌，做到青山常在，绿水长流”。1999 年中央作出的西部大开发战略部署，强调“搞好基础设施、生态环境、科技教育等基础建设”，要使“生态和环境恶化得到初步遏制”。2002 年 5 月，江泽民同志再次要求重庆“要坚持不懈地搞好生态环境保护和建设，实现经济社会的可持续发展”，“必须进一步加大生态环境保护和建设的力度，加强污染防治，搞好退耕还林还草”，“要统筹考虑和正确处理经济发展与人口、资源、环境的关系，树立正确的发展观，把控制人口、节约资源和保护环境放在重要位置”。2007 年胡锦涛同志对重庆作出“314”总体部署，强调重庆“要在节能降耗和保护环境上狠下功夫”，“加大重点流域和区域特别是库区的生态保护和污染防治力度，确保长江上游和三峡库区腹心地带生态安全”。2009 年，国务院出台《关于推进重庆市统筹城乡改革和发展的若干意见》（国发〔2009〕3 号），要求重庆实施资源环境保障策略，树立生态立市和环境优先的理念，建设长江上游生态文明示范区。

这一时期，重庆以三峡库区生态环境保护和改善城乡环境质量为重点，针对影响可持续发展和危害人民群众健康的突出生态环境问题，实施主城“山水园林城市工程”和三峡库区“绿水青山工程”，深入开展“碧水、蓝天、绿地、宁静”四大行动，生态环境恶化趋势一定程度上得到遏制。受思想认识和实践探索的局限，这一时期的生态环境工作主要集中在污染防治领域，缺乏对生态环境问题的系统治理，生态环境保护与社会经济发展的矛盾未得到根本解决。尤其是一段时间内一些人在生态环境保护上认识仍然不到位，政绩观发生严重错位，偏离科学发展观要求，一味强调 GDP 高速度增长，“大干快上”“县县搞工业园区”；不顾重庆客观实际、违背生态规律，只讲生产、不讲生态，只要温饱、不要环保，埋下不少生态环境隐患，生态环境问题没有得到根本解决。

（二）2012~2020年：把生态修复放在压倒性位置，山清水秀美丽之地建设开始发生根本性转变

当前，我国社会主要矛盾发生了转化，人们对优美生态环境的需要日益增长，到了有条件有能力解决生态环境突出问题的窗口期，既有机遇又有挑战。党的十八大把生态文明建设纳入“五位一体”总体布局和“四个全面”战略布局，建设美丽中国，实现中华民族永续发展。2016 年 1 月，习近平总书记从生态文明建设全局出发，指出要“建设长江上游重要生态屏障，推动城乡自然资本加快增值，使重庆成为山清水秀美丽之地”，“要把修复长江生态环境摆在压倒性位置，共抓大保护，不搞大开发”。2018 年 3 月，习近平总书记再次强调，希望重庆“加快建设山清水秀美丽之地”。尤其是 2019 年 4 月，习近平总书记要求重庆“在推进长江经济带绿色发展中发挥示范作用”，这一年恰逢我国西部大开发战略实施 20 周年之际，国家正抓紧谋划新时代西部大开发形成新格局，2019 年 3 月 19 日中央深改委第七次会议审议通过《关于新时代推进西部大开发形成新格局的指导意见》，强调新时代西部大开发要更加注重抓好大保护、更加注重抓好大开放、更加注重推动高质量发展。在这个背景下，习近平总书记针对重庆的重要讲话充分体

现了“三个更加注重”的要求，而且要求“发挥支撑作用”，要求重庆“在推进西部大开发形成新格局中展现新作为、实现新突破”，强调要“深入抓好生态文明建设”。

但这一时期，也有一些人对生态文明建设的认识站位不高、理解不到位，对习近平总书记关于建设长江上游重要生态屏障、使重庆成为山清水秀美丽之地的重要指示未给予充分重视，对在重庆召开的推动长江经济带发展座谈会精神没有深刻领悟、深入落实，导致全市上下在生态文明建设上的认识和行动都没有跟上。2017 年下半年以来，重庆市委、市政府坚决从政治高度对标对表中央要求，深入贯彻落实习近平总书记系列重要讲话和重要指示批示要求，把习近平总书记对重庆提出的“建设山清水秀美丽之地”上升为重要目标定位，制定专门的意见和行动方案，对标对表落实，加强生态文明建设成为全市人民的政治自觉、思想自觉和行动自觉。全市以建设山清水秀美丽之地为统领，把加强生态环境保护、推动长江经济带发展、建设山清水秀美丽之地作为有机统一体，把生态修复放在压倒性位置。市委、市政府出台《关于深入推动长江经济带发展加快建设山清水秀美丽之地的意见》和三个配套方案，明确了“路线图”“时间表”“任务书”。山清水秀美丽之地建设迈出坚实步伐，巴渝大地的天更蓝、山更绿、水更清、空气更清新，人民日益增长的优美生态环境需要得到不断满足，生态文明建设发生了历史性、转折性、全局性变化。

（三）2020年以来：全面绿色低碳转型，稳步迈向人与自然和谐共生的现代化

“十四五”时期，随着我国生态文明建设向以降碳为重点的战略转型，山清水秀美丽之地建设的主要任务也从生态修复和污染防治转向“双碳”目标下的绿色低碳全面转型。2020 年 9 月，国家主席习近平宣布中国力争 2030 年前实现碳达峰、2060 年前实现碳中和。2020 年 11 月，习近平总书记在全面推动长江经济带发展座谈会上强调“要在严格保护生态环境的前提下，全面提高资源利用效率，加快推动绿色低碳发展，努力建设人与自然

和谐共生的绿色发展示范带”。2022 年 1 月，习近平总书记再次强调，“要把‘双碳’工作纳入生态文明建设整体布局和经济社会发展全局”，为山清水秀美丽之地建设指明了方向。

这一时期，重庆立足新发展阶段，贯彻新发展理念，积极融入新发展格局，始终胸怀生态文明的“国之大者”，山清水秀美丽之地建设向纵深推进。把碳达峰、碳中和纳入经济社会发展全局，制定碳达峰、碳中和的顶层设计和行动方案，坚定不移走生态优先、绿色低碳的高质量发展道路；持续深化污染防治攻坚和生态修复，推进生态环境质量实现根本好转；持续深化生态文明体制改革，推进生态治理体系和治理能力现代化；山清水秀美丽之地建设的总体思路、战略举措、治理体系日臻成熟。

二　山清水秀美丽之地的时代内涵与重要特征

山清水秀美丽之地是习近平生态文明思想的生动实践，要运用习近平生态文明思想的立场、观点、方法，立足新形势新要求，紧密结合重庆实际，置于国家发展全局中来思考，跳出重庆看重庆，以从全局谋划一域、以一域服务全局的视角来深化认识，进一步丰富拓展山清水秀美丽之地的实践内涵。

（一）深化对建设山清水秀美丽之地的认识

准确把握山清水秀美丽之地的深刻内涵，要深入贯彻习近平生态文明思想，全面落实总书记对重庆提出的营造良好政治生态，坚持“两点”定位、“两地”“两高”目标、发挥“三个作用”和推动成渝地区双城经济圈建设等重要指示要求，立足当前形势变化，紧密结合重庆实际，置于国家发展全局中来思考，跳出重庆看重庆，做到从全局谋划一域、以一域服务全局。

一要放在把握新发展阶段、贯彻新发展理念、构建新发展格局的背景下深化认识。新发展阶段是全面建设社会主义现代化国家的阶段，主题是高质量发展。山清水秀美丽之地契合新发展阶段高质量发展的时代主题，体现了高质量发展的部署要求。从完整、准确、全面贯彻新发展理念看，建设山清水秀美丽之地就是要体现倡导绿色，把“绿色+”“+绿色”融入经济社会各方面，走生态优先、绿色发展的道路；也要体现崇尚创新，持续增强绿色低碳发展新动能；体现注重协调，实现城乡融合发展、“一区两群”协调发展；体现厚植开放，在推进长江经济带绿色发展中发挥示范作用、在推进绿色“一带一路”中做出重庆贡献；体现推进共享，探索绿色发展共同富裕实现路径。新发展格局是事关全局的系统性、深层次变革，建设山清水秀美丽之地要积极服务和融入国内国际双循环，推动生态优先绿色发展、引领高质量发展、创造高品质生活。

二要放在开启全面建设社会主义现代化新征程的背景下深化认识。习近平总书记指出，“全面建成小康社会、实现第一个百年奋斗目标之后，我们要乘势而上开启全面建设社会主义现代化国家新征程、向第二个百年奋斗目标进军”。到2035年，我国将基本实现现代化，到本世纪中叶，将建成富强民主文明和谐美丽的社会主义现代化强国。山清水秀美丽之地建设的战略安排、阶段性目标，应与全面建设社会主义现代化新征程保持一致。到“十四五”末，山清水秀美丽之地建设取得重大进展；到2035年，山清水秀美丽之地实现精神文明和物质文明全面协调发展，人的全面发展与共同富裕取得更为明显的实质性进展，实现人与自然和谐共生的现代化，在全面建设社会主义现代化国家大局中展现更大作为。

三要放在实现人民对美好生活向往的背景下深化认识。习近平总书记指出，良好生态环境是最普惠的民生福祉。山清水秀美丽之地建设关注的核心是人，以人民福祉为中心，根本目的是满足人的生态需要，保障人的生态权利，维护人的生态安全，追求人的生态幸福。推进山清水秀美丽之地建设，必须持续改善生态环境质量，提供更多干净的水、清新的空气、安全的食品、优美的环境等优质生态产品和服务，不断满足人民日益增长的优美生态环境需要，在宜居宜业宜游的城乡绿色空间中丰富高品质生活场景，让闲适生活与良好生态环境相得益彰，更好实现生态美、产业兴、百姓富的有机统一。

四要放在实现碳达峰、碳中和的背景下深化认识。习近平总书记指出，要把碳达峰、碳中和纳入生态文明建设整体布局。实现碳达峰、碳中和是一场广泛而深刻的经济社会系统性变革，是绿色高质量发展的必然要求。山清水秀美丽之地建设，要紧紧围绕碳达峰、碳中和目标要求，大力发展绿色循环低碳经济，推动经济社会发展全面绿色转型。绿色低碳发展离不开科技创新，无论是水、大气、土壤三大环保战役，还是实现碳达峰、碳中和，都需要关键技术突破。要以创新为第一动力，推进大数据智能化创新驱动发展，实现科技创新、数字化与绿色低碳的融合聚变，创造前所未有的新机遇和核心驱动力。

五要放在推进成渝地区双城经济圈建设的背景下深化认识。习近平总书记指出，“使成渝地区成为具有全国影响力的重要经济中心、科技创新中心、改革开放新高地、高品质生活宜居地，打造带动全国高质量发展的重要增长极和新的动力源”。建设山清水秀美丽之地，要实现成渝地区联动发展、“一区两群”协调发展，共同筑牢长江上游重要生态屏障，推进社会事业共建共享。要以建成高质量发展高品质生活新范例为统领，优化城乡生产生活生态空间布局，打造世界级休闲旅游胜地和城乡融合发展样板区，打造宜居宜业宜游的绿色美丽家园，建成包容和谐、美丽宜居、充满魅力的高品质生活宜居地的重庆样本。

（二）拓展山清水秀美丽之地的深刻内涵

“山清水秀”指的是以山为骨以水为脉的自然生态，体现为天蓝、地绿、水净，“一江碧水东流，两岸青山常在，万类霜天竞自由”的长江上游重要生态屏障，是美丽之地的前提和本底。

“美丽之地”内含了将人类生产生活放到自然环境之中，要求尊重自然、顺应自然、保护自然，实现人与自然和谐共生，集山水自然之美、产业素质之美、城乡特色之美和人文精神之美于一体。山水自然之美，彰显的是山环水绕、江峡相拥、巴山竞秀、渝水碧透、天蓝地绿的自然美景，是山清水秀美丽之地的底色；产业素质之美，彰显的是生态产业化、产业生态化，产业绿色低碳转型发展，城乡自然资本不断增值、绿水青山向金山银山持续转化，是山清水秀美丽之地的成色；城乡特色之美，彰显的是宜居宜业宜游的绿色美丽家园，城乡布局因地制宜、城乡建筑与山水相宜，山水、田园、城市、乡村各美其美、美美与共的山水人文画卷，是山清水秀美丽之地的亮色；人文精神之美，彰显的是独特自然禀赋和悠久历史文化的融合，让历史文化和人文精神在自然山水间活化起来、传承下去、传播开来，是山清水秀美丽之地的本色。

山清水秀美丽之地的内涵特征主要体现在六个方面。

一是确保生态安全的山清水秀美丽之地。保护好长江母亲河、维护三峡库区生态安全是重庆义不容辞的政治责任。重庆地处长江上游和三峡库区腹心地带，境内长江干流 691 公里，是国家淡水资源储备库、国家重要生物基因库，生态区位十分重要。建设山清水秀美丽之地要以“共抓大保护、不搞大开发”为导向，把筑牢长江上游重要生态屏障放在压倒性位置，坚持山水林田湖草沙系统治理，扎实推进生态治理和修复重大工程、持续推进污染防治攻坚，不断提升生态系统质量和稳定性，切实守住水安全、生物资源安全和城乡人居环境安全边界，为经济社会发展提供良好生态本底。

二是绿色低碳发展的山清水秀美丽之地。绿色低碳全面转型是山清水秀美丽之地建设的主基调。要把碳达峰、碳中和贯穿于山清水秀美丽之地建设全过程和各方面，推动能源绿色低碳发展，优化产业结构和空间格局，加快形成资源节约和环境友好的生产方式和生活方式。围绕推动产业结构优化、推进能源结构调整、支持绿色低碳技术研发推广、完善绿色低碳政策体系、健全法律法规和标准体系等，推动经济社会发展全面绿色转型。

三是彰显生态文化底蕴的山清水秀美丽之地。生态文化是生态文明建设的核心和灵魂，反映了人类认知自然、感悟自然、尊重自然、回归自然的共同成果，是人类生态智慧和文化积淀的结晶。培育生态文化，是建设山清水秀美丽之地的重要抓手，传承历史文脉、培育弘扬重庆人文精神，促进自然与人文融合，进一步丰富山清水秀美丽之地的情感和灵气。大力弘扬生态文化，用生态世界观、生态自然观、生态人文观去观察现实事物、解释现实社会、处理现实问题，更好促进生产生活方式转变，引领人与自然和谐共生的

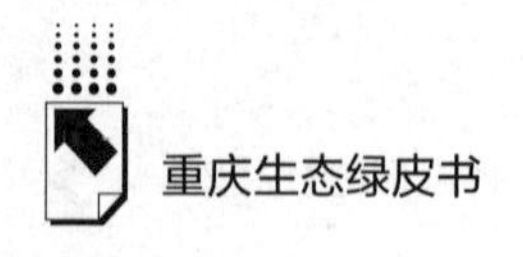

新风尚。

四是城乡宜居共美的山清水秀美丽之地。城乡是不可分离的共生主体，“城乡融合、共富共美”是山清水秀美丽之地的内在要求。山清水秀美丽之地建设，要打造国际化、绿色化、智能化、人文化的现代都市，着力建设美丽乡村，让老百姓望得见山、看得见水、记得住乡愁。系统推进城乡融合发展、城乡居民共同富裕，描绘一幅“人民物质生活富裕、精神生活富足、人与自然和谐、社会团结和睦”的文明图景。

五是开放协同联动的山清水秀美丽之地。全球和区域生态环境挑战日益严峻，防控环境污染和生态破坏是各国的共同责任。重庆地处“一带一路”和长江经济带的联结点，处于独特的生态区位，具有重要的生态功能，建设山清水秀美丽之地是融入长江生态大保护和推进绿色“一带一路”的内在要求。建设山清水秀美丽之地，加强生态环保政策、绿色基础设施、绿色技术、绿色贸易等方面区域协同治理和国际合作，有利于重庆在长江经济带绿色发展中发挥示范作用，在构建地球生命共同体中贡献重庆智慧。

六是治理能力现代化的山清水秀美丽之地。保护生态环境必须依靠制度、依靠法治，生态环境保护中最大的短板就是体制机制问题。山清水秀美丽之地建设，必须依靠完善的制度体系、政策体系、法规体系、治理体系，建立排污权、用能权、用水权、碳排放权等资源环境要素市场化交易体系。充分运用大数据、智能化、物联网等技术手段，构建智慧化生态监测体系、生态环境态势感知体系，以现代信息技术赋能生态环境治理能力现代化。

（三）把握山清水秀美丽之地的主要特征

1. 整体性

从要素看，山水林田湖草是一个生命共同体，各要素之间存在着无数相互依存、紧密联系的有机链条，牵一发而动全身；从人与自然的关系看，人与自然是一个有机的生命共同体，二者是相互依存、相互联系的整体，人类必须尊重自然、顺应自然、保护自然，否则对自然的伤害最终会伤及人类自身；从流域系统看，山清水秀美丽之地所属的长江流域涉及水、路、港、岸、产、城等多个要素，以水为纽带，连接上下游、左右岸、干支流，形成经济社会大系统，必须以系统工程整合各要素；从建设内容看，就是把山清水秀美丽之地融入经济、政治、文化、社会全面整体谋划、系统推进，实现山清水秀美丽之地建设的最优化。

2. 时代性

山清水秀美丽之地作为美丽中国的重庆实践，既要立足重庆的发展实际，又要回应时代关切。随着习近平生态文明思想的不断丰富发展、美丽中国建设的深入推进，对山清水秀美丽之地的认识将更加深入，随着社会主要矛盾、时代需求的变化其内涵也将更加丰富。山清水秀美丽之地作为中国特色社会主义现代化的组成部分，其目标任务、部署安排等，要与建成生态环境良好的生态文明国家和人与自然和谐共生的生态文明社会的现代化新征程保持内在一致性。

3. 人民性

山清水秀美丽之地建设的价值取向是以人民为中心，一切为了人民。提高生态系统稳定性和生态环境质量，创造优质生态产品，根本目的就是满足人民日益增长的优美生态环境需要。人民也是山清水秀美丽之地建设的推动者，山清水秀美丽之地建设需要充分发挥人民群众的主体性作用，广泛调动人民群众的积极性、主动性和创造性。山清水秀美丽之地的建设成效要以人民的获得感、幸福感、安全感为评价标准。

4. 地域性

从区位看，重庆地处青藏高原与长江中下游平原的过渡地带，大巴山断褶带、川东褶皱带和川湘黔隆起褶皱带三大构造单元的交会处，以山地—河流生态系统为主，是典型的“山城、江城”，构成了山清水秀美丽之地独特的自然山水本底。从地域文化来看，巴渝文化、三峡文化、抗战文化、革命文化、统战文化、移民文化等独具特色的地域文化与重庆独特的自然生态融合，构成了山清水秀美丽之地独特的人文底蕴。

5. 开放性

山清水秀美丽之地建设不是封闭进行的，需要区域联动、对外开放和互学互鉴。重庆作为长江上游生态屏障最后一道关口，从生态系统的整体性和长江流域的系统性出发，山清水秀美丽之地建设必须与四川、贵州、云南等长江上游地区实现联动，共筑长江上游重要生态屏障；必须融入长江经济带实现与长江流域各省市之间的联动发展，才能真正实现西部大开发的重要战略支点、“一带一路”和长江经济带的联结点等战略定位；在共建“一带一路”、西部陆海新通道中实现全方位对外开放。在推进山清水秀美丽之地建设过程中，既要发挥重庆已有经验的示范带动作用，又要充分借鉴国内其他地区生态文明建设、国际上跨流域治理的成功经验。

三　建设山清水秀美丽之地的进展成效

党的十九大以来，重庆深学笃用习近平生态文明思想，全面落实习近平总书记系列重要指示批示精神，勇担“上游责任”，坚持生态优先、绿色发展，生态环境质量显著改善，长江上游重要生态屏障进一步筑牢，全面绿色低碳转型迈出坚实步伐，“山水之城·美丽之地”独特魅力更加彰显，山清水秀美丽之地建设保障机制不断健全。

（一）凝聚战略共识、加强顶层设计，把生态文明建设放在战略全局的突出位置，建设山清水秀美丽之地成为全市上下政治自觉、思想自觉和行动自觉

坚持对标对表习近平总书记关于重庆生态环境保护指示要求，将山清水秀美丽之地建设融入“五位一体”总体布局和“四个全面”战略布局，保持生态文明建设和生态环境保护的战略定力，把建设山清水秀美丽之地作为重大政治责任、重大发展任务、重大民生工程摆在突出位置，建设山清水秀美丽之地深入人心，已成为全市人民的政治自觉和行动自觉。切实加强党的领导，成立了由党政一把手担任组长的市、区两级“深入推动长江经济带发展加快建设山清水秀美丽之地”领导小组，“党政同责、一岗双责”大环保格局逐步形成，为山清水秀美丽之地建设提供坚实的组织保障，确保党中

央的决策部署一以贯之。出台《关于深入推动长江经济带发展加快建设山清水秀美丽之地的意见》，对山清水秀美丽之地建设作出战略部署和系统安排，围绕环境分区管控、生态屏障建设、污染防治攻坚战、生态优先绿色发展、碳达峰碳中和等内容出台了系列规划、方案、计划和举措，确保山清水秀美丽之地目标落地。“十四五”规划纲要进一步明确了加快推动山清水秀美丽之地建设的路线图、任务书和时间表，为山清水秀美丽之地建设擘画美好蓝图。

（二）坚持问题导向、聚焦重点领域，举全市之力打赢污染防治攻坚战，生态环境质量显著改善

以解决人民群众反映强烈的突出生态环境问题为重点，以中央生态环境保护督察反映的突出问题整改为抓手，紧盯水、土、气、农业农村污染防治等重点领域和关键环节，坚持方向不变、力度不减，突出精准、科学、依法治污。以实施“双总河长制”为抓手，深入推进“三水共治”，深化工业污水、生活污水和农业农村水污染治理，2021 年实现长江干流重庆段水质全部为Ⅱ类，国家考核断面水质优良率达到 98.6%，城市集中式饮用水水源地水质达标率为 100%。加大交通、工业、扬尘和生活污染治理力度，以夏季大气污染防治攻坚和夏秋季臭氧污染防控为重点，切实打好蓝天保卫战，2021 年重庆空气质量优良天数达到 326 天。完成重点行业企业用地污染状况详查，高质量完成国家“无废城市”建设试点，全市危险废物规范化管理达到国家 A 级要求，受污染耕地和污染地块安全利用率达 95%以上，土壤和地下水环境质量总体稳定。完成农村人居环境综合整治，创建农业农村污染治理示范镇村，畜禽粪污资源化利用率稳步提升，农村生活污水治理率中西部领先，公众生态环境满意度达到 95%以上，污染防治攻坚战取得阶段性胜利。

（三）服从服务全局、担当历史使命，统筹推进山水林田湖草系统治理，长江上游重要生态屏障进一步筑牢

控制好生态保护红线、永久基本农田、城镇开发边界，率先发布“三

线一单”成果，把生态环境监管约束落实到国土空间层面。统筹推进生态保护红线评估调整和自然保护地优化整合，持续开展“绿盾”自然保护地监督检查专项行动，生态环境空间管控能力得到有效提升。推进中心城区江心岛保护和“两江四岸”、“清水绿岸”、“四山”生态治理，深入实施“两岸青山·千里林带”工程，2021年全市森林覆盖率达54.5%，生态系统质量和稳定性明显提升。全面完成长江经济带废弃露天矿山生态修复和长江干线非法码头整治，重庆山水林田湖草工程试点入选中国特色生态修复案例。全面落实长江十年禁渔令，深入开展禁渔打非专项整治行动，非法捕捞得到有效遏制。重庆山水林田湖草工程试点、广阳岛生态修复在山水林田湖草系统治理中提供了重庆经验和重庆样板。按照习近平总书记对自然保护区违建、大棚房、长江非法捕捞、锰污染等突出生态环境问题作出的重要指示批示，重庆全面对照、举一反三，深挖细查、真改实改，缙云山国家级自然保护区、长江上游珍稀特有鱼类国家级自然保护区、水磨溪县级自然保护区等突出生态环境问题整改到位。璧山区、北碚区、渝北区、黔江区、武隆区创建成为国家生态文明建设示范区，武隆区、广阳岛、渝北区、北碚区等被命名为“绿水青山就是金山银山”实践创新基地。

（四）学好用好“两山”理论、走深走实“两化路”，积极探索拓宽生态产品价值实现路径，全面绿色低碳转型迈出坚实步伐

在全国首创“提高森林覆盖率横向生态补偿机制”，形成以不同地区政府间横向生态补偿为实施主体，以森林覆盖率为指标体系的生态产品价值实现机制；建立重点生态功能区转移支付制度，实现生态服务受益地区与重点生态功能地区“双赢”。积极开展碳排放权交易试点，参与全国碳市场联建联维，建成“碳惠通”生态产品价值实现平台，完成渝东北、渝东南首批碳汇类生态产品开发，促成首批生态产品成交。坚持化解产能与产业升级相结合，以新技术、新产业、新业态为核心，充分激发生态资源禀赋产业化的新功能，有力推动数字经济领域改革发展重要先行试点，大力发展山地特色高效农业，同步推动生态旅游、生态康养产业发展，以产业发展带动生态产

品价值实现，为乡村产业振兴注入活力。实施制造业绿色发展行动，制造业智能化、高端化、绿色化、融合化趋势更加明显，2020 年高技术制造业、战略性新兴产业、服务业分别增长 18.1%、18.2%、9%，初步形成资源高效利用和绿色低碳发展新格局。把实现减污降碳协同增效作为促进经济社会全面绿色转型的总抓手，构建重庆市碳达峰、碳中和领域“1+2+6+N”政策体系，加快推动产业、能源、交通运输、用地“四个结构”调整。坚决遏制高耗能、高排放“两高”项目盲目发展，运用生态环境保护政策措施驱动产业结构调整升级，加快构建绿色低碳循环发展经济体系，开展节能、节水、节地行动，实施重点用能单位“百千万”工程，推进资源循环利用示范基地建设。全市单位 GDP 能耗和二氧化碳排放量五年累计分别下降 19.4%、22%，非化石能源占一次能源消费比重达到 19.3%。

（五）加强区域协同、推进城乡融合，统筹城市提升和乡村振兴，美丽宜居家园魅力更加彰显

始终坚持生态优先、绿色发展理念，坚持因地制宜、因势利导，聚焦城市提升和乡村振兴两大基本面，以重点项目建设、改善城市生态、发展生态农业和乡村旅游、提升村容村貌等为抓手，大力推进城市建设和美丽乡村建设，推动城市品质提升、走好乡村振兴之路。推进“一区两群”协调发展，主城都市区做大城市规模、提升城市能级，加快建设国际化绿色化智能化人文化现代大都市。渝东北三峡库区城镇群重点培育形成绿色建材、食品加工、电子信息等特色产业集群，打造生态优先绿色发展先行区。渝东南武陵山区城镇群统筹抓好产业发展与生态环境保护，形成风情浓郁、气质独特的城镇化体系，打造文旅融合发展示范区。实施城市品质提升行动，制定实施《重庆市主城区“两江四岸”治理提升实施方案》，打造长嘉汇、广阳岛、科学城、枢纽港、智慧园、艺术湾等城市新名片。创建国家生态园林城市，提升市政设施和市容环境品质，增强人民群众的幸福感。立足市情农情，以实施乡村振兴战略为总抓手，大力发展休闲农业和乡村旅游，推动美丽乡村建设。统筹农村田园风貌保护和环境整治，保护乡村自然生态景观格局和农

业生产的自然肌理，持续开展农村人居环境整治提升行动，打造巴渝特色美丽乡村，建设美丽宜居的乡村画卷。协同推进城市提升和乡村振兴，推动全域城乡绿色空间融合，2020 年城市建成区绿化覆盖率达 42.90%，人均公园面积达到 16.16 平方米，重庆城镇绿色建筑占新建建筑比例达到 57.24%，农村卫生厕所普及率达到 79.7%，自然岸线保有率达到 75%。

（六）深化体制改革、完善制度体系，推进生态治理体系和治理能力现代化，山清水秀美丽之地建设保障机制不断健全

生态文明建设最终要靠制度保障。在全国率先启动环保机构垂直管理制度改革，市和区县均组建生态环境局和生态环境综合行政执法队伍，重庆改革试点经验纳入国家总体报告。深入实施河长制改革，在全国率先推行落实市、区县、乡镇（街道）三级“双总河长”制，全面建立四级河长体系，实现“一河一长”“一库一长”全覆盖。在全国率先启动林长制试点。推动领导干部自然资源资产离任审计改革。建立例行督察、专项督察、驻点督察和日常督察“四位一体”督察体系，建立健全“市领导带头督办、市委市政府督查办重点督办、市生态环保督察机构专职督办、市级部门和区县分条块督办”常态化督办机制，创新实行“自查、核查、公示、归档、备案”整改销号“五步法”，在全国率先实现市级部门和市属国有重点企业生态环保督察“两个全覆盖”。推动环境行政执法与刑事司法机制改革，市公安局成立环境安全保卫总队，检察机关探索建立“长江生态检察官制度”，全市法院在全国率先建立组织机构纵向“全覆盖”和管辖范围横向“全覆盖”的专门化体系。深入实施生态环境损害赔偿制度改革，构建以《重庆市生态环境损害赔偿制度改革实施方案》为基础，以赔偿事件报告、损害鉴定评估等系列制度为配套的“1+12”改革制度体系，多个案例入选最高人民法院、司法部、重庆市的典型案例库。加强生态环境立法，形成以综合性环保地方性法规《重庆市环境保护条例》为核心，以《重庆市大气污染防治条例》《重庆市水污染防治条例》等专项性法规和《重庆市环境噪声污染防治办法》《重庆市建设用地土壤污染防治办法》《重庆市辐射污染防治办法》

等政府规章为配套，以系列行政规范性文件为补充的环保制度体系，以法治刚性约束保护生态环境。

四 建设山清水秀美丽之地的主要目标与战略路径

要坚持生态文明建设和生态环境保护实践中形成的有效做法和宝贵经验，保持战略定力不动摇，鼓足工作干劲不懈怠，推进绿色产业发展、绿色家园建设、绿色文化培育、绿色制度完善，以高水平保护推动高质量发展、创造高品质生活，加快实现人与自然和谐共生的现代化，奋力书写山清水秀美丽之地新篇章。

（一）山清水秀美丽之地的愿景蓝图

实现人与自然和谐共生的现代化。人与自然和谐共生的现代化是我国社会主义现代化的重要特征之一，也是山清水秀美丽之地建设的最终目标。结合全面建设社会主义现代化进程，山清水秀美丽之地建设分两步走，到2025年，山清水秀美丽之地取得重大进展，生态文明建设走在全国前列；到2035年，山清水秀美丽之地基本建成，人与自然和谐共生的现代化基本实现。具体体现为：山水林田湖草生态系统服务功能稳定恢复，环境风险得到全面管控，长江上游重要生态屏障全面筑牢；2030年前碳达峰、2060年前碳中和目标如期实现，建成绿色低碳循环经济体系，经济社会实现全面绿色转型；同步推进物质文明建设和生态文明建设，人民对美好生活需要的物质财富和精神财富、对优美生态环境需要的生态产品十分丰富，不断提升人民的获得感、幸福感、安全感；生态美、产业兴、百姓富实现有机统一，形成人与自然和谐发展的现代化建设新格局。

建成美丽中国的典型范例。把山清水秀美丽之地建成美丽中国的典型范例，意味着生态环境质量、资源能源集约利用、美丽经济发展处于国内领先和国际先进水平，经济社会全面绿色低碳转型，以山水自然之美、产业素质之美、人文特色之美、城乡家园之美和制度健全之美为主要内容，实现人与

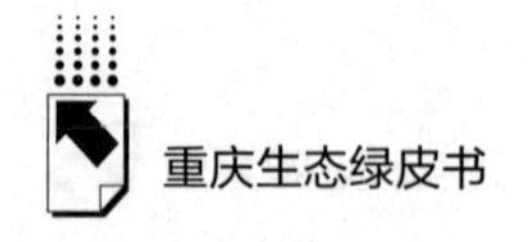

自然和谐共生的现代化，成为新时代全面展示习近平生态文明思想的重要窗口；坚持创新驱动，走智慧创新、绿色低碳之路，率先形成绿色、集约的高质量经济发展新体系；强化机制引领，走深化改革、治理能力现代化之路，率先形成完善共建共治共享的生态治理体系，山清水秀美丽之地成为美丽中国建设的实践典范和评价标杆。

长江经济带绿色发展引领示范。围绕推动长江经济带生态优先绿色发展总要求，率先实现山清水秀美丽之地建设全面绿色发展转型；进一步引领长江经济带全域绿色发展一体化，助力美丽中国建设。在推动长江经济带绿色发展实践中做好引领示范，成为“绿水青山就是金山银山”转化的样板、绿色低碳全面转型的典范，充当“引领者”；在建设绿色美好家园实践中做好引领示范，成为具有全国影响力的高品质生活宜居地，当好“示范者”；在绿色发展制度文化建设方面做好引领示范，成为生态环境治理能力现代化的先行标杆和全民生态自觉的行动榜样，成为“先行者”。

为共建绿色“一带一路”、构建人类生命共同体贡献重庆智慧。坚持人类命运共同体思想，充分利用“一带一路”和长江经济带联结点的区位优势，积极成为全球生态文明建设的重要参与者、贡献者、引领者，为构建人类生命共同体贡献重庆智慧和重庆方案，努力成为向世界展示习近平生态文明思想的重要窗口。讲好筑牢长江上游重要生态屏障、“绿水青山就是金山银山”、绿色低碳全面转型、深化生态文明体制改革、美丽中国建设、人与自然和谐共生现代化、构建人类生命共同体的重庆故事。推动共建“一带一路”国家在应对全球生态环境问题方面的国际交流合作，推进与共建国家的战略规划、环境政策、标准和技术对接，使共建绿色“一带一路”成为构建人类生命共同体的重要实践平台；聚焦应对气候变化、绿色基建、绿色能源等重点领域，为共建国家提供绿色解决方案。

（二）建设山清水秀美丽之地的战略举措

胸怀“两个大局”、牢记“国之大者”，守护好中华民族永续发展的命脉。长江是中华民族的重要发源地之一，是中华民族的母亲河，三峡库区是全国最大的淡水资源战略储备库，保护好母亲河与三峡库区事关中华民族伟大复兴和永续发展的千年大计。深学笃用习近平生态文明思想，心怀生态文明建设“国之大者”，强化“上游意识”，勇担“上游责任”，体现“上游水平”。保持战略定力，以功成不必在我的精神境界和功成必定有我的历史担当，既谋划长远，又干在当下，推进山清水秀美丽之地建设不断迈入新台阶。切实筑牢长江上游重要生态屏障，让一江碧水两岸青山美景永存。以长江、嘉陵江、乌江、大巴山、大娄山、武陵山、巫山为骨架，以国家重点生态功能区、各类自然保护地为重点，构建“三带四屏多廊多点”生态安全格局。加大水污染治理、水生态修复、水资源保护力度，持续推进国土绿化行动，加强天然林、公益林封育管护，扎实推进三峡库区后续工作，加强消落带治理、地质灾害防治，不断提高生态系统质量和生态安全水平。将渝东北三峡库区城镇群、渝东南武陵山区城镇群作为生态保护修复的主战场，提高生态产品供给能力。严格实施“三线一单”管控制度，建立“优先保护—重点管控—一般管控”的生态环境分区管控体系。推进成渝地区双城经济圈生态共建环境共保，接续推进生态廊道共建；加强同贵州、湖南、湖北等地的生态保护合作，共促区域环境治理改善。构建长江大保护多元共治协作机制，健全长江上游重要生态屏障建设的跨区域和流域环境执法机制、部门联动执法机制以及横向生态保护补偿机制，在资源保护、污染防治、生态修复、绿色发展等方面建成各司其职、互相衔接、社会参与、共治共享的多元治理格局，共同守护中华民族永续发展的命脉。

践行绿色发展理念，走生产发展、生活富裕、生态良好的文明发展道路。绿色发展是人类社会发展的必然要求，是对全球生态环境的变化和我国当前发展所面临的突出问题的积极回应，是生态文明发展进步的新形态和新道路。必须完整、准确、全面贯彻新发展理念，牢固树立和践行“绿水青山就是金山银山”的理念，更好统筹经济社会发展、民生保障和生态环境保护，协同推进降碳、减污、扩绿、增效，推动建立健全绿色低碳循环发展经济体系，努力实现生态美、产业兴、百姓富三者的有机统一。大力发展循环经济、绿色经济，因地制宜发展气候经济、山上经济、水中经济、林下经济，积极发展现代山地特色高效农业。以大数据智能化为引领，壮大智能硬件、智能软件、智能制造装备、智能汽车、新能源汽车、高端装备、新材料等新兴产业链，建立低能耗、可循环、清洁化的现代产业体系。坚持把碳达峰、碳中和纳入山清水秀美丽之地整体布局，注重处理好发展与减排、整体与局部、长远目标与短期目标、政府与市场的关系。

持续优化能源、产业、交通、用地结构，促进经济社会发展全面绿色转型。围绕碳达峰、碳中和目标，聚焦低碳化、清洁化、高效化，推动工业绿色低碳转型和能源清洁低碳转型。优化利用化石能源，扩大发展可再生能源和核电，构建清洁低碳能源体系。建立绿色生产、绿色消费的法律制度和政策导向，强化环保经济、低碳经济、绿色经济、循环经济等生态经济与社会各行各业的有效衔接。坚持以“生态+”的理念谋划发展、“+生态”的思路发展产业，探索生态优先新路子、打造绿色发展升级版。全面推进生态产品价值实现机制示范区建设，开辟高质量绿色发展新路，建设生态美、产业兴、百姓富的重庆样板。

坚持人与自然和谐共生，携手共建近悦远来的绿色美丽家园。坚持节约优先、保护优先、自然恢复为主的方针，致力构建人与自然和谐共处的绿色美丽家园。充分发挥主城都市区辐射带动作用，促进“一区两群”基础设施互联互通。推动渝东北三峡库区城镇群生态优先绿色发展，打好“三峡牌”，建好“城镇群”，加强三峡库区生态保护，打好生态和文化两张牌，着力构建生态经济体系，建设生态优先绿色发展先行示范区。推进渝东南武陵山区城镇群文旅融合发展，立足山地特点、生态资源和民族特色，丰富拓展生态康养新业态，统筹产业发展与生态环境保护、乡村振兴与新型城镇化，打造文旅融合发展新标杆。坚持创新、协调、绿色、开放、共享新发展理念，打造长嘉汇、广阳岛、科学城、枢纽港、智慧园、艺术湾等城市名片，聚集人本化、生态化、数字化三维价值，高标准建设环境舒适友好的绿色智慧未来社区，打造“推窗见绿、出门见景、四季见花”的城市宜居环境。全面提升城市生态功能，推进城市绿化，加快实施水系综合治理，着力构建一座山、水、城协调共生的生态城市家园。以人为本、因地制宜，充分尊重田、塘、埂、丘、园、林、路等生态要素，兼顾乡村生产、生活、生态和谐发展，打造山水与休闲宜居一体的生态网络。统筹农村田园风貌保护和环境整治，保护乡村自然生态景观格局和农业生产的自然肌理，注重保护传统村落和乡村风貌，构建看得见山、望得见水、记得住乡愁的美丽乡村。推动基础设施向农村延伸、社会事业向农村覆盖，加快实现城乡基础设施一体化、公共服务均等化。协调推进城乡融合、产城景融合、生产生活生态融合、文旅融合，实现城市让生活更美好、乡村让人们更向往，城乡“各美其美、美美与共”，描绘一幅城市与乡村、山水与人文融合发展新画卷。

坚持以人民为中心，不断满足人民群众对美好生态产品的需要。坚持以人民为中心，是中国共产党领导新中国生态环境保护工作的重要准则。要坚持“良好生态环境是最普惠的民生福祉”理念，更加突出以“人”为核心，要坚持生态惠民、生态利民、生态为民，不断提高优美生态环境给人民群众带来的获得感、幸福感、安全感。把人民是否满意作为衡量一切工作得失的根本标准，针对人民群众反映强烈的突出环境问题，既立足当前问题的解决，又探索建立长久管用的体制机制。坚持人民主体地位，充分调动人民积极性，凝聚起全社会共同建设山清水秀美丽之地的强大合力。

坚持新时代生态文明观，加快建立健全以价值观为准则的生态文化体系。新时代生态文明观是生态文明建设的文化基础，是新时代社会主义生态文明的文化核心，是引领生态文明建设的前进方向。坚持以“人与自然和谐共生”的新时代生态文明观为引领，加快建立健全以价值观为准则的生态文化体系，树立生态伦理观、生态道德观和绿色发展观。深度挖掘和创新发展独具特色的地域文化，保护好、传承好、弘扬好长江文化，注重文化资源的系统性保护，切实保护好自然景观、历史风貌、人文环境和非物质文化遗产，活化生态文化的物质载体，挖掘其生态文化历史价值。着力营造生态文化环境，倡导绿色生活方式，让每一位公民都能自觉成为建设山清水秀美丽之地的行动者，让人民群众有美好生活的内生力量。发挥生态文明理念的作用，引导全社会参与生态保护。坚持以文明交流互鉴为平台，推动中华优秀生态文化与各国生态文化美美与共、和合共生，携手共建地球生命共同体。

坚持系统治理综合治理源头治理，推进生态环境治理体系和治理能力现代化。进入新发展阶段，面对世界百年未有之大变局，生态文明建设的长期性、复杂性和艰巨性更加凸显，经济发展与环境保护的矛盾冲突更加复杂。这就需要坚持系统治理综合治理源头治理理念，以解决根本性问题为目的，推动形成整体优势和效能，实现生态治理体系和治理能力现代化。注重发挥制度管根本、管长远的作用，用最严格制度、最严密法治保护生态环境，让制度成为刚性的约束和不可触碰的高压线。深入推进生态文明体制改革，持续完善生态环境法律法规，健全生态环境经济政策，提升生态环境监管执法效能。建立健全以山清水秀美丽之地为导向的生态文化体系、经济体系、制度体系和生态安全体系。严格督促落实环保主体责任，建立健全科学考核评价机制。健全党委领导、政府主导、企业主体与社会组织和公众共同参与的生态环境治理体系，构建一体谋划、一体部署、一体推进、一体考核的制度机制。运用物联网、大数据、5G、数字孪生等技术，实现生态环境监管的信息化、数字化、网格化，构建科技创新、数智引领的生态环境治理能力现代化新格局。

参考文献

陈文锋：《推动生态文明建设迈上新台阶》，《理论导报》2021 年第 8 期。

高世楫、俞敏：《中国提出“双碳”目标的历史背景、重大意义和变革路径》，《新经济导刊》2021 年第 2 期。

《重庆市人民政府办公厅关于加快实施重庆市国民经济和社会发展第十四个五年规划和二〇三五年远景目标纲要重大项目的通知》，《重庆市人民政府公报》2021 年第 14 期。

黄群慧、刘尚希、张车伟等：《从党的百年奋斗重大成就和历史经验总结中思考推进中国经济学“三大体系”建设——学习贯彻党的十九届六中全会精神笔谈》，《经济研究》2021 年第 12 期。

G.2
重庆“山清水秀美丽之地”评价指数研究*

李春艳　彭国川　吕　红　孙贵艳　代云川**

摘　要： 自习近平总书记对重庆提出加快建设山清水秀美丽之地要求以来，重庆山清水秀美丽之地建设持续推进，城乡面貌得到极大改善，成绩斐然。本文搜集整理了2017~2021年公开统计数据，建立了包括生态自然本底、绿色低碳转型、生态宜居家园、生态文化底蕴、生态环境治理能力等五个目标层的山清水秀美丽之地评价指标体系，从全市和区县两个层面对重庆山清水秀美丽之地建设情况进行定量分析，研究发现重庆山清水秀美丽之地建设总体趋势向好，在局部领域和局部区域还存在不足。

关键词： 重庆　山清水秀美丽之地　评价指数

加快建设山清水秀美丽之地，是习近平总书记着眼国家发展全局、心系重庆长远发展，赋予重庆的重大战略任务，也是重庆深入实施“五大”环保行动，

---

* 本文系2022年度重庆社会科学院自主项目“山清水秀美丽之地指数研究”阶段性成果。

** 李春艳，重庆社会科学院生态与环境资源研究所（生态安全与绿色发展研究中心）研究员，主要从事区域经济、绿色发展等领域研究；彭国川，重庆社会科学院生态与环境资源研究所所长，生态安全与绿色发展研究中心主任，研究员，主要从事生态经济、产业经济、区域经济研究；吕红，重庆社会科学院生态与环境资源研究所副所长、研究员，生态安全与绿色发展研究中心研究员、碳中和青年创新团队负责人，管理学博士，主要从事绿色低碳和可持续发展研究；孙贵艳，重庆社会科学院生态与环境资源研究所（生态安全与绿色发展研究中心）研究员，主要从事区域经济研究；代云川，博士，重庆社会科学院生态与环境资源研究所助理研究员，主要从事景观生态学、保护生物学、生态经济等领域研究。

建设长江上游重要生态屏障的必然要求。为深入贯彻落实习近平总书记重要指示要求，本文在深刻理解山清水秀美丽之地科学内涵基础上，参考国内同类研究成果，构建了山清水秀美丽之地评价指标体系，以期能够对重庆山清水秀美丽之地的建设情况进行定量分析并全面客观反映建设进展，同时在总结建设过程取得成绩和存在不足的前提下，为未来的改进提供有益的参考。

一　山清水秀美丽之地评价指标体系构建

（一）总体思路

深入践行习近平生态文明思想，按照习近平总书记对重庆提出的“两点”定位、“两高”“两地”目标、发挥三个作用和推动成渝地区双城经济圈建设等重要指示要求及市委、市政府对山清水秀美丽之地的具体部署，面向重庆市国民经济和社会发展第十四个五年规划纲要的愿景目标，按照体现通用性、阶段性、不同区域特性的要求，聚焦生态环境良好、绿色低碳发展、人居环境整洁等方面，构建评价指标体系。

（二）基本原则

本文在指标体系的设置中既遵循中央关于生态文明考核工作的总体安排和普遍要求，准确反映重庆生态文明建设成果和中央有关决策的落实情况；还围绕习近平总书记对重庆提出的“山清水秀美丽之地”目标展开设计，具体包括以下三个原则。

一是目标导向、突出重点。坚持山清水秀美丽之地目标导向，聚焦生态环境重点领域指标，回应人民群众的关切，充分反映重庆实际，科学设置评价指标，既注重共性指标，又设置个性指标，不求“面面俱到”。

二是立足市情、可行可达。充分考虑重庆发展阶段特征、资源环境禀赋和产业结构特点，处理好发展与保护的关系，全方位体现“山清水秀美丽之地”的内涵要求，强化指标体系全面性、匹配性、科学性，注重指标之间的逻辑关联。

三是特色鲜明、务实管用。强调指标可测量、可评估、可考核，在数据获取和统计上具有较好的延续性、操作性以及可比较性，对建设山清水秀美丽之地具有引导和推动作用，能够传导压力、提升动力。

（三）指标体系

基于山清水秀美丽之地的科学内涵，山清水秀美丽之地评价指标体系设计了生态自然本底、绿色低碳转型、生态宜居家园、生态文化底蕴、生态环境治理能力等五个目标层。

生态自然本底主要反映了建设山清水秀美丽之地要以“共抓大保护、不搞大开发”为导向，把筑牢长江上游重要生态屏障放在压倒性位置，切实守住水安全、生物资源安全和城乡人居环境安全边界，为经济社会发展提供良好生态本底的发展目标。在目标层下设计了生态系统和环境质量两个要素层指标。生态系统这一要素层旨在反映生态环境系统的稳定性和发展质量，表现为山水林田湖草各要素的质量建设和结构变化，包括耕地保有量、自然保护区面积、森林覆盖率、湿地保护面积、水资源总量等五个指标。环境质量要素层与生活环境密切相关，主要体现为水、土、大气、噪声、固废等环境质量的优劣，包括化学需氧量排放量、单位耕地面积化肥施用量、空气质量优良天数比例、城市区域环境噪声平均值、工业固体废物综合利用率等五个指标。

绿色低碳转型反映了以经济社会全面绿色转型为引领，以能源绿色低碳发展为关键，加快形成节约资源和保护环境的产业结构、生产方式、生活方式、空间格局，坚定不移走生态优先、绿色低碳的高质量发展道路。绿色低碳转型目标层包括绿色低碳结构和环境生态效率两个要素层指标。绿色低碳结构强调从能源、产业、交通、建筑等方面反映能源体系、产业结构、交通运输体系、城乡建设的绿色发展情况，包括非化石能源占比、规模以上工业战略性新兴制造业增加值占规模以上工业增加值的比重、公共交通客运量、城镇绿色建筑占新建建筑比重等四个指标。环境生态效率主要从用能、用水、用地的效率等方面反映社会的高质量发展情况，包括单位GDP能源消耗、单位GDP用水量、单位GDP建设用地面积等三个指标。

生态宜居家园反映了通过拓宽生态美、产业兴、百姓富的实施路径，改善生态环境质量，提供更多优质生态产品和服务以满足人民日益增长的优美生态环境需要，使城乡空间更加宜居宜业宜游。由于可量化的有效数据有限，取消了要素层，选取农村卫生厕所普及率反映农村的环境建设情况，选取城市建成区绿化覆盖率反映城市的环境建设情况，选取绿色社区和美丽宜居乡村的创建个数反映城乡建设的总体成果。

生态文化底蕴反映了人类生态智慧和文化积淀的结晶，通过弘扬生态文化，传承历史文脉、培育弘扬重庆人文精神，促进自然与人文融合，从而有利于重构生态世界观、生态自然观、生态人文观，更好促进生产生活方式转变。在指标设计上主要选取能够综合反映文化、旅游、历史文脉保护的相关指标，包括旅游总收入、历史文化名镇名村、国家生态环境科普基地、“绿水青山就是金山银山”实践创新基地或国家生态文明建设示范区县+EOD等四个指标。

生态环境治理能力反映了保护生态环境必须依靠制度、依靠法治的思想，即依靠完善的绿色发展法律和政策体系、生态环境治理体系和制度机制以及大数据、智能化、物联网等现代化技术手段，使生态环境治理达到更高的成效。主要通过投资力度和水土流失、污水、固废等治理成效类指标来反映，包括环境污染治理投资占GDP比重、治理水土流失面积、污水处理厂集中处理率、工业固体废物处置率等四个指标（见表1）。

表1　重庆山清水秀美丽之地评价指标体系（全市）

目标层	要素层	指标层	单位	性质
生态自然本底	生态系统	耕地保有量	万公顷	正
		自然保护区面积	万公顷	正
		森林覆盖率	%	正
		湿地保护面积	万公顷	正
		水资源总量	亿立方米	正

续表

目标层	要素层	指标层	单位	性质
生态自然本底	环境质量	化学需氧量排放量	万吨	负
		单位耕地面积化肥施用量	吨/公顷	负
		空气质量优良天数比例	%	正
		城市区域环境噪声平均值	分贝	负
		工业固体废物综合利用率	%	正
绿色低碳转型	绿色低碳结构	非化石能源占比	%	正
		规模以上工业战略性新兴制造业增加值占规模以上工业增加值的比重	%	正
		公共交通客运量	万人次	正
		城镇绿色建筑占新建建筑比重	%	正
	环境生态效率	单位 GDP 能源消耗	吨标准煤/万元	负
		单位 GDP 用水量	立方米	负
		单位 GDP 建设用地面积	平方米	负
生态宜居家园		农村卫生厕所普及率	%	正
		城市建成区绿化覆盖率	%	正
		绿色社区和美丽宜居乡村的创建个数	个	正
生态文化底蕴		旅游总收入	亿元	正
		历史文化名镇名村	个	正
		国家生态环境科普基地	个	正
		“绿水青山就是金山银山”实践创新基地或国家生态文明建设示范区县+EOD	个	正
生态环境治理能力		环境污染治理投资占 GDP 比重	%	正
		治理水土流失面积	平方公里	正
		污水处理厂集中处理率	%	正
		工业固体废物处置率	%	正

在全市评价指标体系的基础上，由于部分数据不可得，区县评价指标体系对部分指标进行了调整。在生态自然本底板块下取消要素层，指标层主要包括耕地保有量、自然保护区面积、森林覆盖率、水土流失面积占比、空气质量优良天数比例、单位耕地面积化肥施用量等六个指标。绿色低碳转型板块下取消要素层，同时由于非化石能源占比、规模以上工业战略性新兴制造业增加值占规模以上工业增加值的比重、单位 GDP 用水量、单位 GDP 建设

用地面积等的区县数据不可得，采取部分替换或减少指标的方式，具体包括新建绿色建筑占新建建筑比重、第三产业 GDP 占比、万元工业增加值能耗、万元工业增加值用水量年均下降率（2015~2020 年）、一般工业固体废物综合利用率等五个指标。生态宜居家园板块未做调整。生态文化底蕴板块，由于区县的旅游总收入不可获得，因此采用公共图书馆藏书量反映区县的文化发展情况，具体包括公共图书馆藏书量、历史文化名镇名村、国家生态环境科普基地、“绿水青山就是金山银山”实践创新基地或国家生态文明建设示范区+EOD 等四个指标。生态环境治理能力板块，由于区县的环境投资额、治理水土流失面积等数据无法获取，通过搜集各个区县的政府工作报告，以生态、环境、生物多样性、屏障、能源、河长、林长、绿色、低碳、循环、节能等关键词在 2020 年各区县政府工作报告中出现的频次为基础，构建了区县生态环境词频度指标，即出现这类关键词的次数越多，则默认政府越重视环境治理、采取的措施越多，具体包括生态环境词频度、化学需氧量下降率（由于 2020 年化学需氧量没有公开获取渠道，因此采用 2018~2019 年数据替代）、城镇生活垃圾无害化处理率、城镇生活污水集中处理率、$PM_{2.5}$浓度下降率等五个指标（见表 2）。

表 2　重庆山清水秀美丽之地评价指标体系（区县）

目标层	指标层	单位	性质
生态自然本底	耕地保有量	公顷	正
	自然保护区面积	公顷	正
	森林覆盖率	%	正
	水土流失面积占比	%	负
	空气质量优良天数比例	%	正
	单位耕地面积化肥施用量	吨/公顷	负
绿色低碳转型	新建绿色建筑占新建建筑比重	%	正
	第三产业 GDP 占比	%	正
	万元工业增加值能耗	吨标准煤	负
	万元工业增加值用水量年均下降率(2015~2020 年)	%	正
	一般工业固体废物综合利用率	%	正

续表

目标层	指标层	单位	性质
生态宜居家园	农村卫生厕所普及率	%	正
	城市建成区绿化覆盖率	%	正
	绿色社区和美丽宜居乡村的创建个数	个	正
生态文化底蕴	公共图书馆藏书量	册	正
	历史文化名镇名村	个	正
	国家生态环境科普基地	个	正
	“绿水青山就是金山银山”实践创新基地或国家生态文明建设示范区+EOD	个	正
生态环境治理能力	生态环境词频度	个	正
	化学需氧量下降率	%	正
	城镇生活垃圾无害化处理率	%	正
	城镇生活污水集中处理率	%	正
	$PM_{2.5}$浓度下降率	%	正

（四）数据与方法

1. 数据来源

本文就重庆全市和区县分别建立了山清水秀美丽之地评价指标体系，两套指标体系所需的数据来源有所差别。重庆山清水秀美丽之地评价指标体系（全市）所需的数据主要来源于《重庆统计年鉴》（2017~2021）、《重庆市国民经济和社会发展统计公报》（2016~2020）、《重庆市推进农业农村现代化“十四五”规划（2021—2025 年）》和《中国环境统计年鉴》；重庆山清水秀美丽之地评价指标体系（区县）所需的数据主要来源于各区县 2021 年统计年鉴、各区县生态环境保护“十四五”规划、各区县农业农村现代化“十四五”规划、各区县 2020 年政府工作报告和《2020 年重庆市生态环境状况公报》《2020 年重庆市水土保持公报》《2020 年重庆市水资源公报》《关于首批重庆市美丽宜居乡村名单的公示》《关于公布 2021 年重庆市绿色社区名单的通知》《重庆市历史文化名城名镇名村保护条例》，以及重庆市规划和自然资源局提供的矢量数据。

2. 评价方法

（1）全市指标评价方法

指标的无量纲化以2016年为基期，基期的数值为1，而后每一年的数据均除以基年的数据，得到2016~2020年重庆市各指标的测评值。一级指标的测评值由其所包含的各指标测评值加总，并再次以2016年为基期得到时间序列。

重庆市山清水秀美丽之地指标根据其评价作用分为正向和逆向指标，对逆向指标选择倒数法进行方向转换的处理。计算公式为：

$$y' = \frac{1}{y}$$

其中，y'为方向转换后的值，y为原始值。

（2）区县指标评价方法

区县山清水秀美丽之地指标根据其评价作用分为正向和逆向指标，由于各指标的绝对数值差距过大，需要对各个指标进行标准化处理，消除变量量纲和变异范围。具体的处理采用极差标准化法，确定每个指标中的最大值和最小值，将原始值通过极差标准化映射在区间［0，1］中。无论原始数据是正值还是负值，经过处理后，该指标的数值变化范围都满足$0 \leqslant x' \leqslant 1$，并且正向指标和逆向指标均转化为作用方向一致的正向指标。

计算公式为：

$$\text{正向指标}: x' = (x - x_{\text{Min}})/(x_{\text{Max}} - x_{\text{Min}})$$
$$\text{逆向指标}: x' = (x_{\text{Max}} - x)/(x_{\text{Max}} - x_{\text{Min}})$$

其中，x'为标准化后的测评值，x为原始值，x_{Max}为最大值，x_{Min}为最小值。

重庆市区县山清水秀美丽之地评价指标体系一共由5个一级分类指标及23个二级分类指标构成，按照总权数为100%，平均每个二级指标权数为4.35%，一级指标的权数分别由其所包含的二级指标权数加总生成。区县山清水秀美丽之地评价指标体系采用指数加权法进行综合评价，得出各级指标的指数值。

计算公式为：

$$S = \sum_{i=1}^{n} 4.35 x'_i$$

其中，S 为山清水秀美丽之地指数综合得分，x'_i 为标准化后的各个测评值。

二　全市山清水秀美丽之地建设成效分析

（一）综合指数变化趋势

2016~2020 年，山清水秀美丽之地指数综合得分分别为 1.00、1.13、1.18、1.31、1.38，呈现逐年递增趋势，这得益于重庆市委、市政府坚决从政治高度对标对表中央要求，深入贯彻落实习近平总书记系列重要讲话和重要指示批示要求，把总书记对重庆提出的“建设山清水秀美丽之地”上升为重要目标定位。从指数层面看，2016~2020 年，除生态环境治理能力指数的得分处于波动状态外，生态自然本底、绿色低碳转型、生态宜居家园、生态文化底蕴的得分均保持逐年递增趋势，其中生态宜居家园指数得分的增长率大于其他指数（见图 1）。

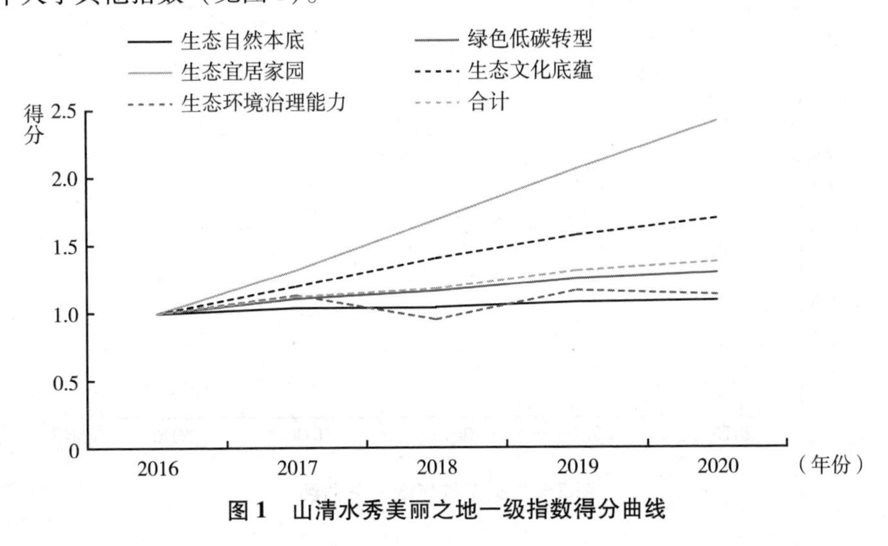

图 1　山清水秀美丽之地一级指数得分曲线

（二）生态自然本底指数变化趋势

2016~2020 年，森林覆盖率、湿地保护面积、水资源总量、单位耕地面积化肥施用量、空气质量优良天数比例、城市区域环境噪声平均值和工业固体废物综合利用率的得分整体均呈上升趋势，生态系统服务能力逐渐增强、生态安全水平逐渐提高、长江上游重要生态屏障进一步筑牢、经济社会发展步入绿色低碳转型之路、生态环境民生福祉全面提升。

1. 生态系统

近年来，重庆持续推动国土绿化扩面提质，开展天然林保护，营造林达到 2797 万亩，森林蓄积量净增 25%，自然生态系统质量显著改善。2016~2020 年，重庆森林覆盖率得分从 2016 年的 1.00 增加到 2020 年的 1.16（见图 2），这得益于市委、市政府大力推动实施新一轮退耕还林、长江防护林、岩溶地区石漠化综合治理植被恢复、中央财政造林和森林抚育补助、天然林保护工程、荒山造林和封山育林、国家储备林基地建设等林业重点工程，快速提升了重庆森林覆盖率。虽然自然生态系统质量显著改善，但湿地保护面积得分呈现波动趋势，下一步应当加大湿地保护的投入，建立湿地基础数据库，完善湿地生态系统监测评估体系和相关的保护管理政策。

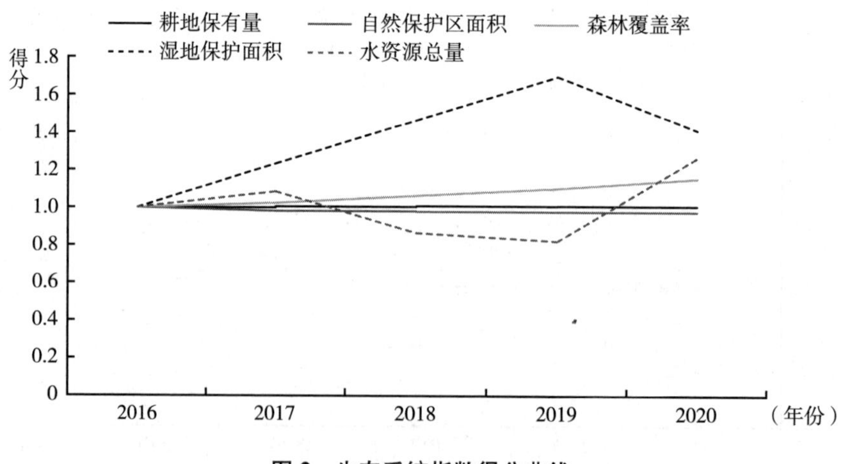

图 2　生态系统指数得分曲线

2. 环境质量

为了持续打好污染防治攻坚战，提升环境整体质量，重庆全面加强大气面源污染治理，通过全封闭施工，大气、噪声、灰尘及光污染源均得到有效的物理隔离和控制。因此，2016~2020 年，空气质量优良天数比例、城市区域环境噪声平均值和工业固体废物综合利用率、单位耕地面积化肥施用量的得分整体均呈现上升趋势，但化学需氧量排放量的得分呈现波动下降趋势，2020 年该指数得分仅为 0.80（见图 3），意味着绿色转型任务仍然艰巨，下一步应大力发展绿色低碳经济，促进绿色技术创新和低碳绿色产品装备的研发。

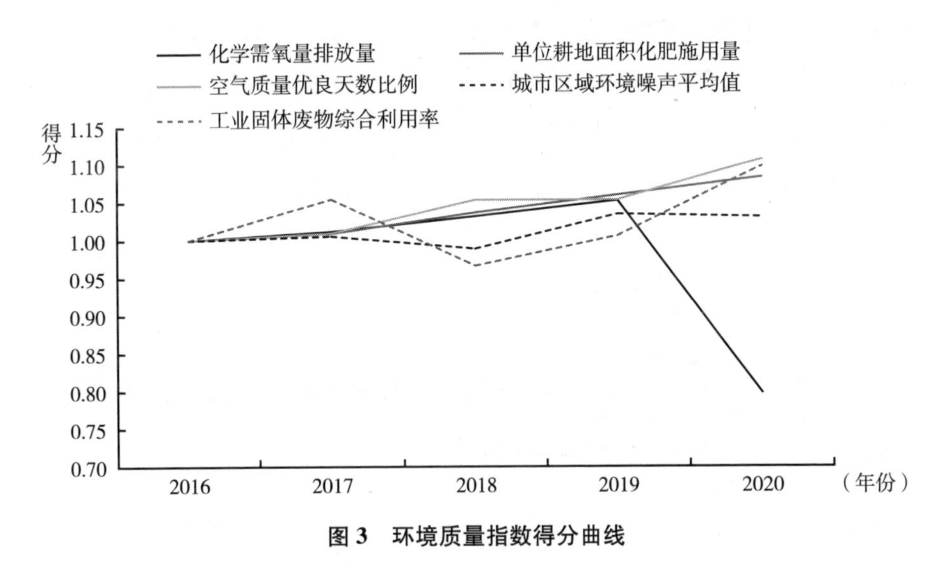

图 3　环境质量指数得分曲线

（三）绿色低碳转型指数变化趋势

近年来，重庆明确了碳达峰、碳中和工作任务，在减污降碳协同增效、优化培育碳市场、低碳试点示范、低碳技术创新及应用等方面取得了阶段性成效，在“双碳”战略目标导向下经济结构逐渐向绿色低碳转型。此外，重庆在推动建筑产业绿色低碳发展的过程中，将绿色建筑、低碳建筑、节能建筑、装配式建筑等作为转型升级的重要抓手，通过开展系列工作促进绿色

低碳产品快速增长、建筑节能工作稳步提升、现代建造方式融合推进。因此，2016~2020年，重庆绿色低碳结构和环境生态效率的得分保持逐年递增的趋势。

1. 绿色低碳结构

为了推动能源消费低碳转型，重庆实施了钢铁、建材、有色金属、化工等重点行业节能降碳改造升级专项行动，在“双碳”战略目标引领下，近年来进一步加快了能源、产业等结构调整，积极探索碳减排市场化机制，大力开展低碳技术研发应用，深入建设“无废城市”，并与四川省协同推进减污降碳。因此，规模以上工业战略性新兴制造业增加值占规模以上工业增加值的比重和城镇绿色建筑占新建建筑比重的得分均呈逐年递增趋势，两项指标在2020年出现峰值，分别为2.01和1.69。非化石能源占比得分在2017年出现峰值，得分0.95，但到2020年该项得分下降至0.71，说明重庆仍然对煤炭依赖性较强，能源结构转型任务仍然艰巨。公共交通客运量的得分从2019年开始下跌，2020年跌至谷点，得分为0.77，新冠肺炎疫情导致公共交通客流大幅下降（见图4）。

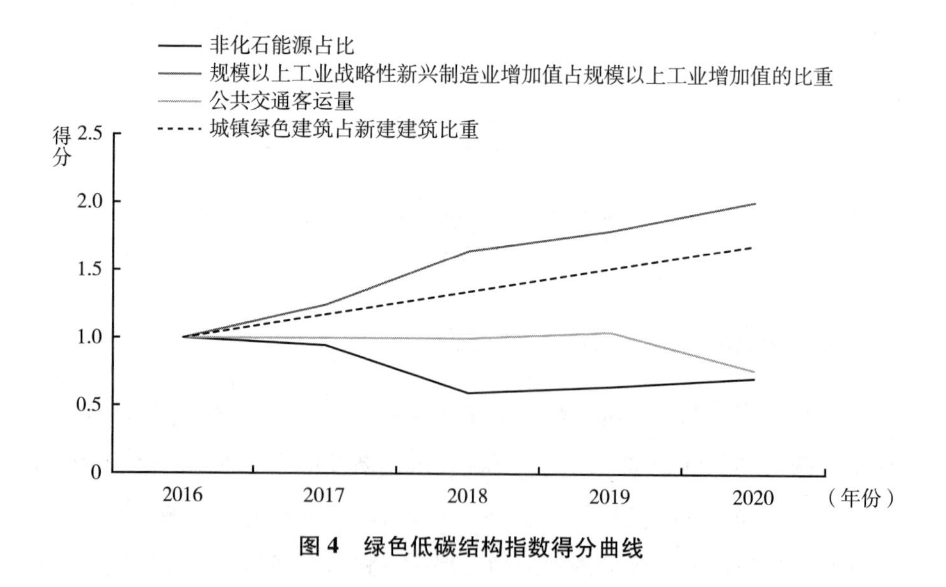

图4　绿色低碳结构指数得分曲线

2. 环境生态效率

2016~2020 年，除单位 GDP 建设用地面积以外，单位 GDP 能源消耗和单位 GDP 用水量得分均呈逐年递增趋势，两项指标得分在 2020 年出现峰值，分别为 1.35 和 1.53。虽然单位 GDP 建设用地面积得分在 2019 年出现峰值，得分 1.17，但到 2020 年该指标得分下降至 1.04（见图 5），下一步应当推进建设用地集约高效利用，科学划定城镇开发边界，在严格实施年度新增建设用地规模控制的同时，坚持大力推动城乡存量建设用地开发利用，完善增量安排与存量消化挂钩机制，鼓励各地更大力度处置批而未供土地和闲置土地。

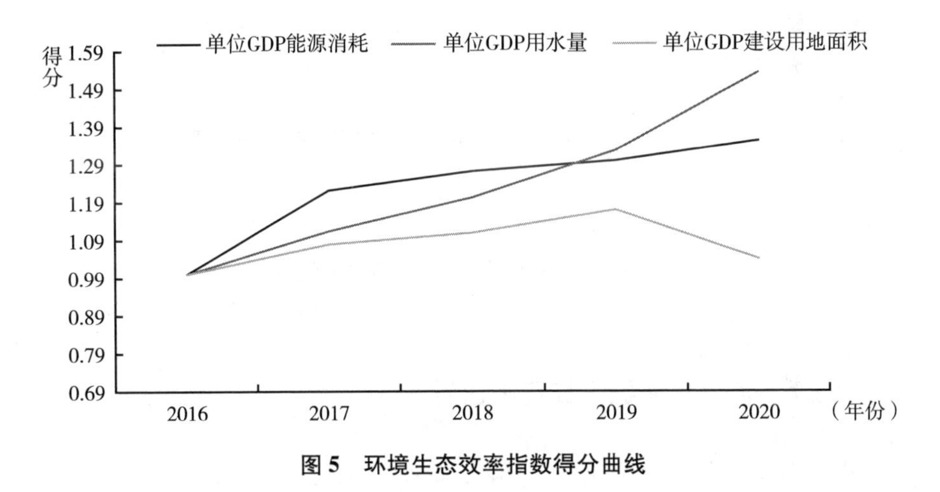

图 5 环境生态效率指数得分曲线

（四）生态宜居家园指数变化趋势

2016~2020 年，农村卫生厕所普及率、城市建成区绿化覆盖率、绿色社区和美丽宜居乡村的创建个数三个指标的得分均呈现逐年递增的趋势（见图 6）。经过多年的努力，重庆市生态宜居家园建设成效显著，包括已创建 92 个市级示范绿色社区和 805 个市级绿色社区。重庆始终坚持生态优先、绿色发展理念，坚持因地制宜、因势利导，聚焦城市提升和乡村振兴两大基本面，以建设重点项目、改善城市生态、发展生态农业和乡村旅游、提升村容村貌等为抓手，大力推进城市建设和美丽乡村建设，推动城市品质提升、走好乡村振兴之路。持续开展农村人居环境整治提升行动，重点加强农村垃圾、生活污水、厕所粪污治理。开展村庄清洁和绿化行动，实现村庄公共空间及庭院房屋、村庄周边干净整洁。

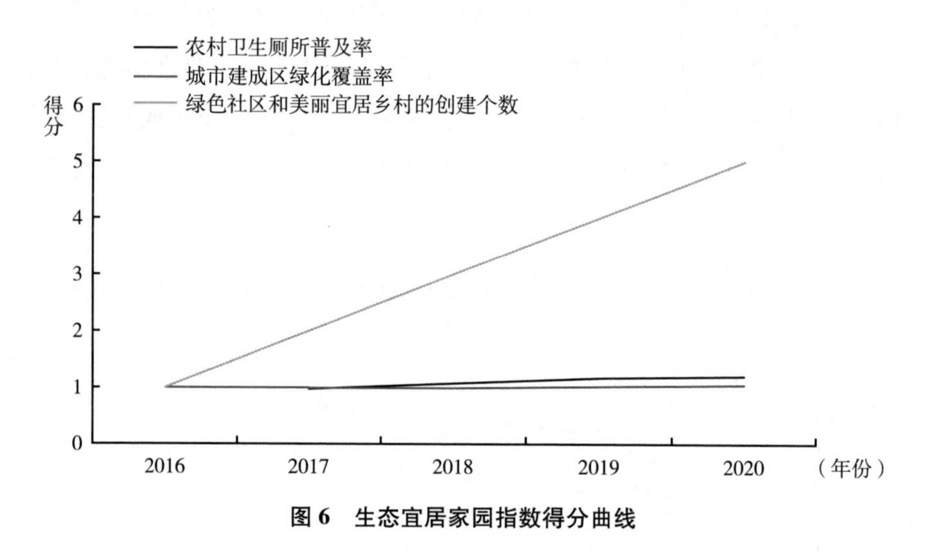

图 6　生态宜居家园指数得分曲线

（五）生态文化底蕴指数变化趋势

2016~2020 年，旅游总收入、历史文化名镇名村、国家生态环境科普基地、“绿水青山就是金山银山”实践创新基地或国家生态文明建设示范区县+EOD 四个指标得分总体呈现逐年递增的趋势，2020 年出现峰值，分别为 2.54、2.17、1.03 和 1.07，其中旅游总收入、历史文化名镇名村两个指标的得分增长率大于国家生态环境科普基地和“绿水青山就是金山银山”实践创新基地或国家生态文明建设示范区县+EOD 两个指标（见图 7）。近年来，重庆创立了多个“绿水青山就是金山银山”实践创新基地，以建设生态强市、文化强市以及世界知名旅游目的地为目标，深入推进文化体制改革，以深化改革为根本动力，推动生态保护、文化事业、文化产业和旅游业高质量发展，创新推动了生态价值多元转化。

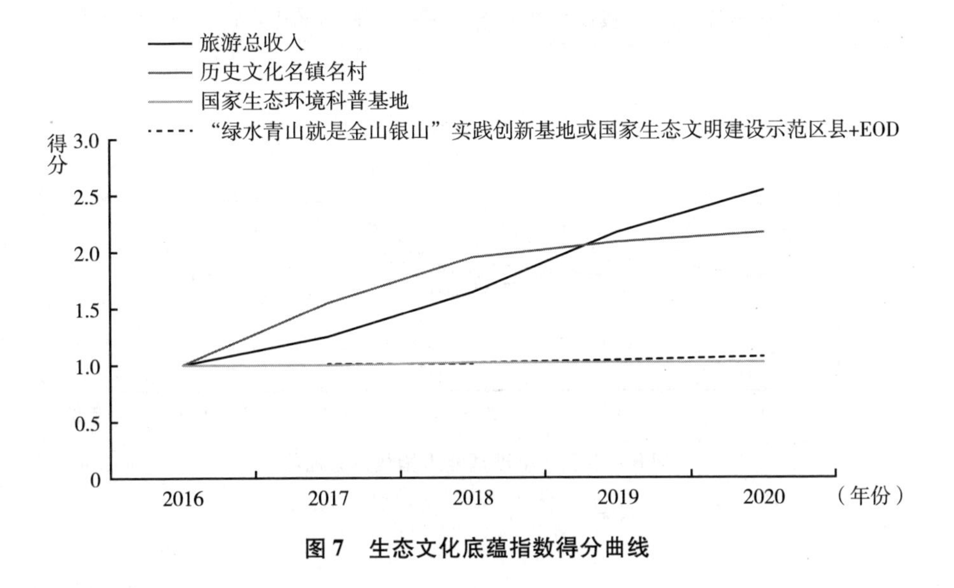

图 7　生态文化底蕴指数得分曲线

（六）生态环境治理能力指数变化趋势

2016~2020 年，除了污水处理厂集中处理率之外，环境污染治理投资占 GDP 比重、治理水土流失面积和工业固体废物处置率三个指标得分处于波动状态，由于工业固体废物统计口径发生变化，因此该指标得分波动相对较大（见图 8）。重庆历来重视污水处理，当前全市城市生活污水集中处理率高达 96%，乡镇生活污水集中处理率高达 85%，污泥无害化处理率高达 95%，因此污水处理厂集中处理率得分整体呈现上升趋势。重庆持续推进水土流失治理，五年内累计治理面积 7934. 34 平方公里，治理水土流失面积得分在 2018 年出现峰值，得分 1. 13，然后逐年下跌，到 2020 年该指标得分为 0. 81。环境污染治理投资占 GDP 比重得分从 2018 年开始递增，2020 年出现峰值，得分 1. 69；污水处理厂集中处理率得分呈现稳中有涨的趋势，2020 年出现峰值，得分 1. 03，污染治理力度持续加大。

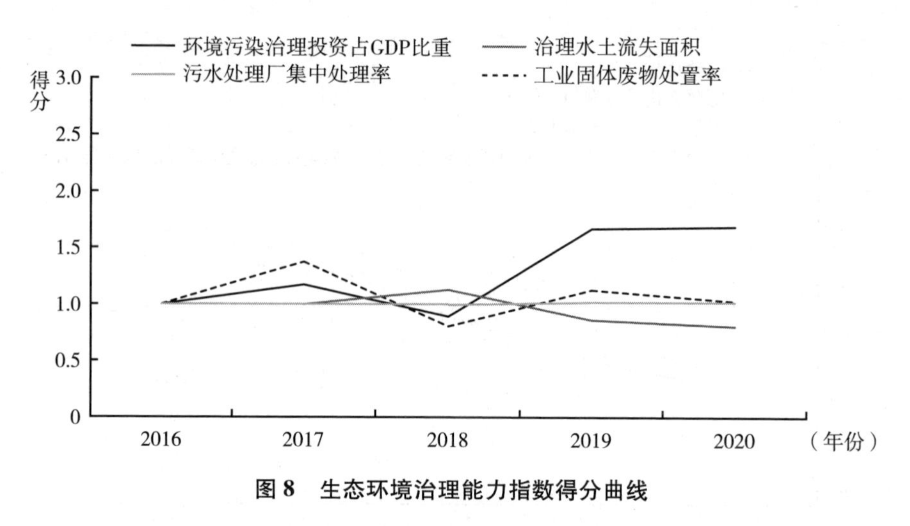

图8　生态环境治理能力指数得分曲线

三　区县山清水秀美丽之地建设成效分析

根据《重庆市城乡总体规划（2007—2020年）》，重庆划分为“一区两群”，即主城都市区、渝东南城镇群和渝东北城镇群。其中，主城都市区可划分为中心城区和主城新区。中心城区包括渝中区、渝北区、江北区、北碚区、南岸区、巴南区、大渡口区、九龙坡区、沙坪坝区，主城新区包括永川区、合川区、江津区、璧山区、涪陵区、长寿区、南川区、大足区、荣昌区、綦江区、铜梁区、潼南区，渝东北三峡库区城镇群（以下简称“渝东北”）包括万州区、开州区、梁平区、云阳县、丰都县、垫江县、忠县、奉节县、巫山县、巫溪县、城口县，渝东南武陵山区城镇群（以下简称“渝东南”）包括黔江区、武隆区、秀山县、石柱县、酉阳县、彭水县。

（一）区县指数比较分析

从38个区县的综合得分来看，排名居前20%的分别是北碚区、渝北区、巴南区、渝中区、城口县、沙坪坝区、酉阳县、武隆区，其中北碚区、渝北区、巴南区、渝中区、沙坪坝区是由于绿色低碳转型指数、生态文化底蕴指数相对较高，城口县、酉阳县是由于生态自然本底指数、生态环境治理能力指数相对较高，武隆区是由于生态自然本底指数、绿色低碳转型指数、生态文化底蕴指数相对较高。

从五个维度来看，对于生态自然本底指数，排名居前20%的分别是彭水县、城口县、巫山县、忠县、武隆区、酉阳县、南川区、石柱县，主要是由于这些地区自然资源禀赋良好，森林覆盖率、空气质量优良天数比例、自然保护区面积等均居全市前列，如彭水县作为乌江下游“绿色生态屏障”和渝东南武陵山区生物多样性关键区域的重要组成部分，2020年森林覆盖率提高到60.1%，较2015年提高10.1个百分点，成功创建国家园林县城，空气质量优良天数达359天、优良率达98%以上。再如城口县通过实施退耕还林、天然林保护、公路主干道沿线景观绿化、空窗区补绿、国家储备林建设等重点生态工程，2020年森林覆盖率达72.5%，空气质量优良天数达到361天，空气质量优良天数比例为98.9%，位居全市前茅。

对于绿色低碳转型指数，排名居前20%的是渝中区、北碚区、巴南区、沙坪坝区、大渡口区、江北区、荣昌区、武隆区，主要是由于渝中区、巴南区、沙坪坝区、江北区等地区的经济发展水平、产业结构、城市品质均处于全市较好水平，如渝中区大力发展现代服务业，服务业产值占GDP比重达67%以上，同时严禁高耗能高污染业态落户，新建项目绿色建筑标准执行率达100%；荣昌区通过大力推进工业节水改造、高耗水行业节水增效、水循环梯级利用等工业节水减排措施，2020年万元工业增加值用水量相比2015年下降了36.76%，规模以上工业用水重复利用率达到85%以上；武隆区大力加快生态工业转型发展，能源消费结构不断优化，2020年万元工业增加值能耗为0.21吨标准煤。

对于生态宜居家园指数，排名居前20%的是南岸区、渝北区、九龙坡区、江北区、铜梁区、綦江区、垫江县、合川区，主要是由于南岸区、江北区、铜梁区、九龙坡区、渝北区的农村卫生厕所普及率、城市建成区绿化覆盖率相对较高，垫江县、合川区的城市建成区绿化覆盖率、绿色社区和美丽宜居乡村的创建个数较高，且渝北区通过让乡村颜值变“美”、基础设施变

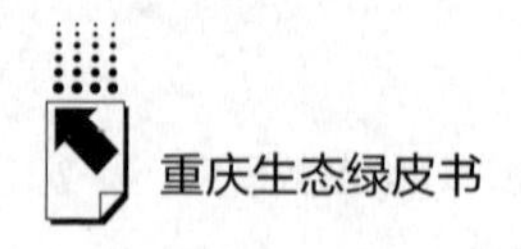

"强"、公共服务变"优"，打造市级美丽宜居乡村40个，使其绿色社区和美丽宜居乡村数量居全市第二位。

对于生态文化底蕴指数，排名居前20%的是北碚区、渝北区、沙坪坝区、巴南区、黔江区、南岸区、璧山区、武隆区，主要是由于广阳岛、南山植物园、三峡库区生态环境科普教育基地、重庆自然博物馆等国家生态环境科普基地，集中分布在南岸区、北碚区，重庆丰盛环保发电有限公司、重庆园博园等国家环保科普基地分布在巴南区、渝北区，渝北区、北碚区、武隆区属于"绿水青山就是金山银山"实践创新基地，以及璧山区、北碚区、黔江区、武隆区、渝北区属于国家生态文明建设示范区等。

对于生态环境治理能力指数，排名居前20%的是城口县、铜梁区、酉阳县、巫山县、万州区、开州区、梁平区、永川区，主要是由于渝东南、渝东北各区县对生态文明建设的重视程度不断提高，城口县、巫山县、铜梁区、开州区、酉阳县、万州区的生态环境词频度较高，且通过深入实施五大环保行动，坚决打好污染防治攻坚战，巫山县、城口县、万州区、酉阳县化学需氧量下降率较高，城口县、铜梁区的$PM_{2.5}$年均浓度下降率较高，随着城镇基础设施建设力度不断加大，2020年酉阳县、梁平区、永川区城镇生活污水集中处理率达100%。

（二）"一区两群"指数比较分析

通过计算得到2020年重庆"一区两群"的山清水秀美丽之地指数得分情况。表3显示，总的来说，"一区两群"的综合得分差异不大，其中中心城区的综合得分最高，综合得分居前20%的区县中有5个集中在中心城区。

从五个维度来看，"一区两群"的发展差异较大。对于生态自然本底指数，渝东南武陵山区城镇群得分最高，主要是由于渝东南武陵山区城镇群作为"重庆之肺"，拥有一批国家地质公园、湿地公园、自然保护区等，通过不断筑牢武陵山、大娄山等生态屏障，森林覆盖率达60%以上，空气质量优良天数达350天以上，居全市首位。

表 3　重庆“一区两群”各指数得分情况

单位：分

地区		生态自然本底	绿色低碳转型	生态宜居家园	生态文化底蕴	生态环境治理能力	综合得分
主城都市区	中心城区	8.62	15.18	7.91	5.38	11.97	49.06
	主城新区	12.90	11.22	7.16	1.65	12.25	45.18
渝东北三峡库区城镇群		14.66	11.03	5.40	0.59	14.02	45.70
渝东南武陵山区城镇群		16.02	12.34	3.97	2.95	11.69	46.97

对于绿色低碳转型指数，中心城区得分最高，主要是由于中心城区城镇化率、工业化水平最高，已经进入城镇化、工业化后期阶段，重点发展现代服务业，全面推进新型建筑工业化发展，使其产业结构更合理。

对于生态宜居家园指数，中心城区得分最高，主要是由于重庆市高度重视城市品质提升，利用中心城区边角地建设小而美的社区体育文化公园，规划建设“街巷、滨江、山林”等类型山城步道，绿化美化边坡崖壁等，让市民在家门口就有“健身房”“小花园”。

对于生态文化底蕴指数，中心城区得分最高，主要是由于中心城区集中分布了国家生态环境科普基地、“绿水青山就是金山银山”实践创新基地或国家生态文明建设示范区等。

对于生态环境治理能力指数，渝东北三峡库区城镇群得分最高，主要是由于渝东北大力推动长江沿岸“两岸青山 · 千里林带”建设、千里长江“一江碧水 · 最美岸线”建设，以及实施重点流域水环境整治等。

（三）中心城区指数比较

对于综合得分，中心城区得分从高到低依次是北碚区、渝北区、巴南区、渝中区、沙坪坝区、南岸区、江北区、九龙坡区、大渡口区，其平均分是 49.06，分数高于平均分的区县包括北碚区、渝北区、巴南区、渝中区、沙坪坝区。

在五个维度中，对于生态自然本底指数，得分最高的是巴南区，究其原

因主要是巴南区的耕地保有量相对较高，达 57599 公顷，且单位耕地面积化肥施用量偏低，仅为 0.22 吨/公顷。

对于绿色低碳转型指数，得分最高的是渝中区，究其原因主要是渝中区坚持“退二进三”“优三强三”，重点发展现代金融、现代商贸等，2020 年第三产业占比达到 90.38%，万元工业增加值能耗达 0.04 吨标准煤，为全市“最优”，一般工业固体废物综合利用率达 100%。

对于生态宜居家园指数，得分最高的是南岸区，究其原因主要是南岸区不断稳步增加绿量，同时注重“添花增彩”，2020 年城市建成区绿化覆盖率较高，达 51.4%，居全市首位，同时作为全国 20 个农村人居环境整治成效明显的地方之一，农村卫生厕所普及率达 100%。

对于生态文化底蕴指数，得分最高的是北碚区，究其原因主要是北碚区对标对表中央生态环境保护督察反映的问题，做好生态环保问题整改，拥有 1 个国家生态环境科普基地、北碚区环缙云山生态建设及生态产业化 EOD 项目，同时还是“绿水青山就是金山银山”实践创新基地和国家生态文明建设示范区。

对于生态环境治理能力指数，得分最高的是渝中区，究其原因主要是渝中区作为重庆市城镇化的先发区域，全域城镇化率达到 100%，开展“无废城市”建设试点、垃圾分类基本实现全覆盖，深入落实“河长制”。2020 年渝中区 $PM_{2.5}$年均浓度 30 微克/米^3，为有监测记录以来最优水平，化学需氧量下降率较高。特别需要指出的是，九龙坡区生态环境治理能力指数得分较低，原因在于九龙坡区是全市重要的工业大区，规模以上工业企业数量位居全市第一，工业企业集聚使挥发性有机物等工业废气治理难度较大，基础设施的不完善又使流域整治任务较重，生态环境质量提升任重道远（见图9）。

（四）主城新区指数比较

从综合得分看，主城新区得分从高到低依次是铜梁区、江津区、涪陵区、永川区、璧山区、潼南区、綦江区、大足区、荣昌区、合川区、南川区

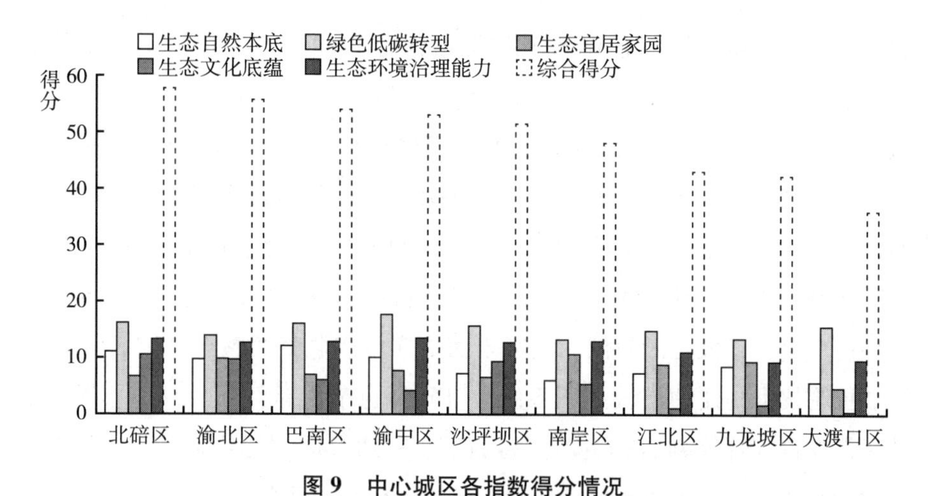

图 9　中心城区各指数得分情况

和长寿区。主城新区综合平均分为 45. 18，铜梁区、江津区、涪陵区、永川区、璧山区、潼南区 6 个区县得分高于平均分。

从生态自然本底维度看，得分从高到低依次是南川区、綦江区、江津区、潼南区、涪陵区、铜梁区、大足区、永川区、长寿区、合川区、璧山区和荣昌区。主城新区生态自然本底平均分为 12. 90，其中，南川区、綦江区、江津区、潼南区、涪陵区 5 个区县生态自然本底状况在区域内相对较好。究其原因，就南川区而言，区域内自然保护区面积大，南川区共有自然保护地 14 处，涉及辖区 15 个乡镇（街道），总面积 115 万公顷（其中国有土地 79334 公顷，集体土地 10. 7 万公顷），约占区域面积的 39%，荣膺联合国“杰出绿色生态城市奖”，被评为中国最具生态竞争力城市、全国绿化先进区（县）、全国造林绿化百佳县、国家生态保护与建设示范区、国家集体林业综合改革试验示范区、全国林下经济示范基地、全国森林旅游示范县等。涪陵区、潼南区不仅耕地保有量较高，空气质量也相对优良，并且涪陵区水土流失面积相对较小。江津区耕地保有量较高，永川区单位耕地面积化肥施用量最小。

从绿色低碳转型维度看，得分从高到低依次是荣昌区、大足区、永川区、涪陵区、铜梁区、璧山区、潼南区、合川区、綦江区、南川区、江津区和长寿区。主城新区绿色低碳转型平均分为11.22，其中，荣昌区、大足区、永川区、涪陵区、铜梁区、璧山区6个区县绿色低碳转型发展状况在区域内相对较好。从分项指标看，永川区新建建筑中绿色建筑占比较高；璧山区、大足区和潼南区第三产业相对发展较快；在资源能源节约集约利用方面，涪陵区、大足区、荣昌区、铜梁区、璧山区工业绿色转型成效明显。工业园区是工业经济发展的“主战场”。园区通过多种方式推动产业向绿，带动环境变美，以大足区为例，全区全面推广由四联集团整合蓝宝石LED及智能控制技术构建的市政照明系统，LED绿色节能路灯不仅照亮整个大足城区，在路灯管控方面亦更加“智慧”——通过应用无线通信、大屏幕指挥调度和城市地理集成等信息技术，形成了精准、可视化、全方位的城市路灯照明设施智能化管理平台。数据显示，此举让大足区每年节约电费650多万元，节约维护及耗材费用50多万元，减少二氧化碳排放1.3万余吨，减少二氧化硫排放430吨。

生态宜居家园方面，得分从高到低依次为铜梁区、綦江区、合川区、涪陵区、永川区、江津区、荣昌区、璧山区、大足区、南川区、潼南区和长寿区。主城新区生态宜居家园平均分为7.16，其中，铜梁区、綦江区、合川区、涪陵区、永川区和江津区6个区县生态宜居家园状况在区域内相对较好。近年来，铜梁区全面贯彻党中央决策部署和市委工作要求，把农村厕所革命作为乡村振兴、农村人居环境整治的重点工作，与落实民生实事、提升基础设施、创新基层治理等结合起来，坚持问题导向、精准施策，通过“转观念、转角色、转方式”，扎实推进厕所革命，农村人居环境整体提升，先后获评全国美丽乡村建设典范区、全国村庄清洁行动先进区、全国乡村振兴先锋十大榜样等称号。

生态文化底蕴方面，得分从高到低依次为璧山区、江津区、涪陵区、合川区、綦江区、长寿区、荣昌区、大足区、潼南区、铜梁区、永川区和南川区。主城新区生态文化底蕴平均分为1.65，其中，璧山区、江津区和涪陵区3个区县生态文化底蕴状况在区域内相对较好。江津区在公共图书馆藏书量和历史文化名镇名村、历史文化街区、传统风貌区创建方面尤为突出。以璧山区为例，璧山区坚持“环境就是资源，环境就是资本，环境就是生产力”的理念，大力推进生态文明建设，以高度的生态自觉，逐步走出一条“生态优先、绿色发展”之路。近年来，全区开展生态创建工作，围绕完善生态制度、保护生态环境、优化生态空间、发展生态经济、践行生态生活、弘扬生态文化六大领域，先后投入 10 亿元实施 150 余项重点工程，持续有效提升了辖区生态环境质量。在近期环保部组织的考核验收和技术评估中，璧山区 37 项创建指标全部达标。璧山区被环保部授予国家生态文明建设示范区称号。

生态环境治理能力方面，得分从高到低依次为铜梁区、永川区、江津区、长寿区、潼南区、璧山区、合川区、南川区、涪陵区、荣昌区、綦江区和大足区。主城新区生态环境治理能力平均分为 12. 26，其中，铜梁区、永川区、江津区、长寿区和潼南区 5 个区县生态环境治理能力在区域内相对突出。铜梁区政府对生态环境领域的工作较为重视，空气质量改善较为明显。以潼南环保电镀工业园为例，电镀工艺是笔电、手机等电子产品制造业产业链的重要一环，被广泛应用于外壳生产以及智能手机最重要的组成部件——芯片的电镀，但随之产生的大量工业废水将会污染环境。为此，潼南高新区建立了全国首个电镀全产业链环保园区——巨科环保电镀工业园，该园区通过自主研发“电镀废水闭路循环装置”等 20 多项高新技术，让重金属废水实现净化循环再利用“变废为宝”，从化学需氧量排放指标看，潼南区下降较快。

（五）渝东北三峡库区城镇群指数比较

从综合得分看，渝东北各区县得分从高到低依次是城口县、忠县、垫江区、万州区、开州区、云阳县、巫山县、梁平区、巫溪县、丰都县和奉节县。渝东北地区综合平均分为 45. 70，其中城口县、忠县、垫江县、万州区、开州区、云阳县、巫山县得分高于平均分，渝东北山清水秀美丽之地建设成效总体良好。

从生态自然本底维度看，得分从高到低依次是城口县、巫山县、忠县、巫溪县、开州区、丰都县、奉节县、万州区、云阳县、垫江县和梁平区。渝东北生态自然本底平均分为14.66，其中，城口县、巫山县、忠县、巫溪县4个区县生态自然本底状况在区域内相对较好，城口县最优。究其原因，忠县的耕地保有量较高，单位面积化肥施用量较少；城口县的自然保护区面积较大、森林覆盖率较高，水土保持和空气质量也更为优良，巫山县的自然保护区和空气质量也较好，巫溪县的森林覆盖率较高。从生态自然本底维度最为突出的城口县来看，2020年城口县森林覆盖率达到70.2%，全县35.2%的区域面积属大巴山国家级自然保护区，54.01%划入生态红线管控，生态环境综合指数居全市10个重点生态功能区第一，并成功创建市级生态文明示范县。

从绿色低碳转型维度看，得分从高到低依次是忠县、垫江县、梁平区、开州区、巫溪县、巫山县、万州区、城口县、云阳县、丰都县和奉节县。渝东北绿色低碳转型平均分为11.03，其中，忠县、垫江县、梁平区、开州区、巫溪县和巫山县6个区县绿色低碳转型发展状况在区域内相对较好。从分项指标看，梁平区、巫溪县新建建筑中绿色建筑占比较高；巫溪县、巫山县第三产业相对发展较快；在资源能源节约集约利用方面，忠县、垫江县工业绿色转型成效明显。以忠县为例，近年来，忠县累计成功创建65个重庆市绿色示范村，完成村庄公共场所绿化300亩，村域基本实现全面绿化，村辖区内实现应绿尽绿，村域绿化率达60%以上，初步实现示范村人居环境优美。位于忠县的重庆新生港是交通运输部批复的长江上游首个万吨级码头，是重庆打造长江上游航运中心的重要组成部分，忠县依托新生港规划建设的新生港物流产业园是重庆市“3+12+N”物流园体系12个市级节点物流园之一，通过发展现代仓储、专线物流市场、包装加工、绿色建材、冷链物流、石油化工流通加工等产业，形成了港口、物流、产业相融合的发展格局，忠县将建成三峡库区区域性节点型综合物流园区，实现绿色低碳转型跨越式发展。

生态宜居家园方面，得分从高到低依次为垫江县、云阳县、万州区、忠县、开州区、梁平区、奉节县、巫溪县、丰都县、城口县和巫山县。渝东北生态宜居家园平均分为 5.40，其中，垫江县、云阳县、万州区、忠县、开州区和梁平区 6 个区县生态宜居家园状况在区域内相对较好。其中，万州区农村卫生厕所普及率较高，垫江县、云阳县城市建成区绿化覆盖率较高；万州区、垫江县在美丽乡村和绿色社区创建方面成效显著。近年来，垫江县坚持以小城镇和乡村建设为重要抓手，全面提升城乡发展质量，引领和推动乡村振兴，打造了全国重点镇、市级特色景观旅游名镇、美丽宜居村庄、绿色示范村庄等亮丽名片，城镇面貌发生了“美丽蝶变”，经济发展、城乡繁荣、环境优美、社会和谐的新型城镇逐步成形，推进美丽城乡建设见实效。

生态文化底蕴方面，得分从高到低依次为万州区、巫山县、丰都县、奉节县、忠县、垫江县、云阳县、开州区、巫溪县、梁平区和城口县。渝东北生态文化底蕴平均分为 0.59，其中，万州区、巫山县、丰都县、奉节县和忠县 5 个区县生态文化底蕴状况在区域内相对较好。忠县的公共图书馆藏书量较多。万州区历史悠久、文化厚重，自东汉建县，已有 1800 多年建城历史，是三峡文明大通道的重要节点，巴渝文化、三峡文化、抗战文化、移民文化交融发展，在历史文化名镇名村、历史文化街区、传统风貌区创建方面较为突出，先后获“中国烤鱼之乡”“中国曲艺之乡”“重庆市历史文化名城”称号。

生态环境治理能力方面，得分从高到低依次为城口县、巫山县、万州区、开州区、梁平区、垫江县、忠县、云阳县、巫溪县、丰都县和奉节县。渝东北生态环境治理能力平均分为 14.02，其中，城口县、巫山县、万州区和开州区 4 个区县生态环境治理能力在区域内相对突出。城口县政府对生态环境领域的工作非常重视，空气质量改善较为明显，2018~2019 年化学需氧量下降较快；开州区、巫山县的城镇污水处理工作推进较好。以开州区为例，2020 年，开州区生态环境局实施污水治理“四项工程”提升人居环境品质，包括编制《农村污水治理专项规划》，大力推进城镇污水管网延伸；投入 2516 万元，实施鲤鱼塘库周边集中居民点污水排放治理，完成 9 个乡镇饮用水源地规范化建设等；建成沼气池 4.5 万个，改善农村散户污水直排，促进生态良性循环；纵深推进农村厕所革命，加强乡村客栈民宿、农家乐污水排放管控等措施，成效显著。

（六）渝东南武陵山区城镇群指数比较

从综合得分看，渝东南各区县得分从高到低依次是酉阳县、武隆区、黔江区、彭水县、秀山县和石柱县。渝东南地区综合平均分为46.97，其中酉阳县、武隆区、黔江区和彭水县得分高于平均分，渝东南山清水秀美丽之地建设成效总体良好。

从生态自然本底维度看，得分从高到低依次是彭水县、酉阳县、石柱县、黔江区和秀山县、武隆区。渝东南生态自然本底平均分为16.02，其中，彭水县生态自然本底状况在区域内最好。究其原因，其在耕地保有量、自然保护区面积、森林覆盖率、空气质量优良天数比例和单位耕地面积化肥施用量方面均表现突出。酉阳县在森林覆盖率、空气质量方面较好。

从绿色低碳转型维度看，得分从高到低依次是武隆区、秀山县、黔江区、酉阳县、彭水县和石柱县。渝东南绿色低碳转型平均分为12.34，其中，武隆区、秀山县、黔江区和酉阳县4个区县绿色低碳转型发展状况在区域内相对较好。从分项指标看，酉阳县在新建建筑中绿色建筑占比较高，第三产业相对发展较快；在资源能源节约集约利用方面，秀山县绿色转型成效明显，秀山县是锰矿大县，历年锰产业净收益为10亿元左右。目前，秀山县已关停所有锰产业落后产能，大力发展医药产业、食品加工工业，文化旅游业在一定程度上实现融合发展，建成武陵山区首个百亿级批发市场集群，由“黑色产业”向“绿色产业”发展转型。

生态宜居家园方面，得分从高到低依次为石柱县、黔江区、武隆区、秀山县、彭水县和酉阳县。渝东南生态宜居家园平均分为3.97，其中，石柱县、黔江区、武隆区和秀山县4个区县生态宜居家园状况在区域内相对较好。其中，武隆区、黔江区的农村卫生厕所普及率较高，石柱县城市建成区绿化覆盖率较高；秀山县在美丽乡村和绿色社区创建方面成效显著。以石柱县黄水镇为例，黄水镇有100万亩原始森林、5000亩高山湖泊，森林覆盖率达80%以上，夏季平均温度21℃，是一座“躺”在国家森林公园里的生态小镇，是重庆著名的避暑旅游胜地，依托全域旅游度假避暑目标定位，石柱县生态宜居家园建设成效显著。

生态文化底蕴方面，得分从高到低依次为黔江区、武隆区、酉阳县、秀山县、石柱县和彭水县。渝东南生态文化底蕴平均分为2.95，其中，黔江区、武隆区和酉阳县3个区县生态文化底蕴状况在区域内相对较好。酉阳县在历史文化名镇名村、历史文化街区、传统风貌区方面数量较多。黔江区成功打造国家生态文明建设示范区。以“绿水青山就是金山银山”实践创新基地武隆区为例，武隆区地处重庆东南部乌江下游，武陵山和大娄山的峡谷地带，集大娄山脉之雄、武陵风光之秀、乌江画廊之幽，被誉为“世界喀斯特生态博物馆”。作为以发展生态旅游为经济主导的地区，武隆区生态资源丰富，一半森林一半城，一山绿景一山金，武隆旅游实现从“品牌”到“名牌”的“蝶变”，依托旅游业发展生态工业镇、特色民俗小镇、少数民族乡，生态产业蓬勃发展。

生态环境治理能力方面，得分从高到低依次为酉阳县、秀山县、彭水县、武隆区、黔江区和石柱县。渝东南生态环境治理能力平均分为11.69，其中，酉阳县、秀山县和彭水县3个区县生态环境治理能力在区域内相对突出。酉阳县政府对生态环境领域的工作非常重视，空气质量改善较为明显，彭水县、秀山县在城镇生活垃圾无害化处理方面成效突出。以秀山县为例，秀山县坚持生态优先绿色发展理念，着力聚焦生活垃圾处置利用相关工作，通过引入相关资质企业，实施无害化垃圾焚烧发电项目，在加快推进美丽城市建设的同时，也充分实现生活垃圾减量化、无害化、资源化有效转变，2019~2020年，秀山县空气质量改善成效显著。

四　研究结论

近年来，重庆市不断深化生态文明体制改革，着力完善生态文明制度体系，聚焦高水平保护、高质量发展、高品质生活，长江上游重要生态屏障进一步筑牢、经济社会发展全面绿色低碳转型、生态环境民生福祉全面提升。虽然重庆在山清水秀美丽之地建设中取得了积极成效，但与维持长江上游乃

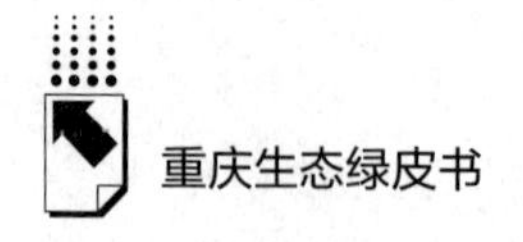

至长江流域生态安全的要求相比还存在一定差距。下一步，重庆需进一步推进山清水秀美丽之地建设，坚持以习近平生态文明思想为引领处理好生态文明体制改革与经济社会发展的关系，坚持以建立生态经济机制处理好“绿水青山”与“金山银山”的关系，坚持以利益共享、协调发展的思维处理好“全局”与“一域”的关系。

从区域来讲，“一区两群”的综合得分差异不大，但“一区两群”五个维度的发展差异较大。为此，围绕重庆对各个区域的定位，做大做强重庆主城都市区，中心城区要增强高端要素集聚集成能力，主城新区要抓好城市规模扩大、城市布局优化、城市能级提升、城市品质彰显等工作，渝东北三峡库区城镇群要坚持生态优先绿色发展，渝东南武陵山区城镇群要不断推进文旅融合发展，从而推动区域协调发展迈上更高水平。

参考文献

周宏春、史作廷：《双碳导向下的绿色消费：内涵、传导机制和对策建议》，《中国科学院院刊》2022 年第 2 期。

胡婕：《重庆在长江经济带绿色发展中的示范作用研究》，《中国国情国力》2021 年第 5 期。

庄贵阳、周宏春、郭萍等：《“双碳”目标与区域经济发展》，《区域经济评论》2022 年第 1 期。

彭国川：《重庆推进长江经济带生态优先绿色发展的着力点》，《当代党员》2022 年第 2 期。

王金南、秦昌波、苏洁琼、熊善高：《美丽中国建设目标指标体系设计与应用》，《环境保护》2022 年第 8 期。

生态安全篇

Ecological Security

G.3

重庆生态风险动态演变特征及转移趋势*

官冬杰　曹佳梦　李 盼　彭国川　朱旭森**

摘　要： 明晰生态风险动态演变趋势及内在波动特征，对管控和治理复杂山区环境生态风险具有重要意义。本报告以重庆市为研究对象，从风险源—生境—受体三个层面构建综合生态风险评价指标体系，测算生态风险值，定量分析生态风险动态演变特征和空间异质性；结合马尔可夫模型，探究不同风险等级内在波动状况和未来流动趋势，可为管控生态风险提供理论依据。

---

* 基金项目：教育部人文社科一般项目（20YJA790016），国家社科基金后期资助项目（20FJYB035），国家自然科学基金面上项目（42171298），重庆市自然科学基金杰青项目（cstc2020jcyj-jqX0004）。

** 官冬杰，教授、博士生导师，主要从事三峡库区生态安全格局演化分析、生态补偿与经济发展耦合关系量化、生态系统服务流动路径模拟及扩散效应评估、土地利用情景模拟和预测等领域研究；曹佳梦，硕士研究生，主要从事生态风险、道路生态风险影响效应研究；李盼，规划设计师，主要从事耕地保护与土地整理审查、GIS 在国土资源审查中的应用研究；彭国川，重庆社会科学院生态与环境资源研究所所长，生态安全与绿色发展研究中心主任，研究员，主要从事生态经济、产业经济、区域经济研究；朱旭森，重庆社会科学院城市与区域经济研究所副所长、研究员，主要从事都市圈发展、土地利用、区域经济研究。

关键词： 生态风险评价 风险转移 风险源 风险受体

生态系统作为社会发展和人类生存的基底，其生态结构和生态功能的改变可加速生态风险恶化程度，直接或间接影响人类生态文明进程。生态风险是指生态系统受到外界压力导致自身结构和过程发生改变，从而影响和弱化生态系统功能的可能性。生态风险评价是研究各种风险压力源对生态系统组分、结构、功能等造成损害的程度，逐渐成为发现和解决问题的决策基础。20 世纪 90 年代，以美国环保署提出的“问题形成—分析阶段—风险表征”的生态风险评价理论框架为开端，生态风险经历了从生境生态风险到复合生态系统风险的发展。研究尺度从微观的物种多样性研究、景观格局演变跨越到宏观的流域、区域生态风险；研究对象从自然生态系统的动植物上升到人类社会的人体健康和社会发展稳定性等；风险源也从早期的生境污染等发展到社会经济和人类活动等多源风险。综上，生态系统的复杂性和多样性造就生态风险的非线性、时滞性和流动性，但目前研究侧重于特定时间断面的时空异质性分析，缺乏复杂环境下不同生态风险等级转移过程的定量化探索及多源风险的综合测度表征和未来生态风险动态演化趋势分析。

重庆是长江经济带“共抓大保护、不搞大开发”和“生态优先、绿色发展”战略实施的重点和关键区，同时重庆作为西南片区经济发展的主阵地之一，其经济发展与环境保护协同关系日益失衡。精准把控生态风险动态演变趋势及未来流动趋势是生态风险管控的关键，对生物多样性保护、区域生态风险规划治理及实现社会与自然和谐发展具有重要意义。

一 重庆面临的主要生态风险问题

（一）经济发展加强生态风险压力

成渝地区双城经济圈建设和“一区两群”协调发展的深入推进，使依山而建的重庆社会经济飞速发展。2020 年底，重庆公路总里程达到 18.08 万公里，地区生产总值 25002.79 亿元，常住人口 3208.93 万人，城镇化率 69.5%，而 2000 年底重庆市地区生产总值仅 1822.06 亿元，公路密度 2.46 公里/百公里^2，常住人口 2848.82 万人，城镇化率仅 35.6%。人口增长、经济发展等人为干扰活动加剧生态系统不稳定性，增强了生态环境面临风险压力的多元性。

（二）山区环境复杂性导致生态风险易发性

重庆山地面积高达6.2万平方公里，占比超75%，是世界上最大的内陆山水型城市，环境复杂，地质灾害频发，生态环境脆弱。从地形地貌来看，重庆喀斯特地貌广泛分布，占比超 90%，海拔 800 米以上的面积占比超 35.07%，坡度大于 25°的面积超 19.75%，地面起伏大，坡度陡，容易受降雨量影响，引发山体滑坡、泥石流等自然灾害，导致道路坍塌、交通事故、财产损失、社会发展不稳定等灾害链的发生，2020 年气象地质灾害受损人数 402.6 万人，农作物受灾面积 15.9 万公顷，煤矿百万吨死亡人数 5.041 人；从大气环境来看，山区地形的复杂性造成大气扩散的无序性，一定程度上造成大气污染的难控性。重庆作为典型的山地城市，气象条件和大气扩散规律复杂多变，风速、风向对污染物的影响能力不同，且重庆辐射逆温具有明显的时空差异性和季节性，厂区选址不合理、污染源排放不达标等问题更易加重大气环境污染程度。

二 重庆生态风险评价的数据来源及方法

（一）数据来源

以 2015~2020 年为研究年限，基于重庆复杂山区环境及其生态问题，考虑数据资料的可获取性和可靠性等，从土地利用、自然环境、生态环境、社会经济 4 个方面选取生态风险评估所需数据源（见表 1）。由于

2020 年的 NPP、NDVI 数据较难获取，且 2019 年较 2020 年数据相差较小，因此本研究以 2019 年数据替代 2020 年数据。其中，坡度数据由 DEM 数据提取获得；干旱数据由气温、降水等气象数据计算得到；人类活动强度是利用 Delphi 法进行人为影响强度赋值，计算得到最终人类干扰值；对统计数据根据数据的实际效果选取克里金或反距离插值实现数据的空间化。

表 1　数据信息及来源

类别	数据名称	年份	空间分辨率	数据来源
土地利用	土地利用	2015、2020	30 米	中国科学院资源环境科学数据中心（http://www.resdc.cn）
自然环境	归一化植被指数 NDVI	2015、2019	1 公里	中国科学院资源环境科学数据中心（http://www.resdc.cn）
	数字高程模型	2015	30 米	美国国家航天局 SRTM DEM 产品（http://reverb.echo.nasa.gov/reverb/）
	灾害点数据	2015	矢量	中国科学院资源环境科学数据中心（http://www.resdc.cn）
	空气 SO_2 含量	2015、2020	统计数据	《重庆市环境状况公报》
	空气 NO_2 含量	2015、2020	统计数据	《重庆市环境状况公报》
	年均温	2015、2020	矢量	国家气象科学数据中心（http://data.cma.cn）
	年降水量	2015、2020	矢量	国家气象科学数据中心（http://data.cma.cn）
生态环境	净初级生产力 NPP	2015、2019	500 米	MOD17A3HGF Version 6.0 产品
社会经济	道路	2015、2020	矢量	OpenStreetMap（https://www.openstreetmap.org）
	人口密度	2015、2020	1 公里	World Pop（https://www.worldpop.org）
	城镇化率	2015、2020	统计数据	《重庆统计年鉴》
	国内生产总值 GDP	2015、2020	统计数据	《重庆统计年鉴》

（二）生态风险评价模型构建

1. 技术路线

本研究以重庆市为研究对象，从土地利用、自然环境、社会经济和生态环境视角，构建“风险源危险性—生态环境脆弱性—风险受体损失度”的综合生态风险评价指标体系，测算生态风险值，定量分析生态风险动态演变特征；然后结合 GIS 技术和马尔可夫模型，剖析不同风险等级的聚集现象及辐射扩散特征和动态发展过程，预测未来不同生态风险演变结构（见图 1）。

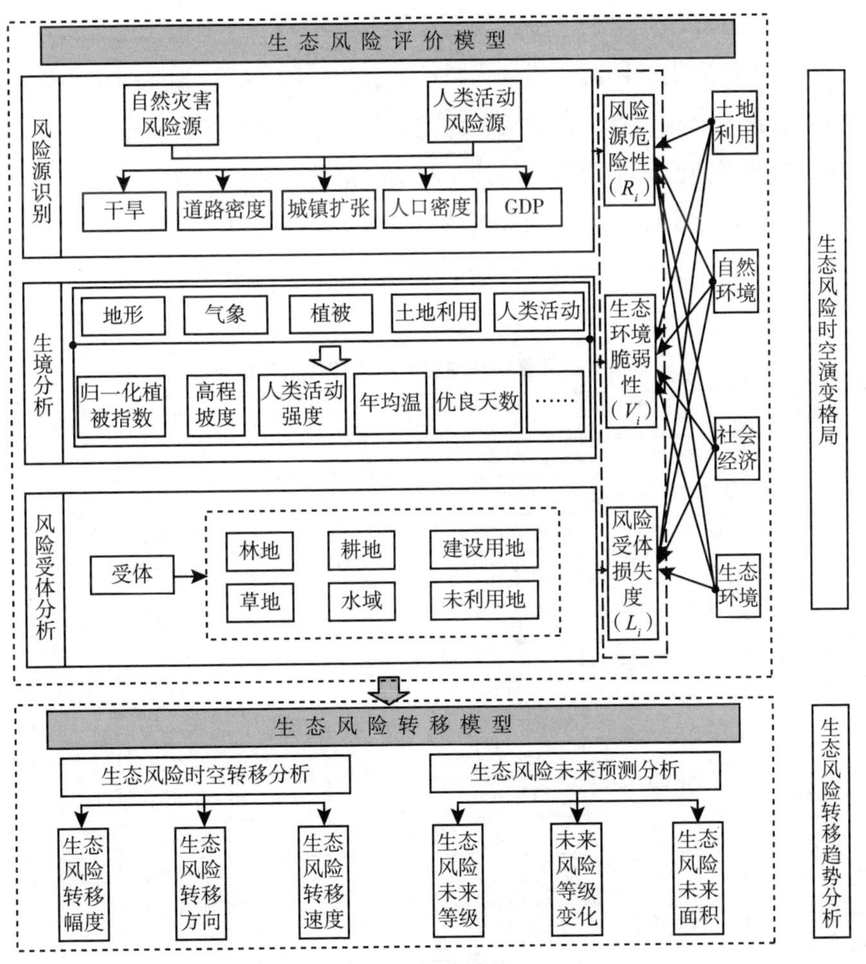

图 1　技术路线

2. 生态风险评价指标体系构建

风险源是指风险受体受到自身或外界胁迫时对生态系统造成危害的风险来源。一个复杂的生态系统往往受多重风险源叠加的影响，且不同类型的风险源由于其强度不同所带来的生态干扰和所造成的生态损失也不尽相同。生态环境脆弱性是生态系统结构、功能产生紊乱等生境问题的概率，主要表现为生态系统结构及功能的敏感性和易变性。生态系统越不稳定，对抗外界干扰所表现出的抵抗能力越低，生态系统则越脆弱。风险受体损失度是指生态系统遭受风险时，其内部结构与功能受破坏的程度。重庆作为西部地区发展的一大支点，城镇化进程不断加快，路网发展作为推进城市化进程的先决条件，加速经济发展的同时，增强人类活动对生境的干扰，加剧受体损失及景观格局破碎。同时，重庆山地灾害频发，部分地区干旱情况也逐年严重，生态环境脆弱。因此，本研究以耕地、林地、草地、建设用地、水域、未利用地六大生态系统为受体，分别从人口、经济、交通、自然灾害等多方面选取风险源和生境脆弱性指标用以评估重庆市综合生态风险（见表2）。

表2　山区复杂环境生态风险评价指标体系

目标层	类别层	指标层	权重	指标类型
风险源危险性评估	人类活动风险源	道路密度	0.1871	正向
		人口密度	0.3365	正向
		GDP 密度	0.2951	正向
	自然灾害风险源	城镇化率	0.0675	正向
		灾害发生率	0.0737	正向
		干旱指数	0.0401	正向
生态环境脆弱性评估	地质地貌	地面高程	0.1290	正向
		坡度	0.2158	正向
	气象水文	年降水量	0.1036	正向
		平均气温	0.1420	正向
	植被活力	归一化植被指数 NDVI	0.0041	正向
		净初级生产力 NPP	0.0178	逆向
	空气质量	空气中 SO_2 含量	0.1663	正向
		空气中 NO_2 含量	0.1092	正向
	土地利用	人类活动强度	0.1121	正向

续表

目标层	类别层	指标层	权重	指标类型
风险受体损失度评估	景观格局指数	斑块密度	0.2692	正向
		香浓多样性指数	0.1312	正向
		蔓延度	0.1436	逆向
		景观分离度	0.1239	正向
		景观脆弱度	0.3321	正向

3. 生态风险指标权重确定

为揭示多源变量对生态风险的影响程度，同时实现客观、动态的赋权过程，本研究运用熵权法对评价指标体系中的风险源危险性、生态环境脆弱性和风险受体损失度所对应的各个指标因子进行权重计算并赋值，其计算过程如下。

（1）构建指标数据初始矩阵

本研究建立了包含 2015 年、2020 年共两个年份 20 项评价指标的原始数据矩阵 X_0。

$$X_0 = (x_{ij})_{nm} = \begin{bmatrix} x_{11} & x_{12} & \cdots & x_{1m} \\ x_{21} & x_{22} & \cdots & x_{2m} \\ \cdots & \cdots & \cdots & \cdots \\ x_{n1} & x_{n2} & \cdots & x_{nm} \end{bmatrix}$$

式中，m 为不同层面对应指标数量，n 为像元数量，$i \in (1, n)$，$j \in (1, m)$，x_{ij} 为两个年份对应的初始矩阵中第 j 项指标中第 i 个像元的数值。

（2）数据标准化

为减少每个指标因量级差异导致的误差影响，本研究利用极差变换法对不同正负性指标进行标准化，使原始数据无量纲化：

$$\begin{cases} y_{ij} = \dfrac{x_{ij} - \mathrm{Min}(x_j)}{\mathrm{Max}(x_j) - \mathrm{Min}(x_j)} + 0.0001 \\ y_{ij} = \dfrac{\mathrm{Max}(x_j) - x_{ij}}{\mathrm{Max}(x_j) - \mathrm{Min}(x_j)} + 0.0001 \end{cases}$$

式中，Min（x_j）为矩阵 X_0 中第 j 个风险评价指标的最小值，Max（x_j）为矩阵 X_0 中第 j 个风险评价指标的最大值。

（3）度量信息熵

为分析不同风险指标对综合生态风险的影响程度，需要度量每个指标因子的离散程度，具体计算公式如下：

$$e_j = -\frac{1}{\ln n}\sum_{i=1}^{n} p_{ij}\ln(p_{ij})$$

$$p_{ij} = y_{ij}/\sum_{i=1}^{n} y_{ij}$$

一个指标的信息效用价值依赖于 1 和这个指标信息熵之差，信息效用与权重成正相关，信息效用越大权重越大。

（4）确定指标权重

在信息熵的基础上，计算每个指标的权重，公式如下：

$$w_j = \frac{1 - e_j}{m - \sum_{j=1}^{m} e_j}, 0 \leqslant w_j \leqslant 1, \sum_{j=1}^{m} w_j = 1$$

式中，w_j 为第 j 项指标所占权重，e_j 为指标的信息熵，以此获得所需指标的权重。

4. 生态风险评价模型

生态系统是一个复杂的巨系统，系统中各个要素间相互影响、相互关联、相互制约。内在组分的紊乱与外界多源风险的干扰加速风险的形成，风险源直接作用于受体，制约受体损失程度，是风险产生的决定性因素；而生态系统对外界干扰的抵抗能力使其具备稳定性特征，对外界干扰抵抗能力越弱，其风险发生的可能性越高，所以生境是背景条件，而受体则是放大或缩小生态风险的必要条件。外界扰动越强，生境对扰动的抵抗能力越弱，受体的损失度越大，那么生态风险值也就越大。因此，本研究从风险源、生境和受体三方面来评估重庆市综合生态风险，具体公式如下：

$$ER_i = R_i \times V_i \times L_i$$

式中，ER_i为综合生态风险值，R_i为风险源危险性，V_i为生态系统脆弱性，L_i为风险受体损失度。

$$R_i = \sum_{j=1}^{m} w_j y_{ij}$$

式中，R_i为风险源危险性，m 为风险源数量，y_{ij}为第 j 项风险源指标中第 i 个像元的标准化值，w_j为第 j 项风险源指标的权重值。同样据此计算生态环境脆弱性 V_i、风险受体损失度 L_i。

（三）生态风险转移模型构建

生态风险变化是一个动态的、发展的过程，生态风险转化包含非线性、复杂性相互转换，且具有无后效性，即下一状态的产生只与当前状态有关。而马尔可夫模型作为基于状态离散随机过程理论产生的概率预测方法，可以定量揭示不同状态内在转换过程和未来演化趋势，具体过程如下：

$$P = (P_{ij}) = \begin{vmatrix} P_{11} & P_{12} & \cdots & P_{1n} \\ P_{21} & P_{22} & \cdots & P_{2n} \\ P_{31} & P_{32} & \cdots & P_{3n} \\ \cdots & \cdots & \cdots & \cdots \\ P_{n1} & P_{n2} & \cdots & P_{nn} \end{vmatrix}$$

式中，$P_{ij}=\dfrac{C_{i-j}}{R_i}$，$n$ 为生态风险等级数量，P_{ij}为风险等级类型 i 演变成风险等级类型 j 的可能性，C_{i-j}表示第 i 类生态风险等级转化为第 j 类风险等级的面积，R_i为第 i 类生态风险等级类型面积。其中 P_{ij}应满足：$0 \leqslant P_{ij} \leqslant 1$（$i$，$j$=1，2，…，$n$），$\sum P_{ij}=1$（$i$，$j$=1，2，…，$n$）。

三　重庆生态风险动态演变格局

（一）风险源危险性—生态环境脆弱性—风险受体损失度动态演变趋势

基于上述综合生态风险模型，分别得到 2015～2020 年重庆市复杂山区风险源危险性、生态环境脆弱性和风险受体损失度时序差异（见图2）。从风险源危险性来看，2015年风险源危险性波动范围为［0.022，0.634］，而2020年为［0.017，0.734］，波动值达到0.717，可以看出2015~2020年风险源危险性波动值变大，其稳定性逐渐降低，局部地区风险源危险性持续恶化，部分地区又有所改善。

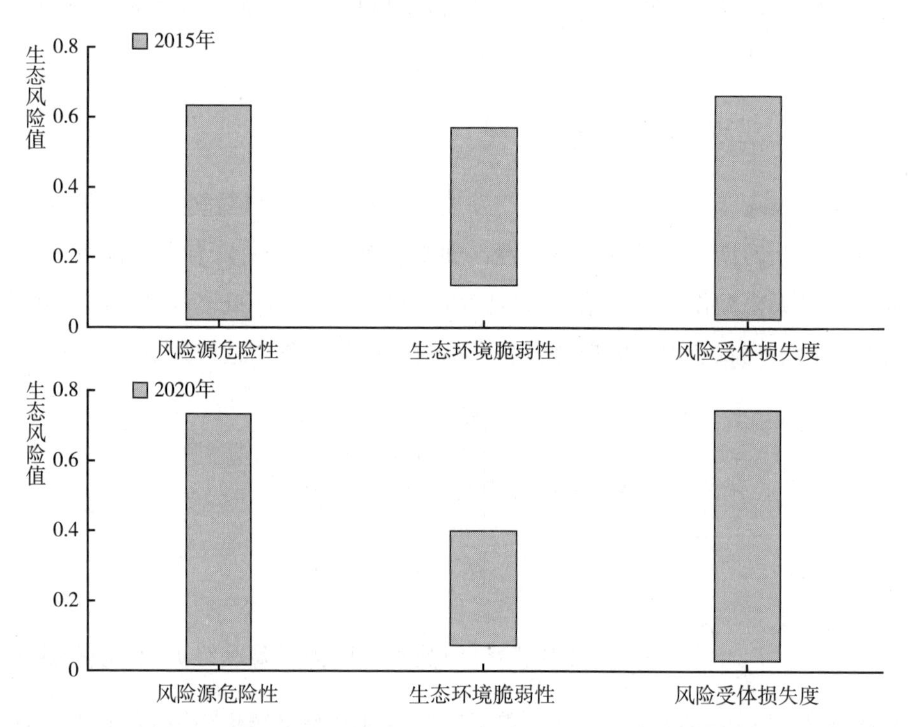

图2　2015~2020年重庆市风险源危险性、生态环境脆弱性、风险受体损失度时序差异

从生态环境脆弱性来看，2015年生态环境脆弱性波动范围为［0.121，0.570］，2020年则收缩至［0.071，0.401］，生态环境整体有所改善并趋向稳定，主要是相关部门对工业等的大力管控，使其造成的生态环境污染有所降低，侧面体现出人们对于环境保护及风险防范的意识加强。

从风险受体损失度来看，2015年风险受体损失度波动范围为［0.024，0.664］，2020年达到［0.031，0.744］，整体上有所上升，波动变大，稳定性在降低，存在局部地区改善，但部分地区继续恶化的现象。

（二）综合生态风险等级划分

基于综合生态风险结果，在 ArcGIS 中使用自然断点法将生态风险评估结果划分为 5 个等级，分别为低风险［0.0007，0.0061］、较低风险（0.0061，0.0120］、中风险（0.0120，0.0201］、较高风险（0.0201，0.0337］和高风险（0.0337，0.1154］，得到综合生态风险时空分布，用于分析 2015~2020 年不同生态风险等级的动态变化（见图 3）。

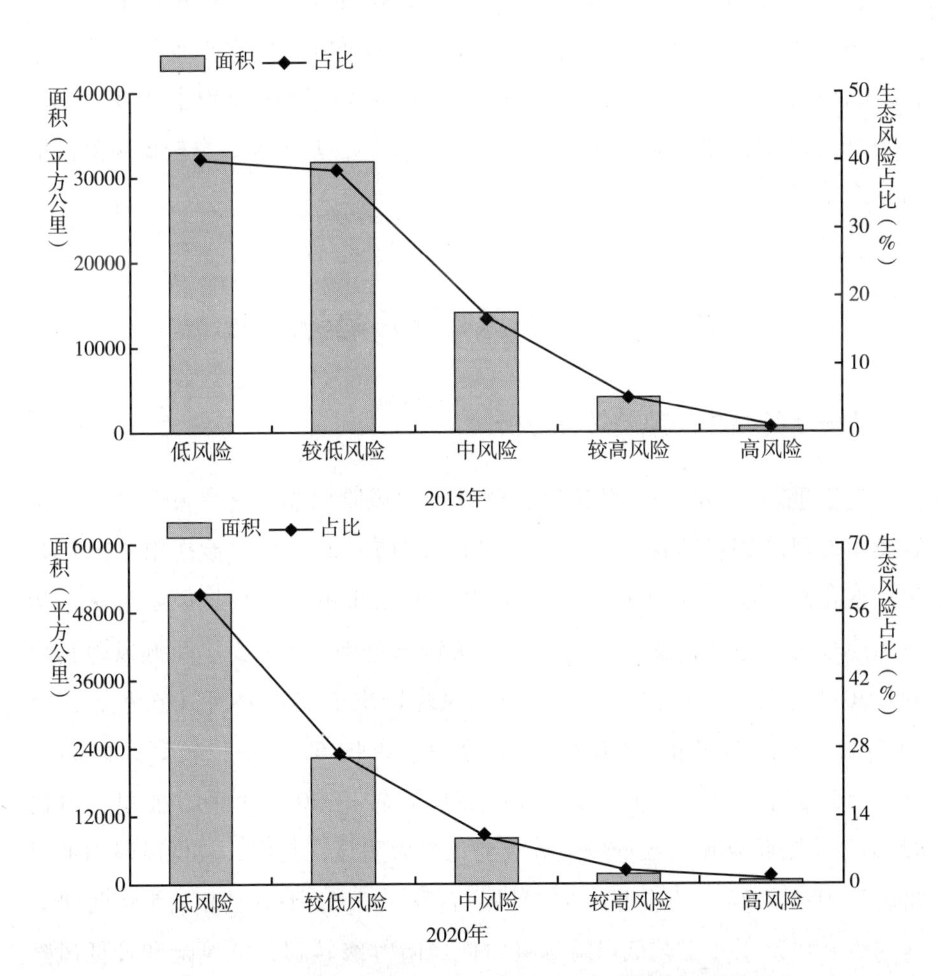

图 3　2015~2020 年重庆市生态风险分级与各等级面积占比

由图3可以看出，重庆市生态风险中低风险区占比最高，高风险区占比最低，2015~2020年，除低风险区在增加之外，其他生态风险等级区均在减小。

2015年重庆市高风险区面积为486平方公里，占研究区总面积的0.60%，2020年为357平方公里，占比0.42%，高风险区有所收缩。2015年较高风险区面积为4132平方公里，占比4.95%，2020年面积为1622平方公里，占比1.94%。2015年中风险区面积为1.42万平方公里，占比16.98%，2020年为0.81万平方公里，占比9.65%。2015年较低风险区占比38.09%，2020年降低至26.97%。2015年低风险区面积占比39.38%，2020年低风险区则大幅度增加，占比达61.01%，其主要来自较低风险区的转化。

四 重庆生态风险转移趋势结果

（一）综合生态风险转移分析

基于生态风险状态转移矩阵，测算不同风险状态动态发展趋势，得到各类生态风险等级转移情况（见表3）。2015~2020年，重庆市生态风险发生变化总面积为30869.77平方公里，占总面积的37%，说明重庆市生态风险较为不稳定，波动范围较大。从转出范围来看，5年间低风险转出347.30平方公里，占比1.06%；较低风险转出18676.74平方公里，占比58.70%；中风险转出8820.66平方公里，占比62.24%；较高风险转出2818.55平方公里，占比68.21%；高风险转出206.53平方公里，占比42.51%。由此可见，较低风险等级变化最为明显，其中，较低风险向低风险转移18493.23平方公里，向中风险转移183.51平方公里，5年间研究区的生态风险主要由较低风险等级向低风险等级转移，低风险和较低风险等级没有向较高和高风险等级转移，生态风险等级有所降低。从转入范围来看，5年间，低风险转入18609.12平方公里，占比36.56%；较低风险转入9186.68平方公里，占比41.15%；中风险转入2707.14平方公里，占比33.60%；较高风险转入300.43平方公里，占比18.62%；高风险转入66.40平方公里，占比19.21%。可以看出，低风险转入面积最多，其中较低风险向低风险转入18493.23平方公里，中风险向低风险转入115.48平方公里，较高风险向低风险转入0.03平方公里，高风险向低风险转入0.38平方公里。5年间生态风险主要为较低风险等级向低风险等级转换，生态环境逐年好转。综上，在转入转出中，低风险区域转入面积远远大于其转出面积，5年间生态风险向好的趋势稳定发展。从空间上看，渝东北和渝东南地区生态状况较为稳定，主要以"低风险—低风险""较低风险—低风险""较低风险—较低风险"3种转移趋势聚集；主城都市区生态风险变化较大，较高、高风险等级转换频繁。

表3　2015~2020年重庆市生态风险转移汇总

单位：平方公里

2015~2020年	低风险	较低风险	中风险	较高风险	高风险	转出总计
低风险	32294.89	347.18	0.12	—	—	347.30
较低风险	18493.23	13138.84	183.51	—	—	18676.74
中风险	115.48	8589.70	5350.46	115.46	0.02	8820.66
较高风险	0.03	247.85	2504.29	1313.37	66.39	2818.55
高风险	0.38	1.95	19.23	184.97	279.32	206.53
转入总计	18609.12	9186.68	2707.14	300.43	66.40	30869.77

（二）综合生态风险等级预测

基于马尔可夫模型，根据表3生态风险转移状况，结合生态风险转移概率矩阵（见表4），模拟2020年生态风险状况，模拟结果检验如表5所示。可以看出模拟值和实际值相差较小，其中误差最大的为低风险区面积，但仅相差22.18平方公里，所以采用马尔可夫模型进行模拟预测是可行的。

表 4　2015～2020 年生态风险转移概率矩阵

2015～2020 年	低风险	较低风险	中风险	较高风险	高风险
低风险	0. 989	0. 011	0. 000	0. 000	0. 000
较低风险	0. 581	0. 413	0. 006	0. 000	0. 000
中风险	0. 008	0. 606	0. 378	0. 008	0. 000
较高风险	0. 000	0. 060	0. 606	0. 318	0. 016
高风险	0. 001	0. 004	0. 040	0. 381	0. 575

表 5　马尔可夫预测结果检验

单位：平方公里

风险状况	低风险	较低风险	中风险	较高风险	高风险
2020 年模拟	50881. 83	22336. 46	8070. 96	1612. 43	345. 47
2020 年实际	50904. 01	22325. 52	8057. 60	1613. 80	345. 73
差值	22. 18	-10. 94	-13. 36	1. 37	0. 26

根据检验的马尔可夫模型，预测 2025～2030 年生态风险演变趋势（见图 4）。可以看出低风险面积持续增加，较低风险、中风险、较高风险和高风险面积呈下降趋势。低风险面积由 2015 年的 32642. 19 平方公里，增加到 2030 年的 71284. 722 平方公里，占比 85. 63%；较低风险面积由 31815. 58 平方公里降低到 9372. 55 平方公里，占比 11. 26%；中风险面积由 14171. 13 平方公里降低到 2105. 69 平方公里，占比 2. 53%；较高风险面积由 4131. 92 平方公里降低到 344. 37 平方公里，占比 0. 41%；高风险面积由 485. 85 平方公里降低到 140. 40 平方公里，占比 0. 17%。综上，2020～2030 年，重庆市生态风险等级面积差异明显，以低风险和较低风险为主，中风险和较高风险次之，高风险占比最低。尽管城市化进程持续推进，但随着群众环保意识的提高，以及退耕还林、长江上游生态屏障工程等各种环保措施的落实并逐步产生效应，未来重庆市生态环境将得到一定的改善。

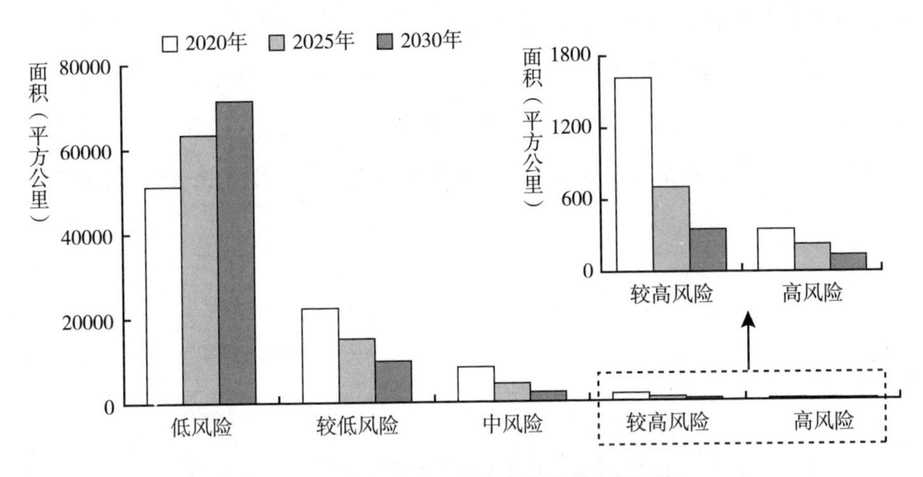

图 4　2020~2030 年生态风险等级预测

五　重庆生态风险管控政策建议

（一）地方政府制定具有地方特色的多层级差异化环境治理准则

全面开展各区县生态风险评价工作，因地制宜制定生态风险治理准则，差异化管控生态风险。高风险区及较高风险区主要集中在主城都市区中心城区，由于该区域人口密度大、经济发展好，在城市化大力发展的同时，应提高该地区环境污染标准，推动污染性工厂的迁移及转型升级，严防污染问题跨区溢出；增加城市绿化面积、提高城市空间利用率、限制土地工业化开发建设。中风险区应修复生态用地，以增强生态景观整体性、连通性，促进生态物质循环；低风险区及较低风险区主要集中在渝东北和渝东南片区，该片区以农业生产为主，因此应在协同经济发展与生态保护的背景下，大力发展生态农业，开展农村生态环境评估项目，严格管控畜禽养殖污染。

（二）建立一体化生态环境监测与预警系统

政府应协同企业、高校、民众共建涵盖气象—水体—土壤—生物一体化的生态环境共享监测体系，实现数据的公开化、信息的流动化、结果的可视化。一是增强多方协作能力，与相关部门共建、共治、共享，提高生态环境监测水准；二是构建涵盖自然、社会、经济等多方面的标准化数据库，突破跨领域数据共享难题，形成系统全面的生态环境监测与预警大数据共享平台。

参考文献

甄江红、王亚丰、田圆圆等：《城市空间扩展的生态环境效应研究——以内蒙古呼和浩特市为例》，《地理研究》2019 年第 5 期。

曹佳梦、官冬杰、黄大楠等：《重庆市生态风险预警等级划分及演化趋势模拟》，《生态学报》2022 年第 16 期。

张锋、陈伟强、马月红、耿艺伟：《基于景观结构的黄河沿岸土地利用生态风险时空变化分析——以河南省为例》，《水土保持通报》2021 年第 2 期。

张雪茂、董廷旭、杜华明等：《基于景观生态风险评价的涪江流域景观格局优化》，《生态学报》2021 年第 10 期。

岳启发、赵筱青、李思楠等：《“一带一路”背景下博多河流域景观格局变化及生态风险评价研究》，《世界地理研究》2021 年第 4 期。

刘海龙、王炜桥、王跃飞等：《汾河流域生态敏感性综合评价及时空演变特征》，《生态学报》2021 年第 10 期。

G.4
重庆三峡库区腹心地带生态修复进展与展望

李 萍 蔡建军 马 磊 司洪涛 杨祥冬 李少华*

摘 要： 以习近平同志为核心的党中央高度重视长江经济带特别是重庆三峡库区生态保护修复。重庆坚持把贯彻落实习近平总书记的嘱托摆在首要位置，将保护长江母亲河、维护三峡库区生态安全等作为重庆义不容辞的责任，系统部署了三峡库区腹心地带山水林田湖草沙一体化保护和修复工程，工程实施后，三峡库区将得到整体保护系统修复，明显改善区域河流连通性，显著增强水土保持能力，有效提升面源污染防治水平，整体改善生态系统质量，进一步筑牢长江上游重要生态屏障。

关键词： 三峡库区 山水林田湖草沙一体化 生态修复

以习近平同志为核心的党中央高度重视长江经济带特别是重庆三峡库区生态保护修复。总书记于2016年、2018年、2020年三次在长江经济带座谈

* 李萍，重庆市规划和自然资源局生态修复处处长，长期从事重庆市国土空间生态保护修复管理、政策制定研究；蔡建军，重庆市规划和自然资源局生态修复处副处长，长期从事重庆市国土空间生态保护修复管理、政策制定研究；马磊，重庆地质矿产研究院生态修复分院院长，正高级工程师，主要从事国土空间生态修复、矿山地质环境、监测预警评价、土地整治等研究；司洪涛，重庆地质矿产研究院生态修复分院副院长，高级工程师，主要从事山水林田湖草生态保护修复、矿山地质环境恢复治理、地质灾害防治、水工环调查与评价等研究；杨祥冬，重庆地质矿产研究院生态修复分院工程师，主要从事山水林田湖草生态保护修复等研究；李少华，重庆地质矿产研究院生态修复分院工程师，主要从事山水林田湖草生态保护修复、水土保持等研究。

会上做重要讲话，每次都强调“要把修复长江生态环境摆在压倒性位置，共抓大保护，不搞大开发”。2016 年和 2019 年两次视察重庆，都要求“保护好三峡库区和长江母亲河，事关重庆长远发展，事关国家发展全局”。《长江保护法》要求“加强三峡库区消落区的生态环境保护和修复，加强库区水土保持和地质灾害防治工作”。

三峡库区位于“三区四带”中的长江重点生态区，涉及三峡库区水土保持、武陵山区生物多样性与水土保持两个国家重点生态功能区，肩负着国家重要的土壤保持、水源涵养、生物多样性保护等重要生态功能。三峡工程稳定运行后，三峡库区总库容 393 亿立方米，是我国最大的淡水资源战略储备库，维系全国 35%的淡水资源涵养和长江中下游 3 亿多人的饮水安全，关系国家总体生态安全。

三峡库区自蓄水以来，累计淤积泥沙已达 19.8 亿吨，其中 94.3%的淤积量集中在库区的宽缓段，项目区处于宽缓段，坡耕地集中分布，水土流失率高达 36.12%，是三峡库区水土流失和面源污染问题最为突出的区域，严重威胁库区水环境质量安全，迫切需要开展山水林田湖草沙一体化保护和修复。

一　重庆生态保护修复情况

重庆坚定不移走生态优先、绿色发展之路，尊重自然、顺应自然、保护自然，深入践行“绿水青山就是金山银山”理念，深入推动绿色发展，助推山清水秀美丽之地建设。

重庆坚持“一盘棋”思想，积极配合自然资源部开展《长江经济带国土空间规划》编制，促进上中下游协同保护长江母亲河。为强化上游意识，担起上游责任，从摸清生态家底、落实“三区三线”、优化保护格局入手，锚固绿色底图；从统一权属关系、统一用途管制、统一开发利用入手，促进绿色发展；从抓实修复试点、创新修复机制、深化修复专项入手，强化绿色治理；从构建山城江城特色体系、城市风貌彰显体系、高品质城市公共空间体系入手，打造绿色家园，切实强化责任担当。

重庆着力在强基础、严管控、建机制上下功夫，保护好长江母亲河。一是全面落实河长制，深入贯彻落实市级总河长令，坚持以问题为导向，着力推动河库面貌持续改善。二是严查河道“乱占、乱采、乱堆、乱建”等问题，实现水域岸线空间常态化监管、长效化保护。三是按照“自然恢复为主、人工修复为辅”的原则，抓好消落区分类治理与保护。四是认真落实“节水优先”方针，实施水资源消耗总量和强度双控行动，促进水资源节约集约利用。

更加注重与周边省份在山系、水系、通道和生物廊道上，开展共建共享、联合执法、联防联治等方面的深度合作。按照统筹山水林田湖草系统治理的思路，守好山、治好水、育好林、管好田、净好湖、护好草，努力实现生态美、产业兴、百姓富的有机统一。要立足区位、生态、产业、体制四大优势，统筹生产、生活、生态三大空间，推动全市生态空间不断拓展，生态数量不断增加，生态质量不断提高，生态环境不断改善，生态富民更加显著，生物多样性更加丰富。

二　三峡库区腹心地带面临的主要生态问题

三峡库区腹心地带位于北纬29°21′~31°4′、东经106°56′~109°14′，西隔东温泉山与中心城区三峡库区库尾相接，东临大巴山、巫山与三峡库区库首相连，北以精华山、铁峰山为界，南与七曜山、武陵山相连，涉及涪陵区、丰都县、忠县、万州区、云阳县、石柱土家族自治县6个区县、172个乡镇（街道），区域面积15067平方公里。项目区长江干流全长338公里，两侧江岸956公里，是长江流出四川盆地的最后关口，涉及三峡库区水土保持、武陵山区生物多样性与水土保持两个国家重点生态功能区，以及重庆市长江干支流湿地与河流多样性保护关键地区，土壤保持、生物多样性保护、水源涵养等生态功能极为重要。

三峡库区腹心地带总体存在生态系统敏感脆弱、稳定性差等问题，具体

表现为水土流失分布广、局部石漠化问题突出、消落区稳定性和生态功能低、小流域面源污染风险大、生物多样性降低等，直接威胁三峡库区整体水环境质量和水生态安全。

（一）水土流失量大面广

项目区是全国重要生态功能区——三峡库区土壤保持重要区的重要组成部分，土壤保持功能极其重要。2020 年，三峡库区重庆段水土流失面积 1.57 万平方公里，相比 1995 年减少了 48.53%，水土保持综合治理取得了显著成效，但当前项目区水土保持能力仍不理想，水土流失问题依然突出。项目区是长江经济带水土流失最为严重的区域之一，受长期坡地农业生产、城镇开发建设与降水量显著增加影响，水土流失防治压力严峻，水土流失导致大量泥沙持续不断地淤积于库区，直接威胁三峡库区生态环境质量安全。

根据市水利局土壤侵蚀遥感调查数据，项目区内水土流失总面积 5442.93 平方公里，占项目区总面积的 36.12%，高于全国平均水平（28.15%），远高于长江流域平均水平（18.81%），是长江经济带水土流失最为严重的区域之一。中度及以上土壤侵蚀面积达到 1694.04 平方公里，万州、云阳境内水土流失问题尤为严重。

（二）消落区稳定性和生态服务功能低

三峡水库 175 米蓄水后，季节性水位涨落，形成高差约 30 米的消落区，在长期水体浸泡和雨水冲刷下，库岸地下水位显著抬高，水体压力变大，岩体稳定性大幅度下降。此外，长江及其支流在汛期流量大、流速快，冲刷力强，河床长期受冲刷、切割侵蚀，水土流失加剧。部分库岸变形破坏强烈，诱发崩塌、滑坡、泥石流等地质灾害。据统计，消落区影响范围内地质灾害隐患点达 1026 处，是威胁库区城镇安全的重大隐患，易造成房屋、耕地和设施损毁，以及河道堵塞，形成险滩与涌浪碍航断航，危及库周群众居住与航运安全。

消落区尚未自然演替形成成熟的生物群落，除部分平缓地带在低水位出现季节性草本植被，其余地区多为裸露地表，使得水质净化、水生生境构建、生物多样性维育等生态功能低。同时，平缓的消落区普遍存在被季节性利用的现象。根据项目区遥感监测和实地调研发现，项目区内长江沿岸近 13.6%的消落区湿地存在农业种植、生产占用等问题，加剧了三峡库区面源污染风险。

（三）面源污染风险大

蓄水以来，三峡库区水面加宽、流速放缓，水体自净能力下降，种植污染、零散居民点生活污染和畜禽污染等面源污染风险日益突出，严重威胁三峡库区国家战略性淡水资源安全。

根据市生态环境局公布数据，受面源污染影响，库区一级支流 72 个断面中 25%的断面呈富营养化，水环境质量不佳。其中，忠县黄金河卫星桥（国控）断面受沿岸农业陡坡耕作影响，平时水质稳定为Ⅱ类，一旦遭遇夏季强降水，迅速下降为Ⅲ类，水质超标明显；受城区居民生活与工业生产影响，石柱县龙河胡海场（国控）、丰都县渠溪河木瓜洞（国控）等断面水质不稳定，2021 年 60%以上时间为Ⅲ类水质，水污染风险加剧；长江清溪场（国控）和苏家（国控）断面在 6~9 月受降水影响，污染物汇聚，水质由平时的Ⅱ类下降为Ⅲ类，水质不稳定。

项目区北部以缓坡丘陵为主，耕地分布集中，是重庆市重要粮食产区，分布有大量的玉米、水稻、榨菜、桑树、柑橘等主要粮经作物，生产过程中对化肥需求较高。据 2020 年统计年鉴，项目区化肥施用量 18.58 万吨，占全市的 20.40%，农药使用量 4378 吨，占全市的 26.47%，但粮经作物本身对氮肥、磷肥和钾肥的利用率不高，分别仅为 30%~35%、10%~20%、35%~50%，农业面源污染中的总氮和总磷分别占本地污染源的 91%和 79%。根据叠加分析，项目区长江及其一、二级支流沿线 500 米范围内有耕地 629 平方公里，并以 15°以上坡耕地为主，集中分布于北部汝溪河、澘井河等流域。在高强度集中降水的影响下，坡耕地中未被利用的氮、磷、钾等物质极易随地表径流进入水域，导致面源污染，水质下降。

（四）生物多样性受到威胁

项目区是全国重要生态功能区——武陵山区生物多样性保护和水源涵养重要区、重庆市长江干支流湿地与河流生物多样性关键区的重要组成部分，也是东亚亚热带植物区系分布的核心区和中国三大生物特有现象中心之一的“渝东—鄂西特有现象中心”所在地，分布有水杉、珙桐、桫椤等众多国家珍稀濒危物种，生物多样性保护需求极为突出。

项目区自蓄水运行后，水文条件变化导致部分生物原生生境丧失，生物种群数量减少，高等维管束植物种类减少近50%。此外，1000余处河流生态通道被切断，50余种外来物种入侵等问题直接威胁生物多样性保护。

相较原生的常绿阔叶林中丰富的乔、灌、草植被体系，项目区大面积人工针叶林生产能力低，能够提供给野生动物栖息的空间和食物有限，生物多样性维育水平低。此外，项目区全域属于松材线虫病疫区，松林病虫害发生面积211.07万亩，发生率47%，威胁森林资源安全，直接影响生物多样性维育功能。

外来物种入侵防治形势严峻，三峡库区至今已有一枝黄花、紫茎泽兰、豚草、香根草、蓖麻等50余种入侵植物，外来物种入侵已严重影响三峡库区生物多样性资源，局部改变了物种原有的空间分布格局，甚至造成一些土著种濒危灭绝。例如，紫茎泽兰通过抑制土著植物种子萌发和幼苗生长，竞争排挤和取代土著植物，形成的单种优势群落破坏或改变了乡土植物格局。此外，松材线虫、松纵坑切梢小蠹等外来物种对生态影响巨大，如果持续蔓延，将对森林生态系统造成毁灭性打击。

（五）地质灾害易发频发

项目区地质灾害易发性强、风险高、危害大，是重庆市地质灾害最严重的区域之一。通过持续实施的地质灾害防治，一大批滑坡、崩塌、危岩体和移民迁建区高切坡得到有效治理，但受脆弱地质结构，以及工程建设和采矿等人类活动的影响，地质灾害时有发生，直接威胁人民群众生命和财产安全。

项目区地质灾害高易发区 3623.59 平方公里，占总面积的 24.05%，高于全市 16.22%的高易发区占比；地质灾害隐患点 3657 处，类型以滑坡和崩塌为主，占比 91.11%，集中分布于长江干流及支流沿线。

受自然条件的限制，项目区城镇空间多临江、临崖分布，地质灾害风险高，约 75%的城市建设用地与地质灾害高易发区重叠。高强度开发建设，采用深挖、高切等不合理建设方式破坏地质环境，易诱发新生地质灾害。沿岸、沿江农村居民点建设和乡村道路建设普遍缺乏护坡措施，使滑坡、崩塌等地质灾害时常发生，尤其乡村道路沿线地质灾害发生占比高达 55%以上。

项目区内现有受矿山开采影响形成的地质灾害隐患 313 处，受威胁群众 23900 余人。露天矿山开采形成的高切坡、深坑，以及矿石废渣堆放，易造成边坡不稳，在降水及其他外力作用下，极易产生滑坡、崩塌及泥石流等地质灾害。部分井下开采矿山，改变了地下岩石应力，易造成地表形变和塌陷，对区域生态环境造成严重破坏。

三　三峡库区腹心地带山水林田湖草沙一体化保护和修复工程

（一）保护修复思路

以保障三峡库区水环境质量安全为总体目标，以三峡库区水土保持、武陵山区生物多样性与水土保持两个国家重点生态功能区为重点，按照“山水林田湖草是生命共同体”理念，协同推进长江左右岸、干支流、槽谷地带、山上山下综合治理，分单元部署实施重大工程，针对性地解决项目区水土流失、石漠化及消落区生态功能退化等问题，维护三峡库区水资源、水环境、水生态安全，持续提升区域生态系统质量和稳定性，进一步筑牢长江上游重要生态屏障。

（二）项目总体布局

工程协同三峡库区库首、库尾试点成效，以长江为轴，突出山上山体屏障区水源涵养功能、山下宽缓农业区水土保持功能、长江左右岸滨江廊道区生态缓冲功能，结合生态本底特色，兼顾自然地理单元完整性、生态系统关联性、生态问题差异性，在项目区上游、中游、下游3个分区中划定修复单元，综合部署各子工程，系统推进上中下游、山上山下、左右岸、干支流综合治理，实现项目区的整体保护与系统修复。

依据全国及重庆市“双重”规划等相关规划，统筹部署了9项重大工程、50余个子项目。

在项目区上游，长江左岸滨江区域以低山地貌为主，耕地占比35%，面源污染问题突出。右岸丘陵台地集中分布，石漠化发生率21%。划分为面源污染防治、石漠化综合防治2个单元，布置12个子项目，主要采用坡耕地农田径流拦截与再利用、农药化肥减量控害、土地平整、低效林改造等措施，防控面源污染，改善石漠化状况。

在项目区中游，左岸为宽缓农业区，耕地占比42%，面源污染问题突出。右岸为山体屏障区，马尾松纯林占比44%，林业病虫害高发。长江滨江地带为河谷地貌，人类活动密集，消落区稳定性差、生态功能低等问题交织。划分为土地综合整治、面源污染防治、水源涵养修复、消落区综合治理4个单元，布置24个子项目，主要采用土地平整、雨污管网改造、林业病虫害防治、生态隔离带建设、库岸整治等措施，防控面源污染，增强岸线缓冲功能，提升消落区生态功能。

在项目区下游，以中山地貌为主，长江两侧山体高耸，15°以上坡耕地占比61%，水土流失率达42%，是水土流失问题最突出的区域。划分为2个水土流失综合治理单元，布置16个子项目，主要采用封禁治理、保土耕作、国土绿化提升、矿山生态修复等措施，巩固山体水源涵养功能，提升区域水土保持能力。

（三）保护修复任务

通过 3 年攻坚，将完成岸线修复 233.60 公里，水土流失综合治理 898.53 平方公里，石漠化治理 11.33 平方公里，土地综合整治 92.42 平方公里，退化林修复 564.52 平方公里，水土流失面积减少 16.51%，长江干流Ⅱ类水质稳定达标，确保项目区水环境质量安全持续稳定。

（四）项目实施效果

项目实施后，可有效提升区域水土保持和水源涵养能力，提高特色农产品、历史人文资源等生态产品的供给能力，推进绿水青山向金山银山转化，切实增强移民区县人民福祉。

四　前景展望和下一步建议

党的十八大以来，我国坚持“绿水青山就是金山银山”的理念，坚持山水林田湖草沙一体化保护和系统治理，生态文明制度体系更加健全，生态环境保护发生历史性、转折性、全局性变化，我们的祖国天更蓝、山更绿、水更清。

随着中国发展进入新的历史阶段，未来的生态保护修复应坚定坚持以习近平生态文明思想为总领，全面贯彻“绿水青山就是金山银山”基本理念，坚持“山水林田湖草是生命共同体”治理方略，以提升生态系统服务功能、改善生态环境质量、维护生态安全为目标，按照严守底线、提升质量、增进福祉、深化实践的思路，突出抓好 4 个重点，即重要生态空间管控、重大生态工程实施、重点区域生物多样性保护和重要生态文明创新实践，探索建立生态保护修复综合管理模式，着力提高生态系统自我修复能力和稳定性，促进自然生态系统质量整体改善，筑牢美丽中国生态根基。

以国土空间规划为依据，强化底线约束，优化调整各类空间的结构和布局，严守划定的生态保护红线、永久基本农田等生态底线。实行最严格的生态空间准入管理制度，全面落实生态保护红线管控要求，加强自然保护地等重要生态空间监测监管，建立生态保护红线生态破坏问题监管机制，及时发现和遏制各类破坏生态的行为。强化重点生态功能区保护与管理，严格落实国家“双重”规划重大工程，对国家重点生态保护修复工程实施全过程监督，落实重点生态功能区产业准入负面清单制度，开展工程实施综合绩效评价。

以生态保护红线、自然保护地、重点生态功能区等为重点，因地制宜推进山水林田湖草沙一体化保护修复。加快推进长江重点生态区等“三区四带”生态屏障建设，系统实施重要生态系统保护和修复重大工程，提升森林、湿地等生态系统碳汇能力。始终坚持以自然恢复为主、人工修复为辅的方针，开展生态脆弱区综合治理，逐步解决水土流失、石漠化、历史遗留矿山、损毁土地等生态受损退化问题，提升生态系统稳定性。统筹实施城乡区域生态保护修复，构建城乡生态廊道，拓展绿色生态空间，改善城乡人居生态环境质量。

严格保护生物多样性，关系人类福祉，是人类赖以生存和发展的重要基础。优先保护生物多样性重点保护区和国家重大战略区，优先开展自然保护地生物多样性本底调查、观测和评估，摸清生物多样性本底情况。加快建立生物多样性保护大数据平台，推进信息共享和管理应用。继续深入推进野生动植物就地保护与迁地保护，建立生物多样性保护网络，逐步恢复重要物种生境完整性和连通性。加强生物资源保护与管理，强化野生动物资源利用监管，积极防治外来入侵物种，提高生物安全治理能力。

持续深化生态文明示范建设、“绿水青山就是金山银山”实践创新基地等创建工作，优化生态文明示范建设格局，形成各有侧重、相互支撑、点面结合的示范创建体系。开展生态文明示范创建经验总结，推广可复制、可借鉴的模式，集中打造一批高质量创建集群和样板。完善生态文明示范建设激励约束机制，加大财政支持力度，形成政策合力和创新动力。完善创建标准体系，开展定期评估与动态监管，严格准入和退出机制。将探索生态产品价值实现机制作为各类生态文明示范建设的核心内容，通过不同层级、不同类型的创建活动，形成一批生态产品价值全面实现、绿色高质量发展的典范，成为向世界展示中国生态文明建设成果的重要窗口。

参考文献

王夏晖、何军、牟雪洁等：《中国生态保护修复 20 年：回顾与展望》，《中国环境管理》2021 年第 5 期。

唐军：《加快建设山清水秀美丽之地——对筑牢长江上游重要生态屏障的思考与建议》，《当代党员》2020 年第 19 期。

罗明忠：《共同富裕：理论脉络、主要难题及现实路径》，《求索》2022 年第 1 期。

G.5

三峡库区加快建设绿色生态廊道的路径及保障政策研究*

李春艳**

摘　要： 三峡库区既是国家重点生态功能区，又是长江上游生态屏障区和生态环境脆弱地区所在地，三峡库区的生态系统稳定对全国生态安全具有重大意义。生态廊道是具有生物多样性保护、生态功能保持及生态安全格局维持等重要功能的连接陆域或水域的通道。构建三峡库区绿色生态廊道系统，有助于维护三峡库区生态过程的连续性和完整性，有效传递和提升三峡库区维护生态的功能，进而形成牢固的生态安全屏障，对长江流域生态安全格局构建具有重要作用。

关键词： 三峡库区　绿色生态廊道　生态建设

2016年习近平总书记在长江经济带工作座谈会上提出长江经济带是一个整体，必须全面把握、统筹谋划，要大力构建绿色生态廊道。党的十九大报告提出要优化生态安全屏障体系，构建生态廊道和生物多样性保护网络。三峡库区位于长江上游，生态环境较为脆弱，是国家生态环境治理的重点区

* 本文系国家社科基金西部项目“长江上游地区生态产品价值市场化实现路径研究”（19XJY004）以及重庆市社会科学规划重点智库委托项目“三峡库区加快建设绿色生态廊道的路径及保障政策研究”（2021ZDZK16）阶段性成果。

** 李春艳，重庆社会科学院生态与环境资源研究所（生态安全与绿色发展研究中心）研究员，主要从事区域经济、绿色发展等领域研究。

域，生态本底脆弱、生态问题敏感、生态格局复杂，重庆应通过系统谋划、综合施策、科学治理，建设三峡库区绿色生态廊道，承担“上游责任”，保障长江上游生态安全。

一　绿色生态廊道的内涵与功能

（一）绿色生态廊道的内涵

生态廊道是从绿道和廊道概念中发展而来的，与后两者仅强调生态环境保护理念不同，生态廊道概念引入了效益原则，强调从环境保护和生态效益两个方面切入。20 世纪 90 年代以来，基于生态要素构成生态空间集合的生态廊道成为学者研究新的方向。有学者认为，生态廊道可以连接不同板块领域不同的生物种群，同时能够保障种群的流动性从而改善生物板块的生存环境，降低种群生存的风险，作为一种重要的景观类型，美国保护管理协会将生态廊道定义为“供野生动物使用的狭带状植被，通常能促进两地间生物因素的运动”，这一定义突出了生态廊道的形状特点和功能特点，从这个层面看，绿色生态廊道是联结陆域或水域的一种通道类型，通过将分割的领域内在有机联系起来，维持生态过程并实现特定的生态功能。随着经济社会的发展，绿色生态廊道不再仅仅是一个单纯的自然生态系统，而是与人类经济生活发生密切关系，维系自然—社会—生态综合持续稳定的复合型生态廊道系统，具备综合的生态效益和经济效益，既能满足当代人的需要，又不对后代人满足其需要的能力构成危害。

（二）绿色生态廊道的功能

1. 过滤功能

过滤功能是指生态廊道通过对滨水地段的建设，防止区域之间的污染物流动，以及通过自身的系统，改善水生态系统之间的物质和能量交换，通过生物之间的交换作用，优化滨水地带的环境、改善水质、减少水质污染，在一定的时间内对污染物进行过滤净化。生态廊道的这一功能可以同时防止藻类的繁殖、阻止泥沙和污染物的进入，防止系统外部污染进入系统内部。

2. 缓冲功能

缓冲功能是基于生态廊道自身具有的较强生态稳定性，在受到外部或者内部的环境干扰时，可以凭借自身的生态系统对干扰起到缓解的作用，通过这一功能，不同的生态廊道可以适应不同的环境及其变化。因此，生态廊道的生境系统要求是完整稳定的，在内部结构上具有合理的乔、灌、草结构，能够消化吸收破坏带来的冲击，并建立适合动植物生长的环境。

3. 庇护功能

生态廊道通过对破碎景观的联结，维护生态过程的连续性和完整性，形成了牢固的生态安全屏障，为动植物的生存发展提供良好的空间，同时生态廊道可以适当隔离外界的污染和破坏，有利于物种的休养生息，维护生物多样性，为物种的发展提供庇护，丰富物种基因库。

4. 涵养功能

通过建立生态廊道，可以减少水土流失，形成有利于生物发展的环境。受资源开发等人类活动影响，局部地区存在地表泉水断流、地下水位下降、山坪塘干涸等问题，引起部分地区水资源形势的恶化，涵养功能是采取恢复植被等绿化措施，强化对降水的截留、吸收和下渗，满足系统内外的水源需求。

二　三峡库区生态系统存在的问题

（一）水环境持续改善压力较大

三峡库区水位涨落常淤积一些污染物，包括枯死植物体、生活垃圾以及部分工业废弃物。这些污染物淤积影响了三峡库区的景观，特别是对旅游地和城镇的景观有较大影响。污染物的分解与浸出物可能为病媒生物的孳生及疫源地的扩大创造适宜的条件，如不注意预防，可能导致流行性传染病发生，影响三峡库区人群健康。同时污染物质还会进入水体污染水质，加上库区蓄水后水流速度降低，水体自净能力下降，影响水环境安全。此外，随着三峡库区城镇化进程加快，生活与工业污水排放量增加，随水库水位的涨落，岸边水域水质的污染影响范围发生变动，影响城镇饮用水水源安全；支流回水范围内消落区的营养物质易于富集，引起局部水域的富营养化，甚至发生水华，如大宁河、大溪河等三峡库区主要支流自水库初期蓄水以来就有水华发生。

部分流域容易出现水质反复。由于流域系统性治理水平不高，个别月份会出现水质严重超标，导致水质安全保障出现问题，需要长期可持续的监测监督。根据第二次污染源普查数据初步测算，农业面源污染已经成为水体的重要污染源之一，部分水产养殖无尾水处理设施，同时农业废旧物资源化利用不健全，回收体系有待完善，部分区域存在化肥、农药不合理使用等问题。

“三江”取、排水口交错，饮用水水源安全保障压力大。“两江一线”的生产力布局特点及山地地形限制，导致部分城镇饮用水取水口均布局在长江、嘉陵江、乌江等沿岸，存在取水口、排污口交叉分布的现象，严重影响区域供水安全。部分饮用水水源地保护区内存在排污口、违法建筑、面源污染等现象，环境风险防范和应急能力尚需加强，饮用水水源地一级保护区隔离防护设施建设还需加快完善。

（二）森林草地质量不高

以森林为主的绿色资源总量不足、分布不均、质量不高，影响生态功能的发挥。森林以马尾松、杉木、柏木为主，密度大，低效林多，全市林地相对集中于海拔 500 米以上的低、中山区，林分结构和林地分布不合理。松材线虫病防控形势严峻，压力巨大。近年来，人类活动空间不断扩大，对森林、草地、湿地生态系统的破坏日益强烈，导致稳定性生态系统空间缩小，其水土涵养、径流调节的功能逐渐降低。特别是渝东北地区的采矿活动，导致水位下降、地表断流等现象时有发生，生态系统自我调节能力越来越弱，对长江上游水生态安全造成较大威胁。175 米蓄水后，库区沿岸水生植物圈大面积减少，生态群落趋于单一，森林生态系统的多种功能减弱。

（三）局部地区水土流失依然突出

三峡库区境内重峦叠嶂，山地占比较高，大部分是陡坡，在降雨量较大的情况下发生水土流失的风险较高，导致岩层裸露；同时，早期的砍伐森林和农业耕种等人类活动也进一步加剧水土流失，土地资源不断丧失，生态系统失衡问题严重。水土流失及其导致的土壤养分流失已成为库区重要的生态环境问题。水土流失的加剧使库区居民掌握的可供生产发展的土地资源总量下降，土壤营养流失土地生产率下降，进入水体的各类物质增加，加剧了库区水体的富营养化。水土流失还会加剧长江上流的泥沙淤积问题，水位增高，环境水涝容量下降，大量污染物沉积，给人类的生存环境带来更大的危害。

同时，存在生态用地侵占问题。随着城镇的开发，建设占用耕地，大量农用地朝非农化建设转变，生态用地被侵占。土壤污染管理和修复任务艰巨。土壤环境管理与污染防治体系尚不健全，尤其在土壤污染治理修复模式和修复技术创新方面相对滞后，过度依赖财政资金支持，市场化程度不高。尾矿库环境监管体系有待建立和完善，尾矿库环境风险识别与排查需要进一步加强。

库区植被退化削弱了其对库岸的稳固作用，而成库后水位大幅度消落加剧了水土流失，使得库岸稳定性下降，成库初期三峡库区的滑坡与库岸崩塌现象有增加的趋势，但逐渐趋于稳定和减少。水库蓄水初期植被以草本植物为主，受水库水位反复大幅度涨落和风浪冲刷的影响，陡坡岩质型消落区的基岩逐渐裸露，陡坡土质型的土壤也逐渐流失，基质多年后将演变成砾石和砂石，无植被覆盖。面对大量的城镇、村落、农田、工厂与交通设施，若不加强治理，库岸崩塌与滑坡将危及三峡库区人民的生命财产安全以及日常生产与生活。

（四）生物多样性风险依然存在

三峡库区的生态环境具有明显的脆弱性特征，是全国生态问题最突出的地区之一。受栖息地质量急剧变化以及大幅度反季节水位涨落节律的影响，库区植被正在发生显著演变。原来的库区是在长期自然演替过程中形成的生态系统，成库后原有部分陆生植物种类因不适应蓄水环境而消失，部分物种数量减少，新的植物物种逐步进入并扩散，植被组成简单且处于不断变化中，生态系统稳定性低，使得其生态系统难以发挥应有的生态功能与效用。近年来，长江鱼类中的许多珍贵品种濒临灭绝，中华鲟、达氏鲟、胭脂鱼的产卵量逐渐减少，部分鱼类育苗也大幅减少，水生生物多样性受到严重威胁。在遗传基因层面，水稻、小麦、洋芋等一些主要农作物的本土品种面临消失风险；从畜禽遗传资源看，其中40%的群体数量近年来有所下降，原有的合川黑猪、涪陵水牛等较为优良的区域性畜禽品种有灭绝的危险。同时，生物多样化依赖的自然栖息地保护现状也不容乐观，2016年重庆全市自然保护区面积为82.12万公顷，到2019年自然保护区面积下降到80.48万公顷，减少了1.64万公顷，保护区面积占土地总面积的比例也从2016年的10.1%下降到2019年的9.77%。

三　三峡库区绿色生态廊道建设的总体构想

（一）三峡库区绿色生态廊道的识别

1. 数据来源

三峡库区包括三峡水库蓄水淹没及汛后影响涉及的湖北省和重庆市共计26个区县。本研究中三峡库区生态廊道的范围主要在重庆地域范围内。三峡库区不同区域社会发展水平差异明显，既有重庆主城区、万州等大型城市，也有云阳、开州、巫山等一系列小型城市及众多的集镇和乡村。采用由国家基础地理信息中心牵头研制的2020年30米空间分辨率全球地表覆盖数据①，该数据利用 30 米分辨率多光谱影像，采用基于像素分类—对象提取—知识检核的 POK（Pixel-Object-Knowledge）方法，是国际上首套分辨率最高的全球地表覆盖数据集。该数据运用了庞大的样本数量进行精度的验证，由第三方验证，2020 年的数据验证是基于景观形状指数抽样模型进行全套数据布点，共布设样本超过 2.3×105 个。2020 年的总体精度为 85.72%，Kappa 系数为 0.82。

2. 廊道识别

（1）生态源地提取

生态源地是物种扩散以及维持的源头，主要包括三个特点，一是可以提供关键的、重要的生态服务，二是可以对生态系统的退化问题进行预防，三是景观具有连续性和完整性。确定生态廊道，首先要明确生态源，生态源是不同类型动植物的栖息地，具有完整的生态系统，通过生态廊道可以将生态源联系起来，具有普遍的象征性，并且足以表征研究区域的不同栖息地。为了更直观形象地展现栖息地质量在空间上的分布情况，在 ArcGIS 中将 InVEST 模型输出结果图分为五个等级，分别为最低（0~0.2）、较低（0.2~0.4）、中等（0.4~0.6）、较高（0.6~0.8）和最高（0.8~1）。

三峡库区栖息地质量空间分布差异明显，整体上最优栖息地分布较广，面积为 20250.97 平方公里，不同质量水平的栖息地空间分布差异明显。最优栖息地（栖息地质量处于最高水平）主要分布于东北部的山地和丘陵区，包括大巴山、巫山、铁峰山、七曜山，这些地区人口密度较低、森林覆盖率高，加上多项生态保护政策的实施，使其成为各类动植物的理想栖息地，栖息地质量很高。这些区域以林地为主，生物多样性较为丰富，生态环境良好。此外，石柱县的栖息地质量也处于较高水平，这得益于丰富的水域及湿地资源，适于水生动植物生存。中等质量栖息地（栖息地质量处于中等和较高水平）主要位于中南部，该地区受到石漠化危害和人类频繁耕作的双重因素影响，加之生态系统单一、植被覆盖率低，导致该区域生态环境较东

① GlobeLand30，http：//www.globallandcover.com/.

北部地区脆弱；栖息地质量较低的区域主要位于北部和西部，该区域人类活动频繁，公路密度较大，人类对生态环境的干扰和破坏比其他区域的影响更为严重。

三峡库区整体水源涵养能力明显高于其他区域，与降水量多、地形起伏大、植被覆盖度高有关。生境质量呈现两极分化，极重要与一般重要的占比大，其中极重要区域集中于东北部的巫山、巫溪、石柱等区县，一般重要区域集中于重庆主城区，这与库区范围内的自然保护区数量多、面积大有关。土壤保持能力较弱，这与三峡库区的土壤侵蚀敏感性有直接关系。

（2）景观阻力分析

物种对环境的利用可以看作空间覆盖和竞争管理的过程，必须通过克服相应阻力来实现其覆盖与管理，阻力面也表现出物种和生态流扩散的趋势。由于物种在不同类型景观中运动会遇到某些阻力，阻力面的构建已成为物种扩散路径中克服阻力的基本内容。为了将栖息地适宜指数（Habitta Suitable Index，HSI）与低运动阻力联系起来，本研究取 HSI 指数的倒数，利用负指数变换函数将 HSI 转化为电阻值，其计算公式如下：

$$\text{If HSI} > \text{Threshold} \rightarrow \text{Suitable habitat} \rightarrow \text{Resistance} = 1$$

$$\text{If HSI} < \text{Threshold} \rightarrow \text{Non-suitable habitat/Matrix} \rightarrow \text{Resistance} = e^{\frac{\ln(0.001)}{\text{threshold}} \times \text{HSI}} \times 1000$$

式中，HSI 为栖息地适宜指数，该指数由 InVEST 模型栖息地质量模块计算所得；为了构建最优生态廊道，该研究选取 HSI 的 0.8 作为判别适宜栖息地质量与非适宜栖息地质量的阈值，当 HSI≥0.8 时，为适宜栖息地（Suitable habitat），当 HSI<0.8 时，为非适宜栖息地（Non-suitable habitat）；Resistance 为电阻值。

2020 年景观阻力均表现为主城区范围较为突出，阻力值明显高于其他区域，库腹部分地区也表现出较高的阻力值。阻力值较高的区域大多为城镇区域，人类活动过于频繁，当地生态环境受到的干扰和破坏程度较大，导致栖息地破碎，各斑块之间的连接度较低。低阻力值斑块集中分布在东北部的大巴山、巫山以及七曜山，这些地区森林覆盖率较高，生态景观受人类活动的干扰较小，生态系统比西部地区更为完整。

（3）生态廊道识别

生态廊道连通一定区域内彼此相邻的优质生态源地，构建了一条生物流连通性极佳的物种扩散通道，是沟通生态源地的桥梁。生态廊道的搭建，可以满足生物多样性发展的需求，同时可以保护和维护相应的生态功能。考虑到生态廊道为相邻两级生态源地间拥有最小生态阻力通道的特点，生态廊道的选择，应该是两个生态源之间动植物流动的最小阻力的通道，因此，在已经确定生态源的基础上，可以用最小累计阻力模型来计算两个源地之间的最小阻力值路径，从而提取两个生态源之间的生态廊道。

模拟结果显示，三峡库区生态廊道呈“蜘蛛网”状串联研究区西部、东北部。生态廊道在空间分布上存在显著差异，均表现出南部和东部生态廊道较多，生境景观连通性阻力较低。

（二）三峡库区绿色生态廊道建设总体框架

目前，三峡水库及上游区域经济发展对三峡库区的生态环境压力与日俱增，并且三峡库区生态环境脆弱，是我国地质灾害频发区、水土流失重点区、气象灾害多发区和水环境敏感区。生态廊道是三峡库区生态环境保护的最后一道防线，是陆域污染物进入三峡水库的最后路径，因此三峡库区绿色生态廊道建设显得尤为重要。当前三峡库区自然生态群落还处在不稳定状态，承载消落区生态系统的土壤结构还在不断变化，不宜开展过多的人工干扰恢复措施。因此，三峡库区绿色生态廊道建设应以生态效益为中心，以自然保护为主、人工修复为辅，且人工修复也应按照确定的生态功能来确定修复的目标和技术规范。

1. 实施绿源战略

通过天然林保护工程、重点生态保护区工程等，加快绿源建设。一是深入实施天然林保护工程，对环境敏感区域的森林进行重点保护，并开展生态修复。应根据不同区域立地条件差异，宜以乡土物种和不同生态类型植物为主，恢复模式应宜草则草、宜林则林、宜封则封。生态恢复应包括物种搭配、立体结构优化配置、种植方法与技术及后续的管护技术等内容；引进外来物种一定要慎重，要按照国内外关于外来物种引进的相关规定与要求开展引种试验。二是对重要的水源涵养区、江河源头区开展自然修复和预防保护等，通过石漠化治理和水土流失治理，恢复河湖生态功能，实施退耕还林还湿，建设沿江、沿河、环湖水资源保护带和生态隔离带。加快源头地区产业结构调整，建设功能完备的生态屏障。

2. 实施绿江战略

开展三峡库区流域水污染治理，实施绿江战略，建立清水廊道。一是建立跨区域流域综合水污染治理体系，建设生态水网系统，形成集生态、防洪、发电、航运、景观等多种需求于一体的水生态体系。二是开展沿江水污染治理，对工业排水、城镇生活排水、农业面源污染、船舶排污等进行严格控制，形成沿江联防联控污染治理体系，对重要支流水质进行全方位监控，统筹全流域水利工程建设。三是形成有序开发长江动植物资源机制，针对长江渔业资源破坏等情况，开展水生生物多样性保护，严格禁止猎杀珍稀动物，形成集长江航运畅通与优美风景于一体的生态廊道。

3. 实施绿岸战略

加快长江沿线岸线建设，提高岸线资源使用效率，实施绿岸战略。一是加快产业规划，制定沿江产业绿色转型发展规划，优化产业布局，对不达标产业坚决撤并。二是优化城乡建设，对沿江的自然保护区、风景名胜等资源进行综合规划，统筹开展全流域水利景观建设，优化干支流景观布局，构建长江绿色景观廊道，展现三峡库区特色景观文化。三是建设沿江绿色家园，构建和谐共生的人水关系，对农村面源污染开展综合治理，建设乡村生态公园，实施农村清洁美化工程，优化乡村人居环境。

（三）三峡库区绿色生态廊道建设实施路径

1. 推进山水林田湖草生态系统建设，完善三峡库区绿色生态廊道山清水秀的生态空间格局

一是把修复长江生态环境摆在压倒性位置，以持续改善长江水质为中

心，扎实推进水污染治理、水生态修复、水资源保护“三水共治”。建立三峡库区流域水生态环境功能分区管理体系，加大重要支流水环境综合治理力度。常态化开展岸线清理整治，严控岸线空间土地开发，制止破坏河道岸线行为，强化执法监管，持续降低生产生活对岸线生态的影响。

二是聚焦重点领域精准施策，增强库区生态涵养功能。开展水土流失治理，综合运用植被恢复、坡面治理等举措，增强库区蓄水保土能力。加强消落区保护治理，开展生态修复技术攻关，深化生态修复试点。加强生物多样性保护，制订并实施生物多样性保护行动计划，增设城市自然保留地、保护性小区，完善中小型栖息地和生物迁徙廊道系统。加强自然保护地管理，推进自然保护地大排查大整治，依法依规解决自然保护地设置不合理、保护与发展不协调等问题。

三是加强与周边省市开展生态环境联防联治。推进川渝共建生态廊道，开展跨界河流协同治理试点，协同完善生态环境标准体系，开展联合执法、联动督查。在环境监测、信息共享、应急处置等领域，加强同贵州、湖南、湖北等省的生态保护和合作，促进区域环境质量改善。

2. 推进绿色低碳循环生产，构建三峡库区绿色生态廊道集约高效的生态产业体系

一是以“生态+”理念大力发展生态利用型产业。在资源环境承载能力范围内，跳出传统农业范围，将生态资源作为特殊资本来运营，把三峡库区的生态环境优势转变为产业优势，因地制宜发展气候经济、山上经济、水中经济、林下经济，发挥山地农业优势，做好农业与服务业的融合发展，构建特色高效型山地农业生态经济。

二是大力发展数字经济。以建设国家数字经济创新发展试验区为契机，加快促进数字经济与库区实体经济深度融合，通过打造数字化车间和智能工厂，对库区的传统产业进行技术改造、流程再造，减少资源消耗和环境污染，在库区培育一批满足市场要求、具有技术创新优势的新型企业。

3. 倡导绿色生活，构建三峡库区色绿生态廊道宜居适度的生活空间格局

一是加强规划对三峡库区城乡发展的引领，优化城镇体系和城乡空间布局，实现城乡功能的自我完善。提升三峡库区城镇建设设计理念，强化城镇建设精品意识，传承巴渝特色，体现现代人文精神，彰显“山城”“江城”的山水园林风貌。

二是持续开展农村人居环境整治行动，补齐农村人居环境短板，创建绿色城镇、绿色新村和生态文化村，保护乡土自然景观和特色文化村落，改造提升农村住房，建设一批体现巴渝特色的农民新村。

三是弘扬三峡库区人文精神，提升三峡库区文化自然遗产保护利用水平，处理好保护和发展的关系，构建点、线、面结合的历史文化保护体系。

四　三峡库区绿色生态廊道建设保障措施

（一）争取国家重大项目支持

争取国家山水林田湖草综合治理政策支持。支持长江上游地区将岩溶石漠化治理、水土流失综合治理、水体治理、河流湖库保护修复、饮用水水源地问题整治、天然林保护修复、农村面源污染治理等一批重大项目纳入国家项目库，提高补助标准，加大支持力度。争取补齐环保基础设施建设短板。建议国家相关部门支持长江上游地区统筹规划布局一批环保基础设施，尤其是对污水处理厂、污水管网、固废危废处置点等重点环保基础设施，集中资金、技术等力量开展攻坚，补短板、强基础。争取对三峡库区生态建设开展重大优化改造项目。对三峡库区全流域综合治理体系建设，从规划设计、建设运营、监督监管等方面实施全方位的生态治理，形成上下游、左右岸的联动。实施对长江中上游中小型水利水电工程的建设修复改造工程，对三峡工程防洪功能发挥形成相应的辅助功能。优化三峡库区鱼类生存环境，对相关鱼类生存设施、生存环境进行优化升级。

（二）开展禁止—修复—提升多层共治

通过建立生态建设负面清单严格禁止相关区域的污染项目。三峡库区是

国家主体功能区划中的重要生态功能区，对生态环境有硬性的约束标准，要对不同区域限定禁止建设项目，保障区域内的环境容量。对于已经存在的污染项目，要加快转型升级，强制推进污染治理工程，对转型也无法达标的污染项目要进行搬迁外移，同时禁止污染项目的规划建设和入驻。对于可以开工建设的项目，应该严格按照标准上限进行规划设计，在规划引导、资金支持、土地控制、资源调剂、考核评估等方面都要有相应的对策措施，保障生态廊道环境免于进一步破坏。

开展生态系统全面修复工程。从绿化行动、生物多样性保护等方面实施生态系统修复。一是大面积植树造林、修复草地和灌木林等，有序实施绿化行动和保护。针对三峡库区沿江水电工程建设对森林植被造成的损害、三峡库区脆弱的生态环境和频发的生态地质灾害进行修复工程；二是在修复的同时，对生态敏感区域的居民进行有序搬迁，加大对搬迁居民的转移支付力度，有效撤出人口，减少人类生活对区域环境的破坏。

提升三峡库区各类生态资源的生态服务功能和生态价值。一是以提升生态资源的生态价值为契机，积极转变区域经济发展方式。通过植树造林、湿地建设、森林保护等工程，改善流域的生态环境质量，为区域吸引外部投资创造更好的生态环境。二是加大政府对生态产品的购买力度，积极开展市场化生态补偿机制，有序引入碳交易、水权交易、排污权交易等，形成多元化补偿路径。推动流域上下游的生态补偿、流域内的横向生态补偿，通过补偿助力区域生态环境改善提升生态旅游、生态农业效率，提升区域自我发展造血功能，将生态建设与脱贫攻坚有效结合起来。

（三）建立流域与政区二元协同管理体制

尽快出台“三峡库区生态廊道建设总体规划”。明确核心内涵、基本功能、建设内容、空间布局，指导生态屏障建设；研究制定专项规划，合理确定各专项的生态功能和目标，统筹安排确定重点突破口与重点工程，确保建设的系统性。统筹整合多个部门、多处资金、多类项目，明确近期、中期、远期工作目标及工作举措，作为筑牢长江上游重要生态屏障的工作指南。

建立三峡库区生态廊道协调机制。加强统筹领导，市发展改革委等市级相关部门及各区县要切实履责、分工协作，形成齐抓共管的工作合力。要在大气、水、土壤、森林、生物多样性等重点领域建立协作共建机制。加强生态屏障建设相关部门的协同配合。出台有针对性的、权威的管理办法，明确三峡库区生态环境保护责任主体和受益主体，明确土地利用基本原则和方式，以此来指导各地区开展相关工作。同时还应针对具体项目建设和后期运行管理出台相关办法，以保障项目的可持续运行。

（四）建立资金、科技、用地支撑体系

资金需求方面，一是争取各级财政资金。争取将生态廊道建设项目纳入国家生态环境建设重大项目规划，争取国家资金更多落实到生态廊道基础设施建设中，以国家支持资金为基础，试点发行地方政府债券等，拓宽资金渠道。二是引导和鼓励社会资本投入生态廊道建设，创新建设主体，组成公私合作主体，构建新型的市场化建设机制，形成政府主导、企业和社会各界参与、市场化运作、可持续的生态补偿投融资机制，加大对生态廊道建设工程项目的资金支持力度。三是加快推进政府、银行、企业在生态屏障建设中的全面合作，通过储备生态项目库，以银行为中介，政府向企业提供更多生态建设中长期贷款，鼓励企业发行企业类绿色债券，降低融资成本。四是建立三峡库区生态廊道建设基金，改变原有的投入方式，对于完全没有收益的生态恢复项目可通过申请由基金给予资金支持，对于有收益的生态恢复项目基金可以提供一部分启动资金，由社会资本开展生态恢复项目，通过后期运行管理实现项目的盈利，最后实现基金的退出。通过建立基金的方式，可以有效提高中央资金的使用效率，更好地实现未来几十年的三峡库区生态环境目标。

在生态科技支撑方面，三峡库区生态廊道是一个复杂的生态系统，必须建立一个完整的技术体系，形成一整套技术规范，指导植被生态恢复下一步的实践工作。一是积极引入大数据、人工智能以及生物科技等先进技术，通过技术更新提升生态环境治理和生态屏障建设水平，推广高新技术手段在生

态修复领域的运用。二是开展生态环境领域技术研发和探索，培育具有区域特色的专业技术人才队伍，构建生态环境技术共享平台，加强生态科技成果的转化利用。三是选择适宜用于恢复库区生态系统的植物物种和种植模式，建立物种筛选和种植模式评价标准，提高植被生态恢复项目的生态效益。在建立核心技术的基础上，根据植被生态恢复技术体系建设的实际需求，利用前期研究的成果和成熟适用技术，分别对规划设计、植被构建、运行管理、监测评价等技术进行系统的研发和集成，并利用集成成果开展示范。

在用地保障方面，围绕国土空间总体格局，全面推进国土集聚开发、分类保护和综合整治，着力打造集约高效、和谐共享、绿色安全、协调开放的美丽国土。以长江上游水土保持为生态建设目标，积极争取核减大于25°的坡耕地、生态红线范围内及长江岸线1公里范围内的部分耕地，减少重庆市耕地保有量和永久基本农田保护目标，落实“两岸青山·千里林带”建设的生态空间。探索将乡村地区闲置建设用地转为宜林地或宜草地等生态用地，进入生态用地交易市场，实现土地资源价值实现、生态建设用地增加和农村居民收入增加三方共赢。明确生态用地的具体类型和生态功能，并纳入城乡用地管理体系之中。尝试开展各区县之间的生态用地、退耕还林等指标的交易流通，在扩大经济发展空间的同时，严格保护生态空间。

（五）加快建设完善生态环境保护制度

围绕自然资源产权界定、自然资产收益保障等，建立相应的产权制度、收益管理制度。围绕自然资源保护、修复、治理等，建立生态系统修复制度、保护与修复重大专项规划、综合治理体系等。围绕生态资源价值实现，探索资源资产分等定级价格评估制度、有偿使用制度。建立健全生态环境监管制度。加快市场机制建设，提高生态领域市场化水平和创新能力。加快推进自然资源管理制度改革，依法适度扩大使用权的出让、转让、出租、抵押、担保、入股等权能。推动建立碳汇经营交易市场，加快建设流域内碳排放权交易中心，开展碳排放权配额和自愿减排项目交易。推动建立流域绿色发展基金，提升上游地区和贫困地区绿色发展能力。

（六）建立生态环境保护监测体系

建立生态廊道建设监测评估机制，推动对土地资源、水资源的承载力和环境容量等生态功能的定量研究和动态监测，确定各区县资源环境承载能力和超载等级，制定分层分类管控措施。完善生态廊道建设目标考核体系，制定生态廊道建设目标考核办法，出台生态廊道评价指标体系等文件，对各区县生态廊道建设工作实行专项评价考核，压实区县工作责任。严格责任奖惩分明，建立生态环保问题的“终身责任制”。

针对已实施项目的建设目标，开展定量化的生态监测，根据相关研究成果确定的监测指标体系，系统开展数据采集工作，综合运用多种效益评估技术和方法，探讨和建立规范的生态环境效益评估体系，依此来评价已实施项目的生态环境效益。在评估三峡水库已有水文、气象、地质和环境污染监测等常规监测能力的基础上，分析当前监测体系中存在的问题，通过设定合理的生态监测目标和原则，确定三峡水库生态监测体系的建设方案，并且研究建立多部门监管下的监测能力共享机制，逐步开展三峡水库生态监测体系的补充和完善工作。

（七）因地制宜调整优化考核制度

大幅度降低对经济增长贡献的考核和指标权重，增加对生态建设的考核和指标权重。一方面，重点考核生态环境保护、特色效益农业、生态旅游、基础设施建设等，提高其考核权重；另一方面，对经济发展指标要合理确定总量与增量的考核权重，优化考核方式。要注重阶段性考核与年终一次性考核的有机结合，加大对阶段性工作的考核力度，增加其考核结果在最终结果中的比重；同时要强化结果的运用，进一步提高考核结果的公开力度，充分发挥考核工作的“指挥棒”作用，引导区县领导干部重实绩、谋发展和创佳绩。

参考文献

钟晔:《河流廊道的生态修复及工程设计》,《工程建设与设计》2021年第7期。

张慧:《湖南省省级生态廊道建设总体规划实践及建议》,《绿色科技》2020年第16期。

冯俊、王琳:《合力共建长三角绿色生态廊道的思考》,《江南论坛》2020年第4期。

刘世庆、巨栋:《长江绿色生态廊道建设总体战略与实现路径研究》,《工程研究-跨学科视野中的工程》2016年第5期。

高吉喜:《构建国家生态廊道 保护生物多样性》,《中国发展》2016年第3期。

穆少杰、周可新、方颖、朱超:《构建大尺度绿色廊道,保护区域生物多样性》,《生物多样性》2014年第2期。

李玉强、邢韶华、崔国发:《生物廊道的研究进展》,《世界林业研究》2010年第2期。

李旭光:《长江三峡库区生物多样性现状及保护对策》,《中国发展》2004年第4期。

G.6

重庆江心岛保护与利用问题研究*

代云川**

摘　要： 长江拥有独特的生态系统，是我国重要的生态宝库，推进长江江心岛保护与利用，有利于筑牢长江上游重要生态屏障。本报告以重庆市中心城区六大江心岛为研究对象，对其生态本底、保护现状、开发问题以及潜在价值进行了系统分析，同时结合广阳岛保护利用的实践经验，提出重庆江心岛未来应明确保护利用目标、差异化修复岛屿、适度开发利用、推动法治体系建设等策略。

关键词： 江心岛　生态保护　生态利用　广阳岛

党的十八大以来，生态文明建设被列入我国基本国策，长江生态环境的修复成为推动长江经济带发展的关键所在。重庆居于长江中上游重要腹地，在“两点”定位、“两地”“两高”目标的引导下，积极对接长江经济带发展战略。近年来，政府高度重视并发布了《重庆市城市提升行动计划》《重庆市主城区“两江四岸”治理提升实施方案》《重庆市国土空间总体规划（2021—2035年）》等文件，大力推进建设长江上游生态屏障、优化“两江四岸”生态格局、治理消落区、修复湿地环境、开展退耕还林等工作，

---

* 本文系重庆市社会科学规划项目“‘十四五’时期重庆重大生态安全风险识别与治理研究”（2021ZDZK15）和重庆市教委人文社科项目“重庆筑牢长江上游重要生态屏障影响因素识别与路径优化研究”（21SKGH413）阶段性成果。

** 代云川，博士，重庆社会科学院生态与环境资源研究所助理研究员，主要从事景观生态学、保护生物学、生态经济等领域研究。

在长江流域生态保护中起到了积极的示范作用。重庆的江心岛是整个庞大生态系统中的微小一环。其独具特色的江河景观和多样的自然资源，可视为“山水林田湖草”生命共同体的缩影，对以小见大共谋“生态文明建设”指导思想的落实有着极其重要的借鉴作用。

一　重庆中心城区江心岛概况

（一）岛屿组成

习近平总书记强调“长江拥有独特的生态系统，是我国重要的生态宝库”“把修复长江生态环境摆在压倒性位置”，要求重庆筑牢长江上游重要生态屏障。加强江心岛的保护与修复是筑牢长江上游重要生态屏障的一项关键工作。江心岛是长江流域生态系统中的重要组成部分，长江流域（重庆中心城区段）分布着极具代表性的六大江心岛，分别为鱼洞中坝岛、珊瑚坝岛、广阳岛、木洞中坝岛、木洞桃花岛、南坪坝岛，总面积约 21.7 平方公里。这些江心岛是宝贵的生态和文化资源，具有独特的江河景观和历史文化价值，加强保护刻不容缓。

（二）保护价值

重庆的江心岛往往与峡、沱等山水资源相生相伴，是长江沿线宝贵的生态与景观资源，其内河通常是长江鱼类重要的产卵繁殖区域，岛上茂密的植被以及丰富的滩涂湿地为水鸟提供了筑巢环境与觅食区域，江心岛具有非常重要且多维度的生态价值，筑造了长江上游的自然生态屏障。

1. 生态价值明显

江心岛的内河通道通常是长江珍稀、濒危野生鱼类的重要产卵场，岛上特有的植被类型和湿地滩涂维持着良好的生物多样性。以广阳岛为例，岛上拥有植物超过 380 种，野生动物将近 300 种。江心岛是重庆市“一岛两江三谷四山”空间形态的重要组成部分，是维持长江上游生态系统完整性的重要“踏脚石”，在重庆市生态安全格局中具有独特的价值。

2. 文化价值明显

重庆的江心岛是巴渝文化的重要发源地，岛上文物资源丰富，曾在鱼洞中坝岛上发现过新石器时代地层堆积和唐宋时期遗迹，出土过新石器时代的石器和汉至六朝的灰陶片及其他遗物。重庆中心城区江心岛可窥览巴渝地区从古至今人类活动的历史踪迹和对自然资源的改造利用，具备极其重要的历史文化价值。此外，部分岛上曾建有军用机场、坦克试验场、海军军官学校、空军基地、碉堡、防空洞等，是世界反法西斯同盟浴血奋战的历史鉴证。

3. 示范价值明显

加强以广阳岛为代表的六大江心岛的生态保护、修复及利用，是重庆市自觉强化上游意识、主动担起上游责任的体现，是重庆开展“上游行动”的一项具体抓手。将六大江心岛建设成为“生态岛”“智慧岛”“零碳岛”，具有重要的生态示范价值，有利于重庆在推进长江经济带绿色发展中发挥示范作用。

二　重庆江心岛保护现状与问题

（一）保护现状

目前，六大江心岛人类活动干扰较大，现存农业产业布局和农村居民点对岛屿生态系统的影响明显，岛屿岸线生态空间挤占严重，岛屿湿地植物群落退化、萎缩，环境风险源数量增多，尚未实现民生发展和生态保护的协同推进。除广阳岛外，其他江心岛尚未制定生态保护和生态修复专项规划，整体保护性不足，生物多样性下降，生物群落结构单一，生态服务功能不强。目前，除广阳岛有明确的功能定位外，其他江心岛的主导功能定位、发展方向、建设重点、保护目标均不清晰，岛屿的交通联系、设施配套、生产活动的控制要求尚不明确，水土资源粗放型开发和无序利用导致生态空间严重缩减、单位土地经济效益低下，离“一岛一图、岛岸联动”的要求还有一定差距。受三峡库区生态保护、长江保护法律法规、对外交通不便等因素的影响，重庆市各江心岛生产生活设施基础薄弱，居民生活条件落后，产业发展滞后，人民幸福指数普遍较低，绿水青山并未有效转化为金山银山。如鱼洞中坝岛，因三峡库区禁建区的划定，制约了该岛近十年的发展，严重阻碍了岛上居民生活质量的提升。虽然江心岛上拥有丰富的历史文化古迹，但尚未得到有效保护和利用。如鱼洞中坝岛上的四方土遗址、阿弥陀佛墓群，木洞中坝岛上的海军军官学校等遗址，均具有较高的历史文化价值，但缺乏严格保护导致遗址破败老旧，其文化价值有待深入挖掘。

（二）存在问题

1. 生态共性问题

由于人类活动以及自然环境演变的双重影响，各岛屿发展及功能定位产生明显分化，但从生态系统类型、结构、功能分析看，几个岛屿生态系统均存在以下问题：①生态系统类型多，但配置不均，人类活动干扰大，现存农村居民点与农业生产活动对生态的影响尤为明显；②消落区生态系统退化，岛上的自然、半自然及人工植物群落类型单一，层次和季相结构较少，景观效果不佳，生物多样性缺乏；③岛内不同生态要素的组合特征有待优化，缺乏对功能性生态要素的设计，尤其是鸟类生境的功能性设计不足；④缺乏整体生态系统设计，重发展轻生态，生态系统整体结构和功能优化考虑不够；⑤岛的特质景观被忽视导致岛屿可持续发展动力不足，生态保护力度弱。

2. 人文发展问题

历史文化传承方面，多数江心岛存在历史文化古迹，多为抗战时期军事类建筑与设施。例如鱼洞中坝岛的机场和坦克试验场，珊瑚坝岛抗战时期的军用机场，木洞中坝岛上的海军军官学校，广阳岛上的空军基地与士兵营地等。但是，现状遗迹破败老旧，未得到有效利用，激发文化效益。民生配套方面，岛上居民的生活设施落后。

3. 生态功能定位问题

目前仅广阳岛有明确且较高的规划定位，是长江生态文明创新实验区的重要组成部分。其他岛屿的定位及发展均不明确，生态服务功能较落后，离“生态优先”“一岛一策”的要求还有一定的差距。一方面，多种因素影响导致岛屿生态本底条件较差，生态功能退化；另一方面，岛屿在城市的发展建设中缺乏应有的关注，统筹规划的缺位导致江心岛缺乏发展的灵性。因此，探索重庆诸多江心岛“强保护，微利用”的规划策略，可谓生态文明视野下江心岛保护与规划建设策略的先试先行。

三　广阳岛保护利用的实践经验与启示

为深入践行习近平生态文明思想，重庆市委、市政府决定依托广阳岛珍贵的生态岛屿资源，围绕广阳岛打造“长江风景眼、重庆生态岛”，构建“山水林田湖草”生命共同体模式，挖掘生态产品价值。同时发挥广阳岛辐射带动作用，探索片区“生态+”系列转化模式，形成广阳岛与周边片区相互促进、相辅相成新格局，提升广阳岛及整个广阳岛片区的生态价值、经济价值、文化价值，引领全市在推进长江经济带绿色发展中发挥示范作用，为其他区域乃至全国生态文明建设提供“生态样板”。

（一）广阳岛基本情况

重庆广阳岛位于长江黄金分割点上，在铜锣山、明月山之间，是从长江水路进入重庆主城区的“第一门户”，是长江上游面积最大的江心岛，是长江上游主城区江心生态岛链的“核心岛”，至重庆江北国际机场、重庆北站、重庆东站直线距离分别约为 19 公里、17 公里、8 公里，至重庆西站约 28 公里，至朝天门水上航线距离 19 公里，至解放碑直线距离约 13 公里。全岛枯水期总面积约 10 平方公里，其中湿地与消落带面积约 4 平方公里，平面形态为叶形，呈北东向展布，北东向长约 4. 95 公里，北西向宽约 1. 6 公里。以广阳岛为中心，东至南岸区界及江北区鱼嘴镇界，南至东西大道和南涪路，西至南岸区南山街道界、南山街道大坪村界以及江北区铁山坪街道铁山社区界，北至沪渝高速公路，面积约168平方公里的范围为广阳岛片区，涉及9个街道（乡镇）、60个社区（村），常住人口约10.6万人。

（二）广阳岛保护与利用的实践

以广阳岛为中心，构建"一岛两湾四城"的总体空间布局。在已划定生态保护红线30.27平方公里、永久基本农田5.08平方公里、城镇开发边界73.79平方公里的基础上，进一步科学合理规划核心展示区、拓展展示区、协同展示区三大功能区，确保三大功能区定位清晰明确，片区内人口、资源、生态、环境、产业、城乡协调发展，初步构建起高效、协调、规范、可持续的国土空间开发格局。构建"一岛两湾四城"总体空间格局。"一岛"为广阳岛，即核心展示区。突出生态性、公共性和开放性，建设"长江风景眼、重庆生态岛"。"两湾"为广阳湾、铜锣湾，即拓展展示区。广阳湾主要布局休闲娱乐、总部办公、生态居住等功能，塑造绿色、多元的江湾；铜锣湾主要布局滨江休闲、生态居住等功能，体现生态、宁静的特征。"四城"为通江新城、迎龙新城、东港新城、果园港城，即协同展示区。统一按照长江经济带绿色发展示范要求开展新区开发和城市更新。通江新城以现有城市功能布局为基础，着力推进产业生态化、产业智能化，构建商业商务、科研教育、战略性新兴产业、生活居住等功能融合发展的城市新区；迎龙新城以现有城市功能布局为基础，以绿色智能为引领，逐步构建现代商贸服务、战略性新兴产业、生活居住等功能相融合的城市新区；东港新城着力发展与生态环保相关的科技研发、大数据共享平台、教育培训服务等功能，加快推进东港由货运港转型为客运港，已有仓储物流功能加快退出或转型发展；果园港城依托果园港区及配套设施，重点发展港口多式联运、现代物流商贸、临港工业以及港区配套服务等功能，成为联结"一带一路"和长江经济带的枢纽节点。

合理确定人口与用地规模。规划城镇建设用地范围内居住人口约45万人。其中，长江以南约32万人，长江以北约13万人。规划建设用地77.98

平方公里，其中城镇建设用地 63.77 平方公里，农村居民点用地 4.19 平方公里，交通水利及其他建设用地 10.02 平方公里。优化布局公共服务设施。落实重庆市主城区公共服务设施体系，构建全覆盖、人性化、智能化的公共服务网络。统筹街道和社区公共服务设施，构建生活便利的城市生活圈；结合城市居住区均衡布局“一站式”街道中心和社区家园，承担街道和社区综合服务功能，推进城乡基本公共服务均等化。着力提高公共服务设施品质，积极筹办、引进、承接优质医疗、教育等公共资源，提高公共服务设施水平，建设优质、多元的公共服务设施；预留国际学校、国际医院等特色服务设施用地，增强满足国际人士需求的公共服务功能，营造国际化高品质服务环境。根据片区发展需求，优先推动基本公共服务设施建设，适时推动大型公共服务设施建设。保护传承历史文脉。坚持在保护中发展、在发展中保护，把历史文化保护纳入城市规划建设，把历史文化元素植入景区景点、融入城市街区，延续城市文脉，提升城市人文内涵，让人们望得见山、看得见水、记得住乡愁。对片区内传统风貌区和各级文物保护单位进行保护、修缮、利用。深入挖掘、保护和利用民俗文化、民间技艺、传统饮食等非物质文化遗产，活化“广阳镇民间故事”“广阳龙舟节”，提升广阳岛片区文化内涵。遵循“人的命脉在田，田的命脉在水，水的命脉在山，山的命脉在土，土的命脉在树”的生态系统逻辑，实施生态环境修复和治理，构建“山水林田湖草”生命共同体。

实施长江生态基因保存工程。主要包括“三基地一公园”：一是建设中国长江流域珍稀濒危水生生物物种保护基地。系统调查长江流域水生生物物种种质资源，建设长江珍稀特有水生生物保护中心，促进典型水生生物栖息地和物种得到全面保护，实现珍稀特有物种人工群体资源的整合保护。二是建设中国长江流域典型苗木及珍稀濒危植物种质保护基地。结合广阳岛及周边区域丰富多样的地理结构，重点保护长江流域的珍稀植物物种和特色植物，建设中国长江流域苗木及珍稀濒危树种种质保护基地，统筹兼顾、整体策施、多措并举、全方位、全地域、全过程地构建长江流域“山水林田湖草”生命共同体基因库。三是建设中国长江流域花卉种质培育保护基地。

室内设置潮湿热带馆、温暖气候馆、凉爽气候馆等，为不同的花卉生物群落区设置特别的相适小气候和特殊生长环境，集中展现长江流域不同地域、不同季节的特色花卉类型和景观。室外花卉园与室内温室相结合，花草相间，形成全长江流域的花卉集中保护展示基地。四是建设广阳岛国家湿地公园，打造以广阳岛区域长江水域为主体的综合型生态湿地系统。以广阳岛滩涂湿地良好生态环境和多样化湿地景观资源为基础，以湿地的生态多样性、完整性、系统性和典型性为主要内容，集生态示范、科学研究、科普教育、观光休闲、景观创意以及生态功能利用、生态文化弘扬等主题于一体，成为长江生态自然之美、生命之美、生活之美的经典代表，建设巴渝版《富春山居图》。

四　重庆江心岛保护利用的建议

（一）明确不同岛屿的保护利用目标

基于六大江心岛的生态系统类型、生态本底、文化本底，应按照“一岛一主题”原则进行开发利用。鱼洞中坝岛：该岛约有 3.8 平方公里，以农业生态系统为主，灌木群落和乔木群落相对较少。建议其发展目标以休闲农业为主，打造观光农业生态岛。珊瑚坝岛：该岛约有 1.3 平方公里，以湿地滩涂为主，植被群落结构简单，适合水鸟栖息。建议其发展目标以保护鸟类及其栖息地为主，打造鸟类栖息生态岛。广阳岛：该岛约有 10 平方公里，是三峡库区第一大、长江第二大内河岛，各种生态系统类型保存较为完整，自然景观多样性丰富。建议其发展目标是建设长江生态文明创新实验区，打造国际生态文化示范岛。木洞中坝岛：该岛约为 1 平方公里，消落区草地景观保存较为完好，但生境类型单一，土壤冲刷严重。建议其发展目标以保护湿地生态系统为主，打造湿地观光生态岛。木洞桃花岛：该岛约有 4.2 平方公里，岛上地形相对复杂，“乔灌草蕨”植被保存较好，但植被群落结构层次性差，分布不均。建议其发展目标以保护本土植物多样性为主，打造植物科普生态岛。南坪坝岛：该岛约有1.4平方公里，以农业生态系统为主，植物群落多样性较低。建议其发展目标以保护农耕文化为主，打造巴渝农耕文明生态岛。

（二）差异化修复不同类型的岛屿

根据各江心岛的具体情况，有针对性地制订生态修复专项方案，进行靶向式、精细化生态修复。鱼洞中坝岛：建议严格管控消落区域的生产生活活动，加强农业面源污染防治；建立农田生态缓冲带，减少氮磷等营养物质进入长江；配置乡土树种，丰富群落结构。珊瑚坝岛：建议配置耐水淹的乔灌木，丰富岛屿的生物群落结构；营造绿地植物景观，提升植物空间异质性，为鸟类生存和活动提供多种栖息地类型，满足不同鸟类的生态位需求。广阳岛：建议通过"护山、理水、营林、疏田、清湖、丰草"等生态修复措施恢复自然生境，提升生态系统的原真性与完整性；完善配套基础设施与休闲游憩设施，打造广阳岛与周边湾区自然、人文相协调的整体风貌。木洞中坝岛：建议严控农业面源污染，构建湿地植被缓冲带，建设人工湿地系统，提升水生态系统自净能力；利用原有地形条件，构建适应不同洪水位的弹性景观。木洞桃花岛：建议在保留原有植物的基础上，补种乔木、灌木来修复栖息环境，通过微地形改造营造多样化的栖息地类型。南坪坝岛：建议严格管控农业活动，打击消落区非法种植；建立乔灌草相结合的立体植物带，加强岛岸保护；防止外来物种入侵，保护本土植物的多样性。

（三）适度开发和利用

根据各江心岛的资源类型，在保护的前提下开展有针对性的合理开发利用。鱼洞中坝岛：建议充分利用岛上的军事文化遗迹策划国防教育基地，结合周边景观资源开展军事文化体验和郊野生态游览。珊瑚坝岛：建议科学划分鸟类栖息地保育区，推进枇杷山和燕子岩传统风貌保护与修复工作，加强对周边传统风貌区、历史文化遗迹的保护。广阳岛：完善功能策划、景观格局，构建长江生态保护展示、大河文明国际交流、巴渝文化传承体验、生态环保智慧应用、绿色低碳的示范点。木洞中坝岛：做好古树名木精细化管理，实行“一树一策”的精准保护，加强对海军部遗址、万寿宫等历史建筑和人文遗迹的保护传承和合理利用。木洞桃花岛：科学划分岛屿的核心保护区、一般利用区、科普宣教区、生态游憩区，展示岛屿生态系统全周期演变过程，科普生物群落的季节性演替规律。南坪坝岛：严格划定和管控消落区保护范围，分季节、分时段对外开放，围绕“巴渝农耕文化”主题策划江心岛文化与乡愁的体验活动。

（四）加快推动重庆江心岛生态法治体系建设

按照“不搞大开发、共抓大保护”“把生态环境修复摆在压倒性位置”的立法导向，以《长江保护法》为依托，充分考虑江心岛生态环境的系统性，把水土保持、水污染防治、防洪、资源利用等要素统一纳入江心岛立法工作，加快制定重庆江心岛保护法规，确保江心岛保护利用有法可依，为我国各流域江心岛保护提供立法借鉴。

参考文献

曹建华、杨慧、康志强：《区域碳酸盐岩溶蚀作用碳汇通量估算初探：以珠江流域为例》，《科学通报》2011 年第 26 期。

曹休宁：《基于产业集群的工业园区发展研究》，《经济地理》2004 年第 4 期。

冯琍：《汉江王甫洲水利枢纽工程》，《水利水电施工》1997 年第 1 期。

葛春凤：《广州港老港区转型发展研究》，《当代经济》2013 年第 16 期。

韩忠、袁本宇：《湖北省近城江心洲可持续发展研究述评》，《农村经济与科技》2013 年第 6 期。

洪亮平：《城市设计历程》，中国建筑工业出版社，2002。

胡大伟、李响、崔莹莹：《浅谈城市河流生境岛屿的构建》，《江淮水利科技》2010 年第 4 期。

金传兴：《复兴岛的形成》，《航海》1993 年第 4 期。

许炯心：《我国游荡河型和江心洲河型的地域分布特征》，《科学通报》1990 年第 6 期。

许炯心：《中国江心洲河型的地域分布特征》，《云南地理环境研究》1992年第2期。

薛东峰、罗宏、周哲：《南海生态工业园区的生态规划》，《环境科学学报》2003年第2期。

赵咏茹、向子雅、陈翠婉、郑堪培：《保护炮台遗迹 构建风景园林——广州名城长洲岛炮台遗址公园规划设想》，《广州城市职业学院学报》2013年第1期。

郑力鹏、曾昭璇：《广州沙面建筑风貌及其保护的建议》，《华中建筑》2002年第5期。

G.7

重庆云阳县生物多样性保护调查与评估

雷 波　黄河清　刘建辉　杨春华　黄 茜*

摘　要： 生物多样性是人类赖以生存和发展的重要基础，是地球生命共同体的血脉和根基。本报告通过对云阳县开展县域生物多样性调查与评估，系统掌握县域珍稀濒危物种、保护物种的种类、分布、数量等现状，有效推进物种、生态系统保护工作的实施，为逐步摸清重庆市生物多样性本底、制定新时期典型区域生物多样性保护和监管对策提供支撑。

关键词： 生物多样性　生态系统保护　云阳县

"生物多样性"是生物（动物、植物、微生物）与环境形成的生态复合体以及与此相关的各种生态过程的总和，包括生态系统、物种和基因三个层次。我国高度重视生物多样性保护，2021 年《生物多样性公约》缔约方大会第十五次会议（COP15）（第一阶段）在云南昆明召开，同年发布了《关于进一步加强生物多样性保护的意见》《中国的生物多样性保护》白皮书等文件，强调了生物多样性保护作为国家战略的重要性。为进一步加强生物多样性保护，重庆市加快开展生物多样性本底调查、观测和评估的重点任务，

---

* 雷波，重庆市生态环境科学研究院生态环境研究所所长，教授级高级工程师，主要从事生态系统结构与功能研究；黄河清，重庆市生态环境科学研究院高级工程师，主要从事野生动植物保护与利用研究；刘建辉，重庆市生态环境科学研究院高级工程师，主要从事生态环境科学与资源利用研究；杨春华，重庆市生态环境科学研究院教授级高级工程，主要从事 RS 与 GIS 在生态环境保护中的应用研究；黄茜，重庆市生态环境科学研究院工程师，主要从事野生植物保护利用、生态环境保护研究。

逐步构建重庆市生物多样性保护监管体系，以满足区域生态保护工作需要。本研究选择云阳县作为调查对象，探索性开展县域生物多样性保护调查与评估，以期为全市生物多样性保护工作的开展提供参考。

一　调查范围和内容

云阳县位于四川盆地东部丘陵向山地过渡地带，属喀斯特地貌，亚热带季风气候特征明显，四季分明，日照时间长，雨量充沛，具有良好的生态本底。全县拥有长江和澎溪河、汤溪河等众多支流构成的发达水系，以及七曜山市级自然保护区、小江湿地县级自然保护区、龙缸国家地质公园、七曜山森林公园等多个自然保护地（约占 13.14%），植被具有垂直型分布特征（海拔 156~1809 米），森林覆盖率达到 58%，是秦巴山片区典型的生态交错带和物种汇聚之地，也是渝东北片区生物多样性保护的重要据点和物种迁移的重要廊道，具有区域物种交会过渡的典型特征，生物多样性资源较为丰富。

根据原环境保护部文件《关于发布县域生物多样性调查与评估技术规定的公告》（环境保护部公告 2017 年第 84 号）要求，基于全面性、可达性原则，综合地形地貌、土地利用、重要生态系统分布等多方面因素，确定云阳县调查网格 43 个，其中重点网格 15 个。

通过遥感解译、样方法、样线法、红外相机陷阱法、资料查阅等手段，主要针对重点网格开展云阳县生态系统类型、陆生维管束植物、陆生哺乳动物、鸟类、两栖动物、爬行动物、陆生昆虫（蝴蝶）、鱼类等生物多样性的系统调查，对县域内具有重要保护价值的物种进行重点调查。

二　云阳县生物多样性调查结果

（一）生态系统多样性特征

云阳县的主要生态系统类型可分为林地、草地、农田、湿地和城市等几大类生态系统（见表1），且以林地生态系统为主（占70.03%）。其中，林地生态系统可细分为乔木林、灌木林、竹林、园地及其他林地；草地生态系统分为天然草地和人工草地；农田生态系统分为水田和旱地；湿地生态系统分为河渠、水库坑塘；城市生态系统分为房屋建筑物、道路及其他建设用地。

表1　云阳县生态系统类型和面积

单位：平方公里，%

类型		面积	占比
林地生态系统	乔木林	1850.03	50.87
	灌木林	551.47	15.16
	竹林	43.43	1.19
	园地	99.26	2.73
	其他林地	2.77	0.08
草地生态系统	天然草地	6.48	0.18
	人工草地	0.01	0.00
农田生态系统	水田	243.49	6.69
	旱地	486.99	13.39
湿地生态系统	河渠	30.42	0.84
	水库坑塘	134.30	3.69
城市生态系统	房屋建筑物	82.58	2.27
	道路	61.76	1.70
	其他建设用地	19.03	0.52
裸露地表及未利用地		24.95	0.67
合计		3636.97	100

注：数据为初步解译结果。

（二）陆生维管束植物

根据云阳县植被分布特征，以其自然保护地内道路、河沟、山脊为重点，设置31条贯穿不同生境的样线，调查植物物种、地点及生境等相关内容。同时，对物种丰富、分布范围相对集中、面积较大的地段进行样方调查，乔木、灌丛、草本分别按照100平方公里（10米×10米）、4平方公里

(2 米×2 米) 或 16 平方公里 (4 米×4 米)、1 平方公里 (1 米×1 米) 设置样方，共设定样方 176 个。

1. 植被类型

云阳县植被类型丰富，根据《中国植被分类系统修订方案》中植被分类系统，调查区自然植被类型有 5 种（见表 2），分别为常绿针叶林、落叶阔叶林、竹林、落叶阔叶灌丛、灌草丛，其中常绿针叶林有马尾松林、柏木林、巴山松林；落叶阔叶林主要有乌桕林、栓皮栎林、盐肤木林、复羽叶栾树林、银毛叶山黄麻林、化香树林、喜树林、枫杨林；竹林主要是桂竹林；落叶阔叶灌丛主要有川莓灌丛、大叶醉鱼草灌丛、马桑灌丛；灌草丛主要是酸模叶蓼草丛。植被优势种主要为马尾松、柏木、复羽叶栾树、化香树、马桑等。

表 2　云阳县域植被类型统计

植被型	植被亚型	群系	群丛
常绿针叶林	暖性常绿针叶林	马尾松林	马尾松—大金刚藤—求米草群丛
			马尾松—火棘—五节芒群丛
			马尾松—中华绣线菊—芒群丛
			马尾松—杭子梢—沿阶草群丛
			马尾松—杜鹃—芒群丛
		柏木林	柏木—插田泡—白茅群丛
			柏木—黄荆—龙芽草群丛
			柏木—马桑—狗尾草群丛
			柏木—插田泡—野菊群丛
			柏木—插田泡—烟管头草群丛
			柏木—金佛山荚迷—野艾蒿群丛
			柏木—黄荆—千里光群丛
		巴山松林	巴山松—野梧桐—白苞蒿群丛
落叶阔叶林	暖性落叶阔叶林	乌桕林	乌桕-宜昌悬钩子—求米草群丛
		栓皮栎林	栓皮栎—盐肤木—细柄草群丛
		盐肤木林	盐肤木—黄荆—荩草群丛
		复羽叶栾树林	复羽叶栾树—水麻—白芒群丛
			复羽叶栾树—慈竹—截叶铁扫帚群丛
			复羽叶栾树—马桑—狗牙根群丛

续表

植被型	植被亚型	群系	群丛
落叶阔叶林	暖性落叶阔叶林	银毛叶山黄麻林	银毛叶山黄麻—马桑—乌蔹莓群丛
		化香树林	化香树—金佛山荚迷—渐尖毛蕨群丛
			化香树林—铁仔—青绿苔草群丛
		喜树林	喜树—金佛山荚迷—白茅群丛
		枫杨林	枫杨—水麻—接骨草群丛
竹林	暖性竹林	桂竹林	桂竹林-苔草群丛
落叶阔叶灌丛	暖性落叶阔叶灌丛	川莓灌丛	川莓—蕨—芒群丛
		大叶醉鱼草灌丛	大叶醉鱼草—狗牙根群丛
		马桑灌丛	马桑——年蓬群丛
灌草丛	亚热带与热带灌草丛	酸模叶蓼草丛	酸模叶蓼—苍耳—狗牙根群丛

2. 物种类群

通过调查和资料查阅，县域内共记录陆生维管束植物有179科728属1533种（见表3），主要包括石松类和蕨类植物、裸子植物、被子植物。从全市来看，县域内陆生维管束植物物种丰富度较高。

表3 调查区维管植物科属种统计

门	科(科,%)			属(属,%)			种(种,%)		
	云阳	重庆	占比	云阳	重庆	占比	云阳	重庆	占比
石松类和蕨类植物	26	46	56.52	35	118	29.66	65	517	12.57
裸子植物	9	9	100.00	13	31	41.94	16	64	25.00
被子植物	144	189	76.19	680	1372	49.56	1452	5312	27.33
合计	179	244	73.36	728	1521	47.86	1533	5893	26.01

石松类和蕨类植物26科35属65种。其中，金星蕨科4属5种，凤尾蕨科3属7种，鳞毛蕨科3属5种，水龙骨科2属5种，里白科2属3种，铁角蕨科1属5种，卷柏科和木贼科均为1属4种，其余科为1属1~2种。现场调查显示，金星蕨科、鳞毛蕨科、卷柏科和水龙骨科占有绝对优势，常

见于杉木、马尾松林下。

裸子植物 16 种，分属于 9 科 13 属，主要集中于松、柏、杉三科，其中优势种和建群种主要有柏木、马尾松等。

被子植物 144 科 680 属 1452 种（含变种）。其中，包含中国范围内的大科，如菊科、禾本科、豆科、唇形科、蔷薇科、茜草科、兰科、毛茛科、莎草科等是县域内的重要组成部分，分别为 117 种、73 种、78 种、50 种、93 种、27 种、16 种、24 种、17 种。此外，樟科 41 种，百合科 38 种，伞形科 31 种，大戟科 29 种，荨麻科 26 种，芸香科 24 种。

3. 重点保护及珍稀濒危植物

依据国家林业和草原局、农业农村部发布的《国家重点保护野生植物名录》（2021 年）、重庆市人民政府发布的《重庆市重点保护野生植物名录（第一批）》（2015 年）和世界自然保护联盟（IUCN）发布的濒危物种红色名录（2015 年）等标准，分析整理调查区内国家重点保护野生植物共 28 种、重庆市重点保护野生植物 6 种、IUCN 濒危物种红色名录收录植物 25 种（见表 4）。

表 4　云阳县重点保护植物和珍稀濒危植物一览

序号	种名	科	属	国家保护级别	重庆重点保护	IUCN
1	蛇足石杉	石杉科	石杉属	Ⅱ级		EN
2	金毛狗	金毛狗科	金毛狗属	Ⅱ级		
3	苏铁	苏铁科	苏铁属	Ⅰ级		LC
4	四川苏铁	苏铁科	苏铁属	Ⅰ级		CR
5	银杏 *	银杏科	银杏属	Ⅰ级		CR
6	水杉 *	杉科	水杉属	Ⅰ级		CR
7	南方红豆杉	红豆杉科	红豆杉属	Ⅰ级		VU
8	红豆杉	红豆杉科	红豆杉属	Ⅰ级		VU
9	青檀	榆科	青檀属		是	
10	金荞麦	蓼科	荞麦属	Ⅱ级		
11	鹅掌楸 *	木兰科	鹅掌楸属	Ⅱ级		LC
12	凹叶厚朴	木兰科	厚朴属	Ⅱ级		
13	厚朴 *	木兰科	厚朴属	Ⅱ级		NT

续表

序号	种名	科	属	国家保护级别	重庆重点保护	IUCN
14	紫楠	樟科	楠属		是	
15	楠木	樟科	楠属	Ⅱ级		VU
16	润楠	樟科	润楠属	Ⅱ级		EN
17	小八角莲	小檗科	鬼臼属	Ⅱ级		
18	八角莲	小檗科	鬼臼属	Ⅱ级	是	VU
19	马蹄香	马兜铃科	马蹄香属	Ⅱ级		EN
20	葛枣猕猴桃	猕猴桃科	猕猴桃属			LC
21	狗枣猕猴桃	猕猴桃科	猕猴桃属			LC
22	红豆树	豆科	红豆属	Ⅱ级		EN
23	花榈木	豆科	红豆属	Ⅱ级		
24	宜昌橙	芸香科	柑橘属	Ⅱ级		
25	南紫薇	千屈菜科	紫薇属		是	
26	盾叶薯蓣	薯蓣科	薯蓣属		是	
27	白芨	兰科	白及属	Ⅱ级		
28	花格斑叶兰	兰科	斑叶兰属	Ⅱ级		
29	独花兰	兰科	独花兰属	Ⅱ级	是	EN
30	大叶火烧兰	兰科	火烧兰属			NT
31	春兰	兰科	兰属	Ⅱ级		
32	建兰	兰科	兰属	Ⅱ级		VU
33	美冠兰	兰科	美冠兰属			LC
34	舌唇兰	兰科	舌唇兰属			LC
35	石斛	兰科	石斛属	Ⅱ级		VU
36	细茎石斛	兰科	石斛属	Ⅱ级		
37	绶草	兰科	绶草属			LC
38	天麻	兰科	天麻属	Ⅱ级		
39	银兰	兰科	头蕊兰属			LC
40	肾唇虾脊兰	兰科	虾脊兰属			LC

注：LC 为无危，NT 为近危，VU 为易危，EN 为濒危，CR 为极危。*，银杏、水杉、鹅掌楸和厚朴为栽培种。

4. 外来入侵植物

依据环境保护部和中国科学院发布的《中国自然生态系统外来入侵物种名单》（共四批），本次调查记录入侵植物有 13 种（见表 5）。

表 5　云阳县外来入侵植物名录

序号	科	属	种
1	禾本科	燕麦属	野燕麦
2	菊科	飞蓬属	小蓬草
3	菊科	飞蓬属	一年蓬
4	菊科	鬼针草属	鬼针草
5	菊科	藿香蓟属	藿香蓟
6	落葵科	落葵薯属	落葵薯
7	茄科	茄属	喀西茄
8	商陆科	商陆属	垂序商陆
9	苋科	藜属	土荆芥
10	苋科	莲子草属	喜旱莲子草
11	苋科	苋属	反枝苋
12	旋花科	牵牛属	圆叶牵牛
13	雨久花科	凤眼莲属	水葫芦

（三）陆生动物

1. 陆生昆虫（蝴蝶）

陆生昆虫生活史短，体温不恒定，对植被性质、人为干扰和环境压力等十分敏感，其种类组成和数量变动与生境质量密切相关，是目前无脊椎动物中监测环境的重要指示动物，其中蝴蝶、蜻蜓等类群被广泛应用于环境监测中，本次调查主要针对鳞翅目蝶类开展。

根据蝴蝶可能活动的生境，设置调查样线共 26 条，布设马氏网 10 个，开展灯诱 3 次。针对昆虫的生活习性，对日出性和夜出性昆虫的物种、数量进行调查，海拔跨度 247~1359 米。其中，样线长度一般为 1~2 米；马氏网法主要用于收集日出性及部分夜出性膜翅目和双翅目昆虫（也有部分鳞翅目昆虫）；灯诱法主要用于收集夜行性趋光昆虫，于 20∶00~1∶00 现场用捕虫网和毒瓶收集昆虫。

（1）物种组成

本次采集到蝴蝶 7 科 32 属 47 种，采集数量 245 只（见表 6）。其中，蛱蝶科物种数最多，共19种，占全部蝶类的40.43%；其次为凤蝶科和粉蝶科，分别为12种和5种，占全部蝶类的25.53%和10.64%；蚬蝶科种类最少，仅1种，占全部蝶类的2.13%。

表6　云阳县蝶类物种组成

科	物种数(种)	物种占比(%)	个体数(只)	个体占比(%)
凤蝶科	12	25.53	58	23.67
弄蝶科	4	8.51	12	4.90
粉蝶科	5	10.64	31	12.65
蛱蝶科	19	40.43	79	32.24
眼蝶科	4	8.51	38	15.51
灰蝶科	2	4.26	26	10.61
蚬蝶科	1	2.13	1	0.41
合计	47	100	245	100

数量上看，蛱蝶科和凤蝶科最多，分别占全部蝶类的32.24%、23.67%；其次为眼蝶科、粉蝶科和灰蝶科，分别占全部蝶类的15.51%、12.65%和10.61%。

（2）区系分析

云阳县的蝶类区系以广布种为主，并且具有比较典型的东洋区系特点。广布种类型占总种数的比例最大，为44.68%；其次为东洋区系和东洋—古北共有种类型，分别占29.79%和17.02%；古北区系仅占8.51%，为最低。

2. 两栖动物

根据地形地貌、两栖动物不同类群的生活习性与生境特点设置，主要沿溪流及其周边的森林、灌丛、池塘等复杂生境进行调查。本次设定36条样线，每条样线长0.3~2公里、宽2~10米，调查时间为两栖动物的活动高峰期（夜间）。

（1）物种组成

本次共记录两栖动物21种，隶属于2目8科16属（见表7）。其中无尾目最多，有7科20种，占总种数的95.24%；有尾目仅1种，占总种数的4.76%。此外，还发现了角蟾科掌突蟾属的一个新物种，命名为云阳掌突蟾。

表7 云阳县两栖类物种组成情况

目	科	属数(属)	种数(种)	占比(%)
有尾目	蝾螈科	1	1	4.76
无尾目	角蟾科	2	4	19.05
	蟾蜍科	2	2	9.52
	雨蛙科	1	1	4.76
	姬蛙科	1	1	4.76
	叉舌蛙科	3	3	14.29
	蛙科	5	7	33.33
	树蛙科	1	2	9.52
合计	8	16	21	100

从区系来看，呈现以东洋界华中区物种为主、华中华南区物种过渡、兼有少量西南地区物种渗入的动物分布区系格局。其中，东洋界华中区物种占90.48%，包括华中区10种、华中华南区8种、华中西南区1种；广布种2种，占比9.52%。

（2）重点保护及珍稀濒危物种

按照《国家重点保护野生动物名录》（2021年2月，国家林业和草原局、农业农村部公告2021年第3号），本次调查的文县瑶螈、抱龙角蟾为国家二级保护动物。在IUCN濒危物种红色名录中，棘腹蛙为濒危（EN），隆肛蛙和黑斑侧褶蛙为近危（NT），文县瑶螈和合江臭蛙为易危（VU）。重庆市重点保护两栖动物有隆肛蛙1种。

3. 爬行动物

调查样线与两栖动物的基本一致，共计设定36条样线，每条样线长0.3~2公里、宽2~10米。调查时间以白天为主、夜间为辅。

（1）物种组成

本次调查共记录爬行动物25种，隶属于2亚目6科20属（见表8）。其中蛇亚目最多，有1科18种，占总种数的72%；蜥蜴亚目7种，有5科7种，占总种数的28%。

表8 云阳县爬行类物种组成情况

亚目	科	属数(属)	种数(种)	占比(%)
蜥蜴亚目	壁虎科	1	2	8
	鬣蜥科	1	1	4
	蜥蜴科	1	1	4
	蛇蜥科	1	1	4
	石龙子科	2	2	8
蛇亚目	游蛇科	14	18	72
合计	6	20	25	100

从区系来看，呈现以东洋界华中华南区物种为主、华中区物种次之、兼有少量西南地区物种渗入的动物分布区系格局。其中，华中华南区11种、华中区7种、西南区2种、广布种5种。

（2）重点保护及珍稀濒危物种

按照《国家重点保护野生动物名录》（2021年2月，国家林业和草原局、农业农村部公告2021年第3号），本次云阳县域调查的爬行动物中，脆蛇蜥列为国家二级保护动物。在IUCN濒危物种红色名录中，尖吻蝮为濒危（EN），黑眉锦蛇和乌梢蛇为易危（VU），短尾蝮为近危（NT）。重庆市重点保护爬行动物有3种，分别是银环蛇、尖吻蝮和福建竹叶青蛇。

4. 鸟类

综合考虑环境状况、不同生境类型设置样线，以公路、河流等为基础，布设18条样线，每条样线长度2~3公里，单侧宽20米（森林生境）到50米（开阔生境），使用单筒［（20~60米）×80米］和双筒（10米×42米）望远镜观察识别并记录所见到的鸟类种类、数量、活动生境。

（1）物种组成

本次共记录鸟类14目32科189种。其中雀形目的种类最多，有128

种，占全部鸟类的67.72%。雀形目的鹟科有61种，为鸟纲的优势科，详见表9。

表9　云阳县鸟类的种类组成

单位：种，%

目	科	种数	占比
鹈形目	鸬鹚科	1	0.53
鹳形目	鹭科	6	3.17
雁形目	鸭科	5	2.65
隼形目	鹰科	3	1.59
	隼科	3	1.59
鸡形目	雉科	5	2.65
鹤形目	秧鸡科	3	1.59
鸻形目	鸻科	5	2.65
	鹬科	4	2.12
鸥形目	鸥科	1	0.53
鸽形目	鸠鸽科	3	1.59
鹃形目	杜鹃科	7	3.70
鸮形目	鸱鸮科	8	4.23
夜鹰目	夜鹰科	1	0.53
鴷形目	啄木鸟科	6	3.17
雀形目	燕科	5	2.65
	鹡鸰科	9	4.76
	山椒鸟科	3	1.59
	鹎科	5	2.65
	伯劳科	5	2.65
	黄鹂科	1	0.53
	卷尾科	2	1.06
	椋鸟科	3	1.59
	鸦科	6	3.17
	河乌科	1	0.53
	鹪鹩科	1	0.53
	鹟科	61	32.28
	山雀科	5	2.65
	䴓科	1	0.53

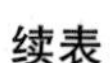
续表

目	科	种数	占比
雀形目	绣眼鸟科	1	0.53
	文鸟科	3	1.59
	雀科	16	8.47
合计	32	189	100

从区系来看，北方鸟类共计 76 种，占鸟类总种类的 40.21%，是古北界代表成分；除季风区型之外的南方鸟类共计 103 种，占鸟类总种类的 54.50%，是东洋界代表成分。结果表明县域鸟类区系组成以东洋界占优势，古北界居于次要地位，同时兼有东洋和古北两界动物交会过渡性地带的特征。

（2）重点保护及珍稀濒危物种

按照《国家重点保护野生动物名录》（2021 年 2 月，国家林业和草原局、农业农村部公告 2021 年第 3 号），本次云阳县域调查的鸟类中，国家Ⅱ级重点保护鸟类 15 种分别为松雀鹰、普通鵟、鹊鹞、游隼、红隼、红腹锦鸡、勺鸡、领角鸮、雕鸮、领鸺鹠、斑头鸺鹠、鹰鸮、灰林鸮、长耳鸮、短耳鸮。重庆市重点保护鸟类 10 种，分别是小䴙䴘、鸬鹚、绿鹭、栗苇、灰胸竹鸡、红翅凤头鹃、中杜鹃、小杜鹃、普通夜鹰和黑短脚鹎。

5. 哺乳动物

采用样线法、样方法和红外相机陷阱法开展区域哺乳动物调查。其中，样线法通过记录哺乳动物活动或存留足迹、粪便、爪印等，采集哺乳动物种类和数量，共设置样线 28 条，每条样线长度 3~5 公里、宽度 5~10 米。样方法则采用笼（铗）日法或者陷阱法调查样方内物种和个体数量，每种生境类型不低于 100 个笼（铗）日，布铗 10 次（100 个/次）。红外相机陷阱法针对稀有或活动隐蔽的大、中型哺乳动物，调查其分布和活动节律，布设红外相机 20 台，涵盖至少 5 个重点工作网格，每个网格不低于 2 台，每个放置点之间间距 1 公里以上。

（1）物种组成

本次调查共记录兽类38种，隶属于7目18科。其中啮齿目最多，有5科13种，占总种数的34.21%；其次为食肉目，有3科10种，占总种数的26.32%；翼手目有4科7种，占总种数的18.42%（见表10）。

表10　云阳县兽类目、科、属、种数及百分比

目	科	属数(属)	种数(种)	占比(%)
食虫目	鼩鼱科	2	3	7.89
翼手目	蝙蝠科	2	3	18.42
	蹄蝠科	1	1	
	犬吻蝠科	1	1	
	菊头蝠科	1	2	
灵长目	猴科	1	1	2.63
兔形目	兔科	1	1	2.63
啮齿目	鼠科	5	8	34.21
	竹鼠科	1	1	
	豪猪科	1	1	
	鼯鼠科	1	1	
	松鼠科	2	2	
食肉目	犬科	2	2	26.32
	灵猫科	3	3	
	鼬科	5	5	
偶蹄目	牛科	1	1	7.89
	猪科	1	1	
	鹿科	1	1	
合计	18	32	38	100

从区系来看，以东洋界为主，占比超过50%，广布种其次，占比44.74%，古北界种类占比较低，一定程度上同时具有东洋与古北两区的成分。

（2）重点保护及珍稀濒危物种

按照《国家重点保护野生动物名录》（2021年2月，国家林业和草原局、农业农村部公告2021年第3号），云阳县国家重点保护野生哺乳动物共计7种。其中，国家Ⅰ级重点保护哺乳动物有2种，即小灵猫和大灵猫，国家Ⅱ级重点保护哺乳动物有5种，即鬣羚、赤狐、貉、黄喉貂和猕猴。重庆市重点保护哺乳动物有5种，分别是赤狐、貉、黄鼬、花面狸和小麂。

（四）鱼类

根据不同环境和不同鱼类采用不同的采集方法，对中小型鱼类采用拦网、撒网、直接网捞等方法；对中大型鱼类主要通过渔民访问等方法，也可以进行垂钓；对较小河流采用拦网（一指宽孔）、直接网捞、安放地笼等方法。同时，结合文献资料、走访调查范围内的村民补充核实鱼类的种类。

（1）物种组成

本次调查共记录鱼类101种，分属5目14科（见表11）。其中，鲤形目鱼类占大部分，共计78种，占77.23%，其次是鲇形目和鲈形目鱼类，分别占14.85%和5.94%。

表11　云阳县鱼类目、科、属、种数及百分比

目	科	属数（属）	种数（种）	占比（%）
鲤形目	鳅科	4	13	77.23
	鲤科	23	59	
	平鳍鳅科	1	5	
	胭脂鱼科	1	1	
鲇形目	鲇科	1	2	14.85
	鲿科	3	12	
	钝头鮠科	1	1	
合鳃鱼目	合鳃鱼科	1	1	0.99
鲈形目	鮨科	1	2	5.94
	沙塘鳢科	1	1	
	虾虎鱼科	1	1	
	鳢科	1	1	
	斗鱼科	1	1	
鲻形目	青鲻科	1	1	0.99
合计	14	41	101	100

从区系来看，云阳县鱼类组成较为复杂，具有中国江河平原复合体、印度平原复合体、中印山区复合体、古代第三纪复合体等4个区系复合体的特征。其中，以中国江河平原复合体种类为主，多为高度喜氧鱼类，具有“浮性体色”——腹面银白色，背面青蓝或黄色、绿色，多以底栖生物为食，卵多为浮性卵或半浮性卵，如鲢亚科、鮈亚科、鲌亚科的绝大部分鱼类，如鮈属、蛇鮈属、鳜属、鲢、草鱼等，为重要的经济鱼类。其次，印度平原复合体的种类也较多，该鱼类一般不善于游泳，有的还形成适应缺氧生活的辅助呼吸器官，适应于缓慢或静水的水域中，产浮性卵，主要有鲶科鱼类、虾虎鱼科鱼类、黄鳝、小黄黝鱼、乌鳢等，以重要的经济鱼类为主。

（2）重点保护及珍稀濒危物种

珍稀保护鱼类主要是指国家和地方规定的重点保护的种类以及被《中国濒危动物红皮书》收录的种类。此次调查记录到国家Ⅱ级保护动物1种，即胭脂鱼。

三　云阳县生物多样性评估结果

（一）评估方法

参考《区域生物多样性评价标准》（HJ 623—2011），根据各类群物种多样性调查结果，通过对野生维管束植物丰富度、野生高等动物丰富度、生态系统多样性、物种特有性、受威胁物种丰富度、外来物种入侵度进行归一化处理和计算，开展综合分析与评估。

1. 指标归一化处理

归一化后的评价指标=归一化前的评价指标×归一化系数。其中，归一化系数=100/$A_{最大值}$。$A_{最大值}$为被计算指标归一化处理前的最大值。各指标的$A_{最大值}$见表12。

表 12　相关评价指标的最大值及权重

指标	$A_{最大值}$	权重
野生维管束植物丰富度	3662	0.20
野生高等动物丰富度	635	0.20
生态系统多样性	124	0.20
物种特有性	0.3340	0.20
受威胁物种丰富度	0.1572	0.10
外来物种入侵度	0.1441	0.10

2. 生物多样性指数计算方法

$$BI = R'_v \times 0.2 + R'_p \times 0.2 + D'_E \times 0.2 + E'_D \times 0.2 + R'_T \times 0.1 + (100 - E_I) \times 0.1$$

式中：BI——生物多样性指数；R'_V——归一化后的野生高等动物丰富度；R'_p——归一化后的野生维管束植物丰富度；D'_x——归一化后的生态系统多样性；E'_D——归一化后的物种特有性；R'_T——归一化后的受威胁物种丰富度；E'_I——归一化后的外来物种入侵度。

3. 生物多样性状况分析

根据生物多样性指数（BI），将生物多样性状况分为四级，即高、中、一般和低，见表 13。

表 13　生物多样性状况分级标准

生物多样性等级	生物多样性指数	生物多样性状况
高	$BI>60$	物种高度丰富，特有属、种多，生态系统丰富多样
中	$30\leqslant BI\leqslant 60$	物种较丰富，特有属、种较多，生态系统类型较多，局部地区生物多样性丰富
一般	$20\leqslant BI<30$	物种较少，特有属、种不多，局部地区生物多样性较丰富，但生物多样性总体水平一般
低	$BI<20$	物种贫乏，生态系统类型单一、脆弱，生物多样性极低

（二）评估结果

本次共调查云阳县陆生野生维管束植物 1533 种，野生高等动物 424 种，中国特有物种221种，珍稀濒危物种62种，外来入侵物种13种，按群系划分的主要生态系统类型16种，通过计算得到生物多样性指数为40.51（见表14），生物多样性为中等等级，全县的生物多样性现状处于较为丰富的状态。

表14　云阳县生物多样性状况评价指标

单位：种

云阳	野生维管束植物丰富度	野生高等动物丰富度	生态系统多样性	物种特有性	受威胁物种丰富度	外来物种入侵度
种数	1533	424	16	221	62	13
归一化	0.0273	0.1574	0.8064	299.4011	636.1323	693.9625
权重	0.2	0.2	0.2	0.2	0.1	0.1
最终值	8.3724	13.3543	2.5806	4.9247	1.7392	9.5390
合计	40.51					

四　云阳县生物多样性保护对策初探

（一）将生物多样性纳入常态化观测

本次调查由于时间较短，未将全部类别纳入调查范围，主要针对物种组成的基本情况，且部分数据来自资料文献。虽发现了抱龙角蟾、文县瑶螈等多种国家重点野生保护和珍稀濒危动物，以及全球新物种云阳掌突蟾，但在一定程度上存在偶然性。因此，建议将生物多样性调查与评估纳入定期的工作计划，不断完善调查内容，对典型生态系统的物种组成、结构和功能，以及重要物种的演变过程开展常态化观测，以期对区域内生物多样性状况的变化趋势、影响因素等进行全面系统的判定，促进生物多样性保护工作得到长足发展。

（二）构建生物多样性保护空间格局

云阳县山多水丰，对野生动植物来讲，具备较好的生境条件，但由于城镇的开发建设，自然栖息地的连通性、完整性受到影响，建议将生物多样性保护格局纳入国土空间相关规划进行统筹布局，以长江、澎溪河、汤溪河、磨刀溪、长滩河等“一江四河”为脉络，以云峰山、岐耀山、杉木尖山、无量山“四大山系”为骨架，建设“点+面+网”的生物多样性保护空间格局，着力解决自然生态系统破碎化、保护区域孤岛化等突出问题，为野生动植物留足生存空间和迁徙的廊道。

（三）强化自然保护地保护

本次调查结果显示，以重庆云阳七曜山市级自然保护区、重庆云阳小江湿地县级自然保护区、重庆云阳龙缸国家地质公园等保护地为主的区域，是野生动植物丰度较高的区域，也是全县生物多样性保护的重点。但由于历史原因，相关保护地在划定时将建制城镇、村屯等部分生态保护价值较低的区域纳入保护地范围，不可避免地存在一定量的人类活动对生物物种的干扰，建议进一步加快自然保护地优化整合，以生物多样性维护为主要目的，严格规范管控措施，合理控制原住民生产生活和游客旅游观光等人类活动对生态环境的影响和压力，确保自然生态系统的原真性和完整性。

（四）强化生态系统保护修复

调查过程中发现，云阳县部分区域水土流失、石漠化、河流岸线过度开发、城镇开发建设活动挤占生态空间等问题依然存在，影响野生动植物利用的半自然生态系统（农田）、自然生态系统（森林、湿地）等栖息地生境质量。

因此，建议系统谋划林草、湿地、农田、城市生态系统差异化保护修复措施。一是通过完善高山生态林带、保护岐山草场等措施，提升森林、草地生态系统功能；二是以长江及其支流的典型河流湿地、水生野生动物和重要经济水产种质资源地为重点，系统推进三峡库区（云阳段）生态保护与修复，不断提高湿地生态系统质量和稳定性；三是以云安镇、栖霞镇等农业较为发达的区域为重点，修建和完善农田生态系统的生态廊道，保留一定量的半自然生境和足够的蜜源植物，为本土植物提供生存空间，为传粉昆虫提供足够的食物来源，为小型兽类提供安全的迁移道路，提高农田生态系统生物多样性水平；四是在人类活动密集的城市生态系统区域，以重建生物栖息地为重点，打造“本杰士堆”等生境，科学搭配乔、灌、藤和草本植物，增加群落物种种类，优化鸟类等动物的栖息和繁衍场所布局，丰富城市生态系统生物多样性。

（五）提升物种资源保护能力

物种之间存在着相互竞争，尤其是外来入侵物种对本土物种的种类及数量具有潜在的压力，为确保县域内重要物种能够得到有效保护，需要针对性提升物种资源保护能力。一是加快推进植物保护与扩繁基地和种质资源库建设，以四川苏铁、金毛狗、美冠兰等珍稀保护植物为重点开展就地保护。二是填补重要动物物种保护空缺，在溪流、河谷等典型生境构建文县瑶螈、抱龙角蟾等国家重点保护两栖动物的就地保护群落体系，加强鬣羚等兽类动物迁徙通道建设，健全物种长效监测体系，建立野生动物收容救护中心和保育救助站。三是提升外来入侵物种防控水平，充分了解引进物种的生物学和生态学特性，严把外来物种准入关，制订外来入侵物种应急处置方案，推动农田、渔业水域、森林、河库等重要生态系统外来入侵物种的调查、监测、预警、控制、评估、清除、生态修复等工作。

参考文献

杨昌煦、熊济华、钟世理等：《重庆维管植物检索表》，四川科学技术出版社，2009。

陈斌、李廷景、何正波：《重庆市昆虫》，科学出版社，2010。
赵欣如、卓小利、蔡益：《中国鸟类图鉴》，山西科学技术出版社，2015。
王酉之、胡锦矗主编《四川兽类原色图鉴》，中国林业出版社，1999。
国家林业和草原局、农业农村部：《国家重点保护野生动物名录》，2021 年 2 月 1 日。

绿色发展篇

Green Development

G.8
重庆市生态产品价值实现机制实践探索与对策建议

杨 洋*

摘 要： 本文对照《关于建立健全生态产品价值实现机制的意见》，全面梳理了重庆市因地制宜探索生态产品价值实现机制取得的实质进展，系统提炼了探索过程中涌现的生态修复、价值核算、指标交易、生态产业、制度创新等一批典型经验做法，提出了推动生态产品价值实现的对策建议，即推动生态产品价值实现进规划进考核、加快完善市场体系和价格机制、多元化探索拓展价值实现路径。

关键词： 生态产品 生态产品价值实现 生态修复 重庆

---

* 杨洋，博士，重庆市发展和改革委员会长江办秘书处干部，从事推动长江经济带发展、山清水秀美丽之地建设、生态产品价值实现等工作。

党的十九届六中全会指出，在生态文明建设上，党中央以前所未有的力度抓生态文明建设，美丽中国建设迈出重大步伐，我国生态环境保护发生历史性、转折性、全局性变化。生态产品正是我国在“五位一体”总体布局下、由工业文明迈向生态文明过程中提出的独创性概念，与西方的自然资本、生态系统服务等概念有共通性，但区别在于生态产品突破了“唯经济论”和“唯生态论”的观点，强调经济发展不应是对资源和生态环境的竭泽而渔，生态环境保护也不应是舍弃经济发展的缘木求鱼，而是要坚持在发展中保护、在保护中发展，通过生态产品价值实现来破解保护与发展的矛盾与冲突。

党的十八大以来，党中央、国务院不断强调建立健全生态产品价值实现机制。党的十八大报告提出要“增强生态产品生产能力”，党的十九大报告进一步提出“要提供更多优质生态产品以满足人民日益增长的优美生态环境需要”。2018 年 4 月，习近平总书记在深入推动长江经济带发展座谈会上强调，要“探索政府主导、企业和社会各界参与、市场化运作、可持续的生态产品价值实现路径”。2020 年 11 月，习近平总书记在全面推动长江经济带发展座谈会上强调，“要加快建立生态产品价值实现机制，让保护修复生态环境获得合理回报，让破坏生态环境付出相应代价”。2021 年 2 月，习近平总书记主持召开中央全面深化改革委员会第十八次会议，会议审议通过了《关于建立健全生态产品价值实现机制的意见》，首次以文件形式对“生态产品价值实现”这一命题进行了制度化安排。

在扩大内需成为战略基点的新时期，在双循环新发展格局下，探索市场化、多元化的生态产品价值实现机制，将生态资源有效转化成生态资产，创造绿色经济新动能和可持续发展增长点，已成为一项重要的历史性课题。近年来，重庆市各地深学笃用习近平生态文明思想，全面贯彻落实习近平总书记重要指示精神，因地制宜积极开展探索实践，在学好用好“两山”理念、走深走实“两化”路上取得了阶段性成效。

一　生态产品价值实现机制的进展成效

（一）以生态环境保护修复为切入口，营造生态文明建设新境界

聚焦解决大江大河两岸水土流失治理难、造林绿化水平低、城乡生态修复困难多、生态屏障功能脆弱等突出问题，在约 873 万亩的范围内实施“两岸青山·千里林带”规划建设。实行“三类”分类指导，明确以长江三峡、乌江画廊为代表的峡谷景观生态屏障类，以经果林、森林旅游为代表的浅丘产业生态屏障类，以城周“四山”保护提升和广阳岛片区绿色发展示范等为代表的城镇功能生态屏障类的重点生态修复任务和产业布局。“两岸青山·千里林带”建设来，超额完成了 500 万亩营造林总任务和千里林带 30 万亩营造林任务，为生态产品价值实现提供了重要生态支撑。

以打促治推进污染防治攻坚。重庆市高度重视生态文明建设工作，不断深化生态文明体制改革，持续推进污染防治攻坚战、生态优先绿色发展行动计划、长江经济带专项行动等系列任务。坚持以打开路、打防并举，部署开展系列“昆仑行动”和打击食药农环犯罪、长江流域非法捕捞、非法采砂犯罪等专项整治，坚决打击环境犯罪，侦办破坏环境资源保护类刑事案件 5797 件、破案 5278 件。成功破获全国首例二噁英污染水体案、畜禽养殖场非法排放重金属污染环境案，入选最高人民法院、最高人民检察院典型案例。“十年禁渔”长效管理机制、河库警长工作制等经验做法获中央改革办肯定推广。

由点及面推进流域横向生态补偿。以流域区县交界处断面水质为依据，探索上下游区县间以改善水环境质量为导向的流域横向补偿制度，实行“月核算、年清缴”补偿资金，助推受偿区县水污染防治和生态建设。全市流域面积 500 平方公里以上且流经 2 个区县及以上的 19 条河流，均于 2018 年实现了补偿机制全覆盖。积极纵深推动补偿机制向省际拓展，与湖南省签署酉水河跨省补偿协议，建立了重庆市首个跨省流域横向补偿机制；与四川

省采取共建基金的模式签署长江、濑溪河流域横向补偿协议，成为全国首个在长江干流建立横向补偿制度的案例。

政府引导支持社会资本参与生态修复。出资设立市级环保股权投资基金，参与设立国家绿色发展基金，撬动社会资本流向环境治理和绿色产业。安排政府专项债券，用于可实现融资与收益自平衡的环保类项目。采取多种方式支持生态环境领域政府和社会资本合作，规范地方政府履约行为，增强环保投资者信心。落实鼓励和支持社会资本参与生态保护修复的意见，明确强化产权激励，对集中连片开展生态保护修复并达到预期目标的主体，允许依法依规取得一定配额的自然资源资产使用权，从事旅游、康养、体育、设施农业等产业开发。

（二）以城乡自然资本增值为着力点，塑造区域协调发展新格局

完善生态农产品市场体系建设。建成跨区域一级农产品批发市场 1 个、二级农产品批发市场 76 个、城区菜市场 633 个、乡镇农贸市场 1078 个，基本构建形成覆盖城乡、布局合理的三级农产品市场体系。织密农村物流配送网络体系，推动邮政快递企业的资源整合，基本形成“市级中心仓—县级分拨仓—县下周转仓”三级邮政仓配体系，建制村直接通邮率稳定保持100%。鼓励引导快递公司采取邮快合作、快快合作、交快合作、快供合作等多种形式，在乡村探索推进共同配送，有效降低生态产品物流配送成本。

构建产销对接长效机制。指导区县多形式开展产销对接活动，2021 年共计举办各类生态产品产销对接活动 230 余场次，签订产销对接协议 450 余个、采购金额超 20 亿元，建立长期稳定产销对接关系 500 余对、购销金额超 12.5 亿元。依托大平台资源加强对接合作，与阿里巴巴、京东等签署战略合作协议，实施“京东乡村振兴产业带扶持”等专项活动 50 余场；持续开展线上线下对接服务和后续跟踪帮扶，达成武陵山区韵达智慧物流产业园等各类合作项目 15 个、签约金额近 30 亿元。

推进现代山地特色农业绿色发展。紧扣“大城市、大农村、大山区、大库区”基本市情，突出人多地少、山地山水的鲜明特征，大力发展现代

山地特色高效农业。建成全国最大的柑橘容器苗生产基地，涪陵榨菜多年保持全国农产品区域公共品牌价值第一位，奉节脐橙、巫山脆李品牌价值分别位列全国橙类、李类品牌第一，全国优势特色产业集群数量列长江经济带11个省市首位。绿色生产技术模式和种业保护多次进入“无人区”，建成全国农业领域首个国家技术创新中心——国家生猪技术创新中心、全国唯一国家蚕桑生物产业基地、全国首个AI种猪场、全国首个丘陵山地数字化无人果园，柑橘种质资源保存份数位居世界第二。

（三）以产业绿色低碳转型为驱动轴，培育经济高质量发展新动力

强化生态产品物流基础条件。加快建设聚合专业市场、电商快递、冷链仓配等多种业态的综合性商贸物流设施，逐步形成以“冷链物流+交易市场”为主体，以冷链加工、运输、配送为支撑的现代冷链物流体系，生态产品保鲜能力不断提升，产后损失率逐步降低。以培育大型农产品流通企业为抓手，构建形成永川食用菌、石柱辣椒、忠县柑橘、奉节脐橙、潼南蔬菜等多条特色优势生态产品供应链，商品化处理设施利用率提高31个百分点以上、产后商品化处理率提高32个百分点以上，助力补齐生态产品流通短板、拉长生态产品供应链。

拓宽生态产品流通渠道。搭建省级对接平台，拓宽生态产品外销渠道，提升重庆市优质生态产品的知名度和影响力。组织重庆市企业赴山东成功举办2021鲁渝消费帮扶产销对接大会，展示生态产品150余款，洽谈签约项目28个、协议金额7686万元；组团赴青海开展产销对接活动，签订采购协议16份、采购金额1.2亿元；赴江苏参加2021全国农商互联暨乡村振兴产销对接大会，展示200余款优势农特产品，现场达成采购意向1200万元。拓展线上销售渠道，举办“2021重庆6·18电商节”“2021爱尚重庆·网上年货节”等系列大型活动，联动38个区县、10余家电商和直播平台、上千家企业实施100多场线上促销和直播带货活动，切实推动重庆产、重庆造触网营销。

创新发展电子元器件产业。聚焦功率半导体、硅基光电子、模拟和数模

混合芯片、化合物半导体、微机电系统等五大方向打造特色鲜明的集成电路产业集群，加快打造全国最大的功率半导体产业基地和集成电路特色工艺技术高地。围绕“玻璃基板—液晶面板—显示模组”产业链，通过做大做强显示面板产业规模、持续补齐关键材料领域短板、积极招引关键设备和零部件项目、大力培育显示驱动芯片企业，加速新型显示产业补链强链，提升综合实力和整体竞争力。2021 年全市电子元器件板块实现产值 1363.7 亿元、增长 16%，其中集成电路制造类企业实现产值 179 亿元，新型显示产业实现产值 627.4 亿元。

（四）以体制机制改革创新为动力源，贡献“两山”价值转化新方案

健全碳排放权交易机制。2014 年 6 月正式启动运行地方碳市场，近年来通过完善制度规范、严把数据关口、狠抓履约管理、强化改革创新等有效手段，碳市场交易实现了量价齐升。截至 2022 年 7 月底，碳排放权累计成交量 3868 万吨，成交金额 7.84 亿元，其中 2021 年的交易量和交易金额在 7 个试点省市中均名列前茅。建立由管理办法和配额管理、核查、交易 3 个细则等构成的“1+3+N”碳市场制度体系，围绕碳排放申报、报告、核查、履约及交易等环节，建成申报、报告、注册登记、交易四大电子化功能平台。推动减污降碳协同增效，在全国首批开展排污权交易试点，率先将碳排放纳入环评和排污许可管理。上线全国首个覆盖碳履约、碳中和、碳普惠功能的“碳惠通”生态产品价值实现平台，累计实现交易量 284 万吨、交易金额 6222 万元，有效增强了地方碳市场活力。

健全生态环境损害赔偿制度。印发《重庆市生态环境损害赔偿制度改革实施方案》，各区县切实落实生态环境损害索赔启动条件、鉴定评估选定程序、信息公开等工作规定。建立健全以实施方案为基础，以赔偿事件报告、损害鉴定评估、赔偿磋商、资金管理、损害治理修复等系列制度为配套的“1+12”改革体系。全面推行生态环境损害赔偿制度，着力破解“企业污染、群众受害、政府买单”困局，“重庆市南川区某公司赤泥浆输送管道泄漏污染凤咀江生态环境损害赔偿案”入选生态环境部第二批生态环境损

害赔偿磋商十大典型案例。

深入推进绿色发展先行先试。广阳岛片区联动岛内岛外168平方公里，创新修复治理方式，积极探索基于自然的修复治理方式，全岛2/3的面积以自然恢复为主，示范经验入选全国生态修复典型案例。创新应用“护山、理水、营林、疏田、清湖、丰草”六大策略，建成上坝森林、高峰梯田、山顶人家、油菜花田、粉黛草田等生态修复示范地，同步建设清洁能源、生态化供排水、固废循环利用、绿色交通等高品质生态设施，融合高品质绿色建筑，整体修复全岛大开发遗留痕迹。高质量创建广阳湾智创生态城，推动广阳湾“智慧”“绿色”高质量发展。

二　生态产品价值实现的典型案例

（一）以生态修复带动价值提升

在自然生态系统破坏或生态功能缺失地区，通过生态修复、系统治理和综合开发，恢复自然生态系统功能，增加生态产品供给，实现生态产品价值提升和价值“外溢”。

云阳县地处三峡库区腹心地带，长江黄金水道穿越县境68公里，形成消落带面积39.62平方公里，占三峡库区消落带面积的11.4%，消落带治理任务十分艰巨。近年来，该县按照“骑走跑坐可享、山水花石可赏、文史科艺可品”的建设策略，根据沿江库岸边坡地质条件分段治理，将消落带打造为亲水亲民的“环湖绿道”。坚持人工干预与自然修复有机结合，做好“护坡”“选种”“栽植”三篇文章，历时7年完成库岸环境整治500公顷，实施岸线综合整治33公里，消落区植被覆盖率达到95%以上。坚持整体谋划、科学布局，以自行车道、跑步道、漫步道串联起自然体验区、健康休闲区、文化旅游区等6个魅力分区和月光草坪公园、滨江公园、外滩公园等8个主题公园，构建起一条连贯优美的滨江生态绿道，实现了从江岸“伤疤”到美丽滨江公园的绿色蝶变。

（二）构建核算体系量化绿水青山

通过计算森林、草地、湿地等生态系统的生产总值，正确衡量和反映各区域生态系统的发展现状，以科学的统计方式给绿水青山的生态价值“明码标价”，为生态产品价值实现提供科学合理的方向和思路。

广阳岛片区以传承江河生态文化保护传承为着力点，探索生态产品价值实现的新路径、新模式、新机制。坚持生态与智慧“双基因融合、双螺旋驱动”，依托智慧广阳岛、长江模拟器等项目，通过智慧化手段实现水环境、植被生长、土壤环境、气候环境、生物群落等岛内生态要素监测。创新运用生态“复利”核算方法，探索建立反映生态产品保护与开发成本的价值核算指标体系，科学评估生态产品状况。以片区优势生态环境为本底、价值核算体系为手段，打造可借鉴应用的生态+教育、生态+文化、生态+旅游、生态+农业、生态+健康、生态+智慧6个“生态+”“两山”转化产业模块，着力发展大生态、大数据、大健康、大文旅和新经济“四大一新”产业，努力实现生态美、产业兴、百姓富有机统一。

北碚区在全市范围内率先探索开展生态系统生产总值（GEP）核算，以产品提供、调节服务、文化服务三个功能类别为核心，构建起符合北碚区环境状况的GEP核算理论体系。细化制定农业产品产值、水源涵养价值、休闲旅游价值等16个GEP核算指标，摸清了区域GEP总体特征和功能价值比例，为北碚区生态资本存量、生态环境保护、生态文明建设、政绩评估考核、资源永续利用等提供科学理论支撑。探索实施北碚区环缙云山山脉生态建设及综合开发利用EOD项目，推动科学自然里、缙麓生态城等9个子项目建设，深化拓展缙云山片区农旅文资源产业转化路径，加快推动缙云山生态产品价值实现。

（三）以市场交易实现生态产品价值

以政府管控或设定限额等方式，创造对生态产品的交易需求，引导和激励利益相关方进行交易，将生态优势转化为经济优势。

重庆市针对各区县资源禀赋不同、发展定位不同、森林覆盖率差异大等特点，在全国首创横向生态补偿提高森林覆盖率机制，引导生态受益地区和生态保护地区通过协商等方式进行生态效益补偿。横向生态补偿提高森林覆盖率机制搭建了生态产品价值实现的通道和平台，让生态成为重要的生产要素，使提供生态产品与提供农产品、工业产品和服务产品一样具有经济效益。2018 年以来，累计签约 10 份生态补偿协议、交易森林面积指标 39.62 万亩、成交金额 9.9 亿元，实现生态服务受益地区与重点生态功能地区的双赢，被纳入自然资源部《生态产品价值实现典型案例》、国家林业和草原局《林业改革发展典型案例》并在全国推广。

重庆市在原有地票制度 10 年实践基础上，于 2018 年拓展了地票的生态功能，按照“生态优先、实事求是、农户自愿、因地制宜”的原则，将地票制度中的复垦类型从单一的耕地拓展为耕地、林地、草地等类型，实现了统筹城乡发展、推动生态修复、促进生态产品供给等综合效益。2018 年以来，全市新增林地 5979 亩，约 800 个农村集体经济组织参与地票生态交易，集体地票累计获得生态收益 1.11 亿元，农户获得地票生态收益约 5.14 亿元。

（四）依托生态优势培育生态产业

在自然资源较为丰富的地区，依托现有生态本底，构建绿色产业体系，打造体现当地特征的文化产品，是生态产品价值实现的重要途径。

城口县地处大巴山腹地，生态优势是最大优势。近年来，该县深度挖掘生态可持续性资源——原木漆产品的产业价值和文化价值等，构建漆树种植、割漆、漆成品、漆艺等生态绿色产业，策划打造手工艺之都，探索打通“绿水青山”向“金山银山”的转换通道。以“巴山乳汁”为灵魂筹建项目，参考景德镇陶溪川建立以漆文化艺术为核心吸引物的农文旅产业文化名片，打造本土群众就业劳动密集型、艺术型、可参与型手工艺集散地。

忠县因地制宜发挥特色优势，重视科技研发力量，鼓励重庆瑞竹植物纤维制品有限公司等企业科技创新，探索“以竹代塑”绿色技术助力生态产品价值实现。加大竹基复合材料研发力度，致力于“以竹代塑”新材料的研发生产，生产设备及工艺、模具、产品等都具有自主知识产权，填补了国际国内技术空白。完成智能生产线建设，建成竹纤维环保加工生产线及配套处理系统，初步建成竹纤维容器系列产品研发和加工基地，打造中国竹产业数字化标准车间模板。

（五）创新生产经营模式促进生态资源开发

通过创新生产经营模式等方式，构建具有当地特色的“两山”转化制度体系，着力破解绿水青山交易难、变现难等问题。

开州区面对福德村“人走、地荒、村穷”的现实，创新探索“四统四分五联”适度统分结合的新型经营模式，解决了困扰农业生产经营“统”得不够、“分”得彻底、“联”得不紧的问题，重构山地农业生产经营模式。探索统一规划、统一标准、统一营销、统一管理“四统”机制，聚集资源要素、发挥产业效应，建成“开州春橙”基地 3700 亩、优质再生稻 1000 亩、稻蟹（虾）综合种养基地 300 亩。探索三权分置、产业分区、管护分组、股份分配“四分”机制，激发小农户内生动力，以家庭农场方式分片管护经营。探索计酬联产、“三社”联合、开放联智、治理联动、利益联心“五联”机制，实行柑橘定额管护经营，小组长和农场主报酬由管护定额报酬和投产浮动报酬组成。短短 3 年时间，福德村由“四空”村变为集体经济强村，适度统分结合的新型经营模式彰显出蓬勃生机和活力。

三　生态产品价值实现的主要问题

生态产品价值实现理念伴随着我国生态文明建设的推进不断清晰、具象和深化。近年来，生态产品价值实现机制不断建立健全，从概念性阐述到实际操作都取得了一定成效，但回归生态产品价值实现本源，仍然存在一些现实问题。

（一）践行“两山”理念认识还不够深、导向还不够明

理解把握生态产品价值实现的重点放在了生态保护与修复上，而后续推动提升生态产品生产力、经济价值转换等过程比较薄弱。面对“稳增长”等重要目标任务、与 GDP 高度相关的考核指标时，放松生态环境监管使“绿水青山”让位于“金山银山”的现象时有发生。

（二）市场配置资源的决定性作用有待充分发挥

生态产品交易市场的发育程度较低，市场准入条件、交易技术与流程、各利益主体分配方式、交易价格和相关监督管理办法等不够统一规范，尚未形成统一的生态产品自由交换市场和定价机制。生态产品的公共产品属性相对较弱，生态产品价值实现的市场交易体系还有待进一步完善。市场内生动力不足，初期成本高、后期回报率较低且回报周期长，难以充分调动市场主体积极参与生态产品价值实现。

（三）生态产品价值实现路径不够畅通和多元

生态资源分散闲置，与历史文化资源、旅游资源融合利用程度不高，转化不充分、效率较低。生态产业链条短且规模小，产业化规模化发展程度不高。价值实现模式创新亟待突破，PPP 等政府+社会力量共同参与模式、绿色金融差异化扶持模式等方面的探索较为薄弱，可复制、可推广的效应不明显。

四　多渠道多元化探索拓展生态产品价值实现路径

（一）推动生态产品价值实现进规划进考核

切实把思想和行动统一到中央决策部署上来，破除“不必转化”的守成心态，克服“不敢转化”的畏难意识。将生态产品价值实现机制纳入经

济社会发展、生态环境保护等相关规划，充分发挥规划引领和约束作用，鼓励支持区县探索编制生态产品价值实现实施方案。将生态产品核算总价值尽快纳入考核指标，对任期内造成生态产品价值严重下降的，要追究相关行政责任；对重点生态功能区，主要考核生态产品供给质量提升、生态环境资源保护成效等方面指标，适当取消经济发展类指标考核；对其他生态主体功能区，推动落实经济发展类和生态产品类指标“双考核”评价机制。

（二）加快完善市场体系和价格机制

加强生态环境保护修复，加大对生态农业、生态加工业、生态文化旅游业的高质量生产要素投入，大力促进农林文旅等产业融合发展，不断提高优质生态产品供给能力。加快生态产品交易市场建设，建立信息共享、市场开放的生态产品市场交易中心，为生态产品交易创造良好的竞争环境。加强生态产品流通体系建设，强化生态产品品牌塑造、市场营销，提高生态产品推介与品牌宣传力度，促进生态产品供需精准对接。完善生态产品市场交易制度，以市场化为导向发展完善生态产品的价格形成机制，深入推动碳排放权、排污权、用水权、用能权市场交易制度建设。

（三）多元化探索拓展价值实现路径

不断完善生态产品调查监测、价值评价、经营开发、保护补偿等机制，推动生态产品价值实现路径“接二连三”。通过污染治理和生态修复实现土地升值后的生态反哺，选取主城都市区等发展条件较好的地块（如重钢炼铁厂原址地块），对污染地块进行生态治理修复后用于居住、商业等规划，推动生态价值向经济价值转化。通过生态资源指标及产权交易释放绿水青山的经济价值，在城口、巫溪、酉阳等生态本底较好的地区，多元化开发“碳汇+”产品，盘活散落的自然资源，促使青山变“银行”、农户变“储户”。通过生态补偿制度顶层设计实现生态价值效益共享，建立市级层面的生态补偿专项转移支付制度，保障政策整体性、协调性和稳定性，同时抢抓成渝地区双城经济圈建设机遇，开展跨省流域生态补偿机制试点，协同推进上下游生态补偿试验建设。通过发展绿色生态产业打通“两山”转化渠道，鼓励渝东北三峡库区城镇群、渝东南武陵山区城镇群各区县深度挖掘自身资源禀赋，实行区域生态环境系统整治，大力发展山地高效生态农业、绿色加工业，促进文化旅游深度融合。通过绿色金融改革创新高效催化生态产品价值实现，探索建立实体化运营的“两山银行”，专门面向“山水林田湖草沙”等生态产品发放抵押贷款，探索设立次区域绿色金融中心，鼓励金融机构开发碳汇储蓄、碳汇期货期权、碳汇基金及债券等多层次碳金融创新产品。

参考文献

杨艳、李维明、谷树忠、王海芹：《当前我国生态产品价值实现面临的突出问题与挑战》，《发展研究》2020 年第 3 期。

孙博文：《建立健全生态产品价值实现机制的瓶颈制约与策略选择》，《改革》2022 年第 5 期。

陈清、张文明：《生态产品价值实现路径与对策研究》，《宏观经济研究》2020 年第 12 期。

蒋金荷、马露露、张建红：《我国生态产品价值实现路径的选择》，《价格理论与实践》2021 年第 7 期。

冯俊、崔益斌：《长江经济带探索生态产品价值实现的思考》，《环境保护》2022 年第 Z2 期。

李忠：《长江经济带生态产品价值实现路径研究》，《宏观经济研究》2020 年第 1 期。

李志萌、何雄伟、马回、王露瑶：《长江经济带生态产品价值实现机制探讨》，《企业经济》2022 年第 1 期。

雷硕、孟晓杰、侯春飞等：《长江流域生态产品价值实现机制与成效评价》，《环境工程技术学报》2022 年第 2 期。

G.9

重庆市绿色农业发展困境与破解对策研究

许秀川 *

摘　要： 当前我国农业发展面临环境污染、低质农产品过剩、优质农产品供给不足等问题。发展绿色农业是助力农业高质量发展的重要途径，本课题以中国绿色农业发展现状分析为基础，聚焦重庆绿色农业发展主要问题、现实困境和破解对策研究。以宏观—中观—微观的逻辑思路，分析了重庆市绿色农业发展现状和问题。研究发现重庆绿色农业发展存在的主要问题与困境包括：结构不合理，发展水平低；区域发展不均衡；绿色农业相关生产主体逆向选择倾向高；绿色生产政策供需不匹配等，针对重庆市绿色农业发展面临的困境提出相关破解对策。

关键词： 绿色农业　绿色发展　重庆

改革开放40多年来，我国农业获得了前所未有的发展。高速发展的同时低质农产品生产过剩、优质绿色农产品供给不足、农业生态环境遭到破坏等问题日益凸显。绿色农业成为农业高质量发展的有效途径，推进农业绿色发展成为生态文明建设的必由之路。2017年9月，中共中央办公厅、国务院办公厅印发了《关于创新体制机制推进农业绿色发展的意见》，正式将农

* 许秀川，西南大学经济管理学院副教授，管理学博士，硕士研究生导师，主要从事农业经济管理、农业绿色发展研究。

业绿色发展作为加快农业现代化、促进农业可持续发展的重大举措，指出全面建立以绿色生态为导向的制度体系，强调绿色农业的建设需要多方的共同努力。同年 10 月，党的十九大报告中也提出要加快发展绿色农业，提升农产品质量安全水平；2020 年中央一号文件提出绿色农业发展重点应着力于推进绿色生产技术推广；2021 年中央一号文件继续扩大绿色农业发展范围，在农业各方面推进绿色发展，绿色农业发展已成为当下我国农业工作的重点内容之一。基于此，本研究首先梳理我国绿色农业发展现状，立足西南地区农业发展现状，对重庆市绿色农业发展展开分析，最后针对重庆市绿色农业发展困境提出相关政策建议。

一　重庆绿色农业发展现状与成效

我国绿色农业起源于绿色食品工程。绿色食品是遵循可持续发展原则，按照特定生产方式生产，经过专门机构认定，许可使用绿色食品标志性商标的、无污染的安全、优质、营养食品的统称。2003 年，“绿色农业”概念首次被正式提出，这是对绿色食品产业内涵和外延的丰富与拓展。绿色农业是指充分运用先进科学技术、先进工业装备和先进管理理念，以促进农产品安全、生态安全、资源安全和提高农业综合经济效益的协调统一为目标，以倡导农产品标准化为手段，推动农业全面、协调、可持续发展的农业模式。2017 年，“绿水青山就是金山银山”理论被写入党的十九大报告，体现出在经济发展方式转型和资源环境压力趋紧的背景下，加快推进农业绿色发展的重要性与紧迫性。政策上，国家相关农业政策日益强调提高农产品质量，促进农业绿色发展。与 20 世纪 80 年代、90 年代以及 21 世纪之初出台的相关文件相比，2010 年之后的政策都明确了发展农业过程中生态建设的重要性，并且具有明确的方向与内容。表现为技术政策上更注重与试点基地的全域发展以及各模块间的协调发展；标准体系上更注重各环节的不同；宣传政策上充分利用新媒体手段，广泛开展宣传引导；绩效评估上更注重试点基地的时效性，总结试点区建设成果，提炼形成可复制可推广的农业绿色发展模式，同时对考核不合格、整改不到位的建立取消机制、退出机制。这些变化表明，我国推动绿色农业发展的政策不断完善，方向、重点更加明确，措施更加具体。

（一）重庆市农业发展现状

重庆市位于中国西南地区，属于长江上游地区，辖区面积 8.24 万平方公里。地貌以丘陵、山地为主，坡地面积较大。境内山地面积占 76%，丘陵占 22%，河谷平坝仅占 2%。气候属亚热带季风性湿润气候，年均温为 16~18℃，年平均降水量较丰富，大部分地区在 1000~1350 毫米，降水多集中在 5~9 月，占全年总降水量的 70%左右。最热月份平均气温 26~29℃，最冷月份平均气温 4~8℃，光温水同季，立体气候显著，气候资源丰富，总体上重庆市有良好的农业发展基础。表 1、表 2、表 3 分别为历年重庆市耕地面积、重庆市农业生产投入情况、重庆市粮食产量等数据，其中重庆市耕地面积只更新到 2019 年。

表 1　历年重庆市耕地面积

单位：千公顷，亩

年份	耕地面积	人均耕地面积	年份	耕地面积	人均耕地面积
1980	1732	0.98	1999	1594	0.78
1985	1667	0.90	2000	1583	0.77
1986	1660	0.89	2001	1555	0.75
1987	1656	0.87	2002	1384	0.67
1988	1654	0.86	2003	1353	0.65
1989	1652	0.86	2004	2106	1.00
1990	1652	0.85	2005	1399	0.66
1991	1648	0.84	2006	1384	0.65
1992	1644	0.84	2007	2239	1.04
1993	1638	0.83	2008	2236	1.03
1994	1635	0.82	2011	1377	0.62
1995	1629	0.81	2016	2383	1.05
1996	1697	0.35	2017	2370	1.05
1997	1613	0.80	2018	2370	1.04
1998	1601	0.78	2019	2370	1.04

数据来源：历年《重庆统计年鉴》，下同。

表 2　历年重庆市农业生产投入情况

指标	1988 年	1993 年	1998 年	2003 年	2008 年	2013 年	2018 年	2020 年
农作物总播种面积(千公顷)	3287.4	3513.06	3614.45	3307.18	3109.13	3318.49	3348.49	3168.07
化肥施用量(万吨)	38.29	54.51	71.18	71.59	88.14	96.64	93.17	89.83
化肥施用强度(千克/公顷)	116	155	197	216	283	291	278	283
农膜使用量(万吨)	0.61	1.18	1.77	2.42	3.09	4.29	4.46	4.17
农药施用量(万吨)	0.81	1.27	1.82	1.95	2.10	1.84	1.72	1.62
农药施用强度(千克/公顷)	2.46	3.62	5.04	5.90	6.75	5.54	5.14	5.11

表 3　2011~2020 年重庆市粮食产量

年份	播种面积(千公顷)		比例(%)	总产量(万吨)		比例(%)
	全国	重庆		全国	重庆	
2011	112980	2259	1.99	58849	1127	1.91
2012	114368	2260	1.97	61223	1139	1.85
2013	115908	2254	1.94	63048	1148	1.82
2014	117455	2244	1.91	63965	1152	1.80
2015	118963	2234	1.87	66060	1155	1.74
2016	119230	2250	1.88	66044	1166	1.76
2017	117989	2239	1.89	66161	1167	1.76
2018	117038	2018	1.71	65789	1079	1.64
2019	116064	1999	1.72	66384	1075	1.61
2020	116768	2003	1.72	66949	1081	1.61

表 1 显示，改革开放初期重庆市耕地面积为 1732 千公顷，伴随着城市化进程不断加快，重庆市可用于耕地的面积也呈下降趋势，截至 2011 年，耕地面积减少至 1377 千公顷，2016 年，中央一号文件确立农业绿色发展转型后耕地面积开始回升。从表 2 可以看出重庆市农业发展基本依靠农药和化肥投入，截至 2020 年，化肥、农药投入分别达到 89.83 万吨和 1.62 万吨，其中农膜使用量达 4.17 万吨，相比农药化肥在 2018 年有所减少，农膜使用

量2018年保持增长，表明农业生产中对农膜的使用高度依赖，且对农膜的回收利用率较低，基本属于一次性消费。从表3来看，重庆市2011年实现粮食产量1127万吨，占全国的1.91%，播种面积2259千公顷，占全国的1.99%。到2020年，粮食播种面积为2003千公顷，占全国的1.72%，粮食产量为1081万吨，占全国的1.61%。可以看到2011~2020年，重庆市粮食播种面积有所下降，粮食产量先增加后减少，但在全国所占比例均呈下降趋势。

（二）重庆市绿色农业发展现状总体分析

农业绿色发展水平测度与评价是深化农业绿色发展的基础性工作，而构建评价指标体系是关键。相关研究中，田云等以农用物质利用强度和利用效率为依据构建了评价农业绿色发展水平的指标体系；而黄炎忠等从相似角度出发，从集约用地、节约用水、节约能耗和资源利用效率等维度选取指标。金赛美则立足驱动力、压力、状态、影响和响应维度进行评价。更多的学者围绕社会、经济和生态环境等维度，构建了对我国数据适应性较好的指标体系。

在建立测度农业绿色发展水平的指标体系后，应用指标体系对农业绿色发展水平进行评价。多数研究立足于全国及省际或区域层面进行发展水平评价。赵会杰等重点研究了我国粮食主产区农业绿色发展水平。在区域差异方面，对于我国西部地区和东部地区农业绿色发展水平的比较上，学者莫衷一是，但均认为区域差异不断拉大，影响全国总体均衡发展。在省域层面，周莉、贾云飞等、李雨濛等分别对西藏、河南和河北农业绿色发展水平演变趋势以及内部空间差异性进行了分析评价，此外还有针对海南、云南和安徽等省的相关研究。基于以上研究基础，构建符合重庆市特征的农业绿色发展评价指标体系，采用基于熵值法和层次分析法的主客观综合赋权法，计算农业绿色发展指数。同时，以区域为研究对象，基于区县面板数据，考察农业绿色发展水平的时空差异。

从结果来看2000~2020年，重庆市农业绿色发展指数呈上升趋势，但发展速度较慢，且区域间发展不平衡。纵向来看，大多数区县农业绿色发展水平有所提高，东北部、中部属于中等水平的区县多，农业绿色发展水平较稳定，西北部农业发展水平等级有所提高，东南部、西部发展速度相对较快，而西南部区县出现发展水平降低的现象，各区县在市级的发展排名变化较大，区域发展速度和增长水平不一。横向来看，重庆市农业绿色发展在环境绿色生态上有较大优势，但产出和资源并不能完全匹配，农业绿色发展增长空间更多体现在提高资源利用率，保护资源生产潜力和提升产出效益等方面。

（三）重庆市绿色发展成效

近年来，重庆市紧跟国家农业绿色发展要求，大力发展绿色农业，坚持以绿色生态为导向，严格执行“一控两减三基本”规定要求。在重庆市各项强农惠农政策推动下，重庆市绿色农业取得了良好的发展成效。

1. 数量规模稳步增长

2012 年底，重庆市有效使用绿色食品标识企业总数为 130 家，绿色食品总数为 362 个，产量 159.25 万吨，产值 19.86 亿元。到 2019 年新认证“三品一标”2283 个，其中无公害农产品 1600 个、绿色食品 660 个、有机农产品 18 个、地理标志农产品 5 个。截至 2022 年，重庆有绿色食品 3122 个、有机农产品 142 个、地理标志农产品 70 个。相比 2019 年，增加绿色食品 2462 个、有机农产品 124 个、地理标志农产品 65 个。同时有全国名特优新农产品 79 个、全国绿色食品原料标准化基地 5 个、全国有机农业示范基地 2 个、绿色食品一二三产业融合发展园区 2 个。

2. 产品结构不断优化

重庆市在推动农业绿色发展过程中，不断结合市场变化和需求来推进技术服务和有效引导，推动肉蛋奶鱼、果菜蘑菇协调发展，同时鼓励畜禽产品、水产品和加工农产品申报绿色食品，在绿色农产品生产上不断取得质和量的突破。具体表现在：①认证绿色粮油产品 110 个，规模达到 6607.6 公顷，产量 6.54 万吨，产值 4.16 亿元。②蔬菜类产品 354 个，规模 3510.05

公顷，产量13.95万吨，产值10.64亿元。③经济作物类产品419个，规模16100.00公顷，产量20.39万吨，产值21.23亿元；水产品16个，规模587.40公顷，产量0.09万吨，产值0.56亿元；畜产品9个，产量0.36万吨，产值0.68亿元。养殖、加工农产品获得标志许可数量和规模稳步增长，推动各类农产品协调发展。

3. 产品市场竞争力明显增强

通过培育绿色食品，促进基地规模化、生产标准化、经营组织化，有效提升了产品市场竞争力，带动了产业发展。据测算，全市绿色食品每年新增农产品产值9.58亿元，辐射带动增收86.46亿元。除此之外，本土农产品品牌通过绿色标准化种植技术，大力推广宣传，逐渐打开全国市场，被全国消费者所熟知，带来良好的品牌效应，如涪陵榨菜、奉节脐橙。

二　重庆绿色农业发展面临问题

（一）农业发展结构不合理，农业绿色发展水平低

重庆市农业发展存在结构不合理、农业绿色发展水平低这一困境。具体表现为绿色农产品市场占有量低，绿色食品总产量仅占全市农产品总产量的6.48%，生产经营主体获证占比为0.78%。获标绿色农产品中又以种植业为主，占比达89.74%。获标绿色农产品分布结构不合理，重庆市绿色农业均衡发展任务紧迫。

（二）重庆市绿色农业区域发展不平衡

在区域发展水平上，重庆市区域间绿色农业发展差异较大，发展不平衡。通过对重庆市农业绿色发展水平测度及区域分析，发现重庆市农业绿色发展水平呈现明显的区域差异，纵向而言，重庆市大多数区县农业绿色发展水平有所提高，但区域间的发展差异较大。发展水平上，北部、东北部发展

较好，西部和西南部发展较差。发展速度上，东南部发展速度较快，西南部发展速度较慢。

（三）绿色农业相关主体逆向选择倾向高

政府、农户、消费者是农业绿色发展的主体。利用演化博弈及前景理论对三者行为进行研究发现，政府行为是影响农户行为的重要因素，包括政府对绿色生产的支持力度和对传统生产的惩罚力度，如果政策相关力度不够，即便政府愿意监管，农户也不会选择绿色生产。如果政府给予绿色生产者足够的支持，政府强有力的支持和监管措施能一定程度上冲抵农户对绿色生产的风险规避，对于农户而言，农户逆向选择倾向较高。在市场信息不对称的背景下，消费者由于信息不充分产生逆向行为，消费决策中通常选择常规农产品而非绿色农产品。基于风险和市场双重影响，农户绿色生产受自身条件影响，需要外界给予支持和辅助。对于消费者而言，由于市场上相关绿色农产品并没有受到一致认可的品牌，同时由于信息不对称、绿色农产品价格偏高等，基于收益考虑，消费者会更倾向于选择消费传统农产品。

（四）绿色生产政策供需不匹配

农户作为农业生产的直接微观主体，对绿色农产品的认知是影响农户选择的一大因素。农户选择绿色生产是一个受多方影响的过程。不论是劳动密集型还是资本密集型生产，都会受到政策影响，但不同生产方式对政策的反应不同，在政策需求上，劳动密集型绿色生产的农户更倾向获得政府的保险补贴、绿色农产品收购价以及销售平台支持。对于资本密集型绿色生产的农户而言，其更倾向于政策提供资金方面的支持，如信贷支持。在推动绿色生产中，政府采取强迫性政策并不能推动农户进行劳动密集型绿色生产。农户对政府的宣传鼓励政策比较满意，推动农户进行资本密集型绿色生产。

三　重庆绿色农业发展的思路与对策

（一）总体思路

我国绿色农业发展经历了3个阶段，分别是1996~2000年的快速发展阶段、2001~2005年的加速增长阶段，以及2006~2020年的波动上升阶段。绿色农业发展目标经历了推出绿色产品—建设基础设施—扩大绿色产品开发—扩大规模—质量和品牌提升等过程；发展主体包括农垦系统—基地、示范区—“基地+合作社+农户”等多种模式；认证体系由绿色食品分级认证发展到“三品”认证再提升到努力推进“三品一标”认证体系。但当前我国农业发展仍然以传统农业为主，绿色农业发展结构不合理，绿色农产品市场占比低，绿色农业发展仍然面临许多困境。与全国绿色农业发展类似，当前重庆市绿色农业发展虽然取得成效，但从现实的生产过程以及构建农业可持续发展的制度体系和长效机制来看，后续发展需聚焦以下几个方面。

1. 提高发展总量，进一步优化结构

从规模上看，绿色食品总产量只占全市农产品总产量的6.48%；从农产品个数看，全市工商注册农产品个数4.46万个，绿色食品约占总数的2.21%；从有资质的生产经营主体获证情况看，全市农业生产经营主体（含专业合作社家庭农场）5.36万个，获得绿色食品标志许可的不到0.78%；从绿色食品生产经营主体构成看，农民专业合作社、家庭农场占全市绿色食品生产单位一半以上，市级以上龙头企业不足10%；从获得标志许可的产品结构看，种植业占89.74%，养殖加工占10.26%；从区域分布看，经济较发达的渝西片区明显优于自然条件较好但经济实力较弱的渝东南、渝东北片区。发展总量、主体结构、产品结构存在较大的拓展区域和发展空间。

2. 进一步提高规模化、组织化程度

重庆市生产经营主体小而分散，全市承包土地农户总数650万户，户均耕地面积5.1亩，加入农民专业合作社的农户约占50.5%，组织化程度低。

境内山高谷深，沟壑纵横，地质地貌区域差异大，土地面积细碎化突出，加上土地流转有限，规模化程度不高。如何整合细碎化的土地资源，有效引导小农户积极参与绿色食品发展，实现小农户与现代农业发展有机衔接，带动农民致富增收，需进一步探索。

3. 进一步提高人才队伍能力素质

尽管全市区县绿色食品工作机构健全，但人员到位不充分，渝东南、渝东北片区人员力量不足成常态；现有人员流动性大，部分区县已经出现人员老化、专业人才断档的现象，影响了队伍整体素质的提升。绿色食品发展工作，业务性强，技术要求高，存在培训跟不上、知识更新不及时、工作能力与实际需求有较大差距的现象。个别区县还存在经费不落实、办公设备不到位等情况。应加强人才队伍建设，提高相关人员能力素质。

（二）政策建议

1. 绿色农业发展要数质并重，实现数量与质量的平衡

我国发展绿色农业过程中在强调绿色农业发展质量的同时，还应注重数量的增长，实现二者的平衡。一是坚持和完善绿色产品质量安全监测体系、加快品质提升和结构优化，继续扩大认证产品范围，并将更多的农业生产主体纳入绿色农业生产体系，尤其要重视基地对分散农户和生产者的带动作用。二是在绿色农业发展过程中，随着发展条件的转变，发展理念应该与时俱进，以便发挥生产能动性，将发展条件变化造成的压力转化为提高发展水平的动力。

2. 创新土地流转制度

在大量农村劳动力外出务工情况下，通过土地交易，成立土地交易所，鼓励土地流转，实现土地的高效流转和互通，适度扩大经营者的生产规模，以提高农业生产效率。并且在土地流转规模扩大的基础上，可以培育新型农业经营主体，如专业大户、家庭农场、农民专业合作社、农业产业化龙头企业等，实现专业化经营。除了提高土地利用效率外，还需要保护土地效益。建立耕地轮作休耕制度，推动用地与养地相结合，集成推广绿色生产、综合

治理的技术模式，降低耕地利用强度，实施土地整治，推进高标准农田建设，实现农业绿色发展、高质量发展、可持续发展。

3. 加强绿色生产宣传，强化农户绿色教育

加强绿色生产宣传，发挥政府在推动绿色农业发展中的职能，做好绿色生产引导作用，充分利用村委会等基层组织作用，强化绿色农业生产宣传和普及绿色农产品优势，发挥专业大户的示范联动效应来大力提高农户对绿色生产的认知水平。

同时，过程中需要注重对象选择，对于有开展资本密集型生产条件的农户要加大宣传力度，对绿色农业生产优势、环境污染危害、政府相关扶持政策进行跟踪宣传。加深农户对绿色农业和绿色生产的直接感知，从而促进农户选择。

4. 针对农户开展个性化培训

劳动密集型和资本密集型绿色生产方式对农户要求不同，生产过程中的侧重点也不同，在开展绿色生产培训时，需要针对不同生产类型展开不同培训，生产培训要考虑对农户的技术有用性、易用性和兼容性。同时，注重农户生产过程阶段变化。建立绿色生产技术培训标准体系，将绿色生产技术培训与工作完成情况相结合，以组为单位建立帮扶支持制度，在为农户绿色生产“输血”的同时提升农户的“造血”功能。

5. 构建农产品质量监管体系，加大监管力度

加大农产品质量监管力度，建立完善监管体系。落实各级政府监测系统全局覆盖，充分利用大数据支持，全程记录绿色农产品生产、加工、物流各环节，建立农产品信息追溯系统，为农产品定制防伪溯源标识。同时对接ERP、MES、追溯系统，发生货品质量问题可以及时召回。确保绿色农产品各环节信息透明无误。借助群众力量进行绿色农产品质量监督，建立举报奖励机制，提高群众监督积极性，降低政府监管难度和减少政府监管盲区。对相关违规责任主体加大惩治力度，提高违法成本，同时借助公众力量对相关责任主体进行公示示警，减少潜在违规行为。

推广农业绿色生产方式。建立农业投入品电子追溯监管体系，推动化肥

农药减量使用。加大农村物联网建设力度，实时监测土地墒情，促进农田节水。建设现代设施农业园区，发展绿色农业。

6. 建立专业销售平台，打破市场信息不对称

通过构建线上线下专业销售协助平台，帮助农户进行绿色农产品宣传。提供公共资金采购农户组织、生态农业技术培训、农产品质量检测认证、合作社经营管理、农业品牌设计、物流仓储、新农人网络建设等各类服务。从市场端出发，增强小农对接市场的能力，支持社会组织开办农夫市集，鼓励相关单位、企业优先采购贫困地区的生态产品。构建线下线上专业绿色农产品展示区，为农民开展包括互联网销售的营销培训，降低生鲜农产品“触网”“上线”的难度。在农业系统内部新增农产品销售服务岗。将绿色农产品生产、加工、物流等环节进行公开展示，拓宽消费者对绿色农产品的了解渠道，增加消费者对绿色农产品的信任，了解绿色农产品标准、专业的生成形式，提升绿色农产品销量，促进农户增收。

7. 关注农户需求，完善相关扶持政策

加大农户生产中的政策扶持力度，对不同农户提供供需匹配的支持形式。对于劳动密集型，完善农业龙头企业与农户对接体系，提供一定比例的农产品收购价政策扶持，提升农户生产农产品的经济价值，加大农业保险补贴政策支持力度，一定程度上降低补贴申请门槛，减少农户生产成本，确保相关补贴落实到位，提升政府公信力，提升生产实力和经济效益。对于资本密集型，完善信贷政策支持体系，简化信贷申请流程，为农户提供一站式贷款服务。针对此类农户还可提供风险补偿政策，提高农户抗风险能力，确保农户生产过程稳步开展。通过一系列针对性政策扶持，真正为农户绿色生产提供保障，推动农户不断进行绿色生产。

参考文献

石志恒、崔民、张衡：《基于扩展计划行为理论的农户绿色生产意愿研究》，《干旱

区资源与环境》2020 年第 3 期。

辛岭、安晓宁：《我国农业高质量发展评价体系构建与测度分析》，《经济纵横》2019 年第 5 期。

秦书生、杨硕：《习近平的绿色发展思想探析》，《理论学刊》2015 年第 6 期。

李学敏、巩前文：《新中国成立以来农业绿色发展支持政策演变及优化进路》，《世界农业》2020 年第 4 期。

韩长赋：《大力推进农业绿色发展》，《人民日报》2017 年 5 月 9 日。

李福夺、杨鹏、尹昌斌：《我国农业绿色发展的基本理论与研究展望》，《中国农业资源与区划》2020 年第 10 期。

孙炜琳、王瑞波、姜茜、黄圣男：《农业绿色发展的内涵与评价研究》，《中国农业资源与区划》2019 年第 4 期。

赵大伟：《我国绿色农业发展的博弈分析》，《统计与决策》2013 年第 12 期。

黄炎忠、罗小锋、李兆亮：《我国农业绿色生产水平的时空差异及影响因素》，《中国农业大学学报》2017 年第 9 期。

金赛美：《中国省际农业绿色发展水平及区域差异评价》，《求索》2019 年第 2 期。

魏琦、张斌、金书秦：《中国农业绿色发展指数构建及区域比较研究》，《农业经济问题》2018 年第 11 期。

张建杰、崔石磊、马林等：《中国农业绿色发展指标体系的构建与例证》，《中国生态农业学报》（中英文）2020 年第 8 期。

赵会杰、于法稳：《基于熵值法的粮食主产区农业绿色发展水平评价》，《改革》2019 年第 11 期。

涂正革、甘天琦：《中国农业绿色发展的区域差异及动力研究》，《武汉大学学报》（哲学社会科学版）2019 年第 3 期。

G.10 重庆建筑产业绿色低碳转型研究

徐鹏鹏　王译杉*

摘　要：推动建筑产业绿色低碳转型是实现人民对美好生活向往的重要实践，是落实碳达峰碳中和要求的重要领域，也是推动生态文明建设的重要举措。重庆建筑产业的绿色化、低碳化在建筑产品、建筑节能、建造方式、政策标准、技术水平、管理模式方面取得了长足发展。为加快转型步伐，深入挖掘重庆建筑产业绿色低碳发展内涵，未来需要推动“三全拓展升级”、实现“三维创新驱动”、加强“三化深度融合”、落实“三层协同治理”，通过健全政策标准、整合产业链条、推动要素升级、优化组织结构、强化协同创新、升级建造方式、建设产业载体的方式，进一步促进重庆建筑产业转变固有的传统模式，向绿色低碳的现代模式发展。

关键词：建筑业　绿色低碳转型　“双碳”目标

立足新发展阶段、贯彻新发展理念、构建新发展格局，坚持以人民为中心，坚持走绿色化、低碳化、可循环的高质量发展之路，落实碳达峰碳中和目标，是党的十九大以来提出的发展要求。建筑产业作为关系民生的基础性产业和国民经济的支柱性产业，一直以来被锁定在传统的发展模式下，形成了“高能耗、高碳排”的产业特征，由此引发的气候异常、资源消耗、环

---

* 徐鹏鹏，重庆大学管理科学与房地产学院副教授，主要从事可持续建设、建筑业转型升级、城市可持续发展研究；王译杉，重庆大学管理科学与房地产学院，主要从事建筑业低碳转型研究。

境约束等突出问题已经严重影响社会经济的可持续发展。据统计，2019 年建筑全过程能耗约占全国能耗总量的 45.9%，碳排放量占全国排放总量的 50.6%，并且未来在城镇化的进一步推进以及人们对建筑“质”“量”要求不断提高的背景下，能源消耗和碳排放占比还会持续攀升。为了引导建筑产业绿色低碳发展，国家发布的《关于完整准确全面贯彻新发展理念做好碳达峰碳中和工作的意见》《2030 年前碳达峰行动方案》等文件明确了城乡建设领域绿色低碳的发展方向和任务要求。近年来，重庆全面落实“两点”定位、“两地”“两高”目标、发挥“三个作用”，把握绿色低碳精神的深刻内涵，贯彻《关于推动城乡建设绿色发展的实施意见》《重庆市现代建筑产业发展“十四五”规划（2021—2025 年）》《重庆市绿色建筑“十四五”规划（2021—2025 年）》等文件精神，积极推动建筑产业从传统粗放型生产的“黑色”发展模式向现代精细化生产的“绿色”发展模式转型升级。

一　重庆建筑产业绿色低碳发展现状

重庆在推动建筑产业绿色低碳发展过程中，将绿色建筑、低碳建筑、节能建筑、装配式建筑等作为转型升级的重要抓手，通过开展系列工作促进绿色低碳产品快速增长、建筑节能工作稳步提高、现代建造方式融合推进。为了给建筑产业绿色低碳转型提供强有力的要素支撑，重庆也不断健全政策标准、完善激励机制、鼓励技术研发、创新管理模式等。

（一）建筑产品规模持续扩大

一是绿色建筑量质齐升。截至 2020 年末，重庆新建城镇建筑中绿色建筑标准在设计阶段和竣工阶段执行比例分别达 95.61%和 57.24%，高星级绿色建筑累计 2441.35 万平方米，共有 215 个项目通过国家《绿色建筑评价标准》，其中一、二、三星级分别有 47 个、153 个、15 个。累计实施绿色生态住宅小区建设 10642.77 万平方米，建立建筑垃圾处理设施 108 座，中心城区建筑垃圾资源化利用率和综合利用率分别达 33%和 45%。

二是逐步提高绿色建材评价认证和应用比例。截至2020年末，重庆建材产品获得绿色建材评价标识共计94个，绿色节能建材企业800余家，近3年取得研发成果1200余项，获得专利近800项，形成了年产值约400亿元的产业集群，应用比例逐步提高至60%。建立了重庆绿色建材采信应用管理制度，已有60个绿色建材产品信息审核通过并发布；培育了45家绿色建材产业化示范基地。

三是超低能耗及零碳建筑实现零突破。重庆住建委在两江新区悦来新城内培育了西南地区首个近零能耗示范建筑——悦来生态海绵城市展示中心，全面落实了设计确定的绿色节能技术措施，综合节能率和综合碳减排率均可达90%以上；北碚区住建委在北碚区缙云山翠月湖畔建造投用了重庆首个零碳建筑——北碚“零碳小屋”。

（二）建筑节能工作稳步提高

一是稳步提升建筑能效水平。重庆严格落实城镇新建民用建筑节能强制性标准，执行率达到100%。截至2020年末，累计建成节能建筑约6.79亿平方米。

二是持续扩大可再生能源建筑应用规模。截至2020年末，重庆可再生能源建筑应用面积达1500万平方米。以“水空调”技术为主，通过特许经营权的方式促进区域可再生能源建筑规模化应用，在江北嘴、弹子石、水土工业园区形成三大集中应用示范片区。与常规系统相比，江北嘴项目节能减排效果显著，可每年实现节能2.2万吨标准煤、减排近6万吨CO_2。

三是深入推进建筑节能改造。重庆目前已建成公共建筑能耗监管平台，监测项目达424栋。截至2020年末，公共建筑节能改造完成1174万平方米，年减排12万吨CO_2。以公共建筑为重点，利用合同能源管理模式推动1240余万平方米示范项目的节能改造，打造了陆军军医大学、西南医院等一批典型节能改造示范工程，实现了单位建筑面积能耗下降20%的目标。于2018年启动老旧小区改造试点，2020年全面推广实施，目前累计开工改造城镇老旧小区3842个、8847万平方米。

（三）现代建造方式融合推进

一是持续发展装配式建筑。截至2020年末，装配式建筑累计3000多万平方米，其中新建建筑中装配式建筑占比达到18%。建成国家级装配式建筑产业基地6个，市级产业基地29个，引进国内装配式建筑龙头企业10家，培育本地装配式建筑企业10家。

二是大力推广数字化转型。培育腾讯云、紫光等建筑业互联网平台，为开展工程项目数字化试点提供技术支撑。截至2020年末，打造了一批BIM项目管理平台、智慧工地、智慧小区、“智慧住建云服务平台”等智能化应用平台，推动BIM技术在1300多个项目中的应用，实施工程项目数字化试点120个，建设智慧工地3330余个、智慧小区244个、智慧物业小区756个。

（四）产业政策标准基本建立

一是制定相关政策规划。重庆发布了《重庆市现代建筑产业发展“十四五”规划（2021—2025年）》《重庆市绿色建筑“十四五”规划（2021—2025年）》《重庆市装配式建筑产业发展规划（2018—2025年）》等文件，建立指导传统建筑产业绿色低碳转型的顶层设计。出台《重庆市绿色建筑创建行动实施方案》《关于推进智能建造的实施意见》《重庆市装配式建筑项目建设管理办法（试行）》等文件，明确装配式建筑、绿色建筑、智能建造、绿色建造等具体实施要求。

二是出台系列技术标准。重庆修订了重庆市《绿色建筑评价标准》（DBJ50/T-066-2020）、《公共建筑节能（绿色建筑）设计标准》（DBJ50-052-2020）、《绿色生态住宅（绿色建筑）小区建设技术标准》（DBJ50/T-039-2020）、《装配式建筑混凝土预制构件生产技术标准》（DBJ50/T-190-2019）、《智慧工地建设与评价标准》（DBJ50/T-356-2020）等相关标准，形成贯穿建筑产品策划、设计、施工、验收、评价全过程的标准体系。

（五）低碳技术水平成绩显著

一是扎实推动低碳建筑技术研发。重庆以绿色建筑能效、绿色建材、可再生能源建筑规模化应用等方向为基础，开展绿色低碳建筑技术研究，形成“公共建筑节能改造提升技术”“水源热泵可再生能源建筑节能技术”“绿色建筑运维管理技术”等系列科技成果。禁限 99 项影响工程质量安全或造成高耗能的技术使用，推广 53 项建设新技术应用。

二是积极推进科技创新平台建设与交流合作。截至 2020 年末，重庆已打造绿色建筑、装配式建筑等相关领域的科研平台 13 家，并与华中科技大学等 7 家单位共同成立全国首家现代建筑产业发展研究院。积极开展双边或多边交流合作，成功举办“山水城市可持续发展国际论坛”等重大国际交流会议，“第七届中国（重庆）国际绿色低碳城市与城市建设成果博览会”等大型展会。

（六）支撑管理模式创新发展

一是逐步拓展支撑体系。重庆先后出台了一系列针对绿色建筑项目、可再生能源建筑应用示范项目等的补助资金管理办法，充分发挥财政资金效益壮大绿色节能市场。于 2021 年发布《重庆市绿色金融支持建筑行业绿色发展工作试点方案》，明确将从服务模式、信贷产品、投融资渠道、鼓励消费等方面重点探索绿色金融支持建筑行业绿色发展的体制机制。

二是积极探索管理模式。重庆正在建设的科学谷项目积极探索“数智化全过程工程咨询”新型建设组织模式，推行智慧化管理措施，实现项目高效建设。作为工程总承包试点城市，截至 2020 年末，工程总承包项目共计 428 个，其中本地企业占 70% 以上。重庆住建委于 2017 年推动建设全国首家网络设计院——重庆八戒建设工程网络设计院有限公司，探索建筑产业在“互联网+”形势下的新型管理模式。

二　重庆建筑产业绿色低碳发展问题

（一）产品量质有待提升

在建筑规模上，重庆对低能耗建筑、近零能耗建筑和零能耗建筑的探索深度不足，近年来才实现低能耗及零碳建筑零的突破，尚未形成规模化发展；虽然重庆目前在绿色建筑的发展上已经具备一定的体量规模，但据友绿网统计，截至 2020 年末，重庆绿色建筑实施面积约为 2.2 亿平方米，在西部地区仅排名第四。在建筑品质上，存在“重数量、轻品质，重措施、轻结果”的问题，导致高星级绿色建筑项目较少，而且部分绿色建筑在实际运营等工作中的能耗高于一般建筑。

（二）产业链条有待融合

建筑产业具有链条长、主体分散等特征，重庆缺少按照全生命周期原则对不同建筑产品制定的管理体系。截至 2018 年末，重庆拥有装配式部品部件生产企业 23 家，并在预制混凝土、钢结构等部品部件生产中达到一定产能，但在装饰装修部件生产、机械装备制造、物流运输配送、研发检测等产业的发展中仍处于弱势。对于绿色建筑，一直存在“重设计、轻运营”的现象，截至 2018 年 4 月，二星级及以上绿色建筑评价标识项目中通过竣工、运行评价的项目占比仅为 13.9%，部分绿色建筑仅停留在设计阶段，甚至出现设计质量低劣的现象，造成后期因运营管理不善而停用或弃用。

（三）市场驱动有待加强

现阶段重庆建筑产业绿色低碳发展主要依靠政策强制执行和财政资金推动，尚未建立有效的市场推广机制，而且在绿色金融、碳交易、合同能源管理等面向市场的节能机制上仍处于探索初期，导致建筑企业参与绿色低碳发展的主动性、积极性较低。除此之外，重庆市场主体对绿色建筑、装配式建筑等产品内涵的了解还不够深入，以消费者为主体的绿色低碳建筑市场尚未形成。例如，重庆在预制混凝土部品部件上的年产能达 80 万立方米，但每年的实际需求量仅约 1 万立方米，对装饰装修部品部件、智能产品的需求量更小。

（四）法律标准有待完善

重庆尚未结合双碳背景建立健全强制性的建筑产业碳排放法律规范和碳排放计算标准体系，建筑能耗控制仍处在研究阶段，缺乏责任落实、问题解决、目标实现的碳排放约束倒逼机制和能耗限额管控机制。监督处罚措施的欠缺使建筑企业对绿色低碳实践的认识存在违法成本低、守法成本高的问题，致使转型效果不佳。除此之外，重庆在绿色建筑、低碳建筑等建筑产品中存在监管合力不强的问题，尚未建立涵盖规划、设计、建造、运营、改造、拆除等产业链各阶段的监督机制，无法准确掌握各阶段成品的质量品质，造成最终产品与前期设计不相符。

（五）激励措施有待强化

重庆目前已经为绿色建筑项目、可再生能源建筑应用示范项目、公共建筑节能改造示范项目设立补助资金，用于奖励量质齐全的建筑产品。重庆对绿色建筑标识项目补贴资金为金级 25 元/米^2、铂金级 40 元/米^2，而上海对绿色建筑运行标识项目补贴达到二星级 50 元/米^2、三星级 100 元/米^2，相比之下重庆的激励力度不大。除此之外，激励形式较为单一，多为财政补贴、税收优惠、专项资金等；激励范围广度不够，尚未将低碳建筑、零碳建筑、超低能耗建筑等纳入；激励对象相对局限，激励措施的执行对象多是建材生产企业或者建筑单位，针对业主和消费者的优惠较少，难以调动市场发展的积极性。

（六）科技创新有待深入

重庆绿色低碳科技创新政策机制不够健全，一直存在“重引进、轻消化，重模仿、轻创新”的现象。在创新活动的开展中创新投入不足，科技成果转化率低。据《中国科技统计年鉴》，2019 年重庆 R&D 经费投入强度为 1. 99%，未达到全国 2. 23%的平均水平；创新资金分配不均衡，2019 年重庆 R&D 经费内部支出中有 84. 2%集中在试验发展阶段，基础研究和应用研究的部分很小。建筑企业存在创新意识不强、参与动力不足、核心竞争力弱的问题，据《全国企业创新调查年鉴》统计，2019 年重庆资质等级以上的建筑企业有 1388 家，但开展创新活动的企业数仅占 30%。

三　重庆建筑产业绿色低碳转型思路

建筑产业在过去 40 多年的发展中经历了要素驱动和投资驱动的过程，形成的粗放型路径锁定发展模式导致建筑产业出现工业化、信息化水平较低，生产方式粗放，科技创新不足，核心竞争力缺失等问题，严重制约行业的可持续发展。如今在新发展理念的要求下，重庆建筑产业的绿色低碳转型首先要以产品为导向推动“三全拓展升级”，努力打通建筑产品全周期、优化全要素、调动全员参与；其次要依靠“三维创新驱动”，通过技术创新颠覆传统高污染的生产方式，通过管理创新优化组织低效率的资源配置，通过制度创新引导行业绿色低碳发展方向；然后要加强“三化深度融合”，构建以绿色化为目标、工业化为基础、信息化为手段的发展模式；最后要落实“三层协同治理”，按照“点、线、面、体”的方式依次推进项目层、企业层、行业层的高层次转型升级，最终实现建筑产业发展方式朝绿色低碳的转变、产品性能在节能减排上的提升、绿色全要素生产率的提高。重庆建筑产业绿色低碳转型内涵如图 1 所示。

（一）推动“三全拓展升级”

全周期、全要素、全参与方的“三全拓展升级”是建筑产业绿色低碳转型的立足点。建筑产品的全生命周期贯穿于材料生产、规划设计、现场施

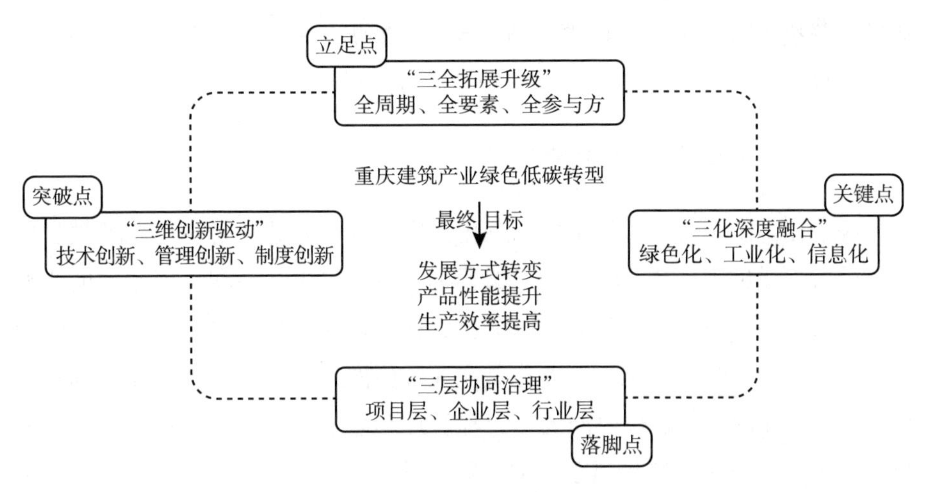

图 1　重庆建筑产业绿色低碳转型内涵

工、竣工交付、运营维护、拆除再利用等阶段，各环节紧密联系可以有效提高工程项目的管理决策效率、建造运营效率、能源利用效率等，最大限度实现节能减排。绿色低碳理念赋予了人力、资本、机械、材料等传统要素新的发展内涵，同时催生出大数据、互联网、被动式技术等新型要素，为建筑产业转型注入新的生命力，促进传统粗放的生产方式向现代绿色转型。全参与方既包括建筑产业链上下游的各方主体，又涵盖建筑领域中政府、建筑企业、消费者、金融机构等多方利益主体，在产业链中相互链接形成新的网络和关系，发挥新的功能服务建筑产业绿色低碳转型。

（二）实现“三维创新驱动”

技术创新、管理创新、制度创新的“三维创新驱动”是建筑产业绿色低碳转型的突破点。技术创新是建筑产业持续发展的动力，转型过程既要加强对绿色建筑、低碳建筑、绿色建材、机械设备等的产品创新，也要推动传统工艺、流程的升级再造。管理创新是提高产出水平的方式，对于建筑业企业，应结合绿色低碳理念加强企业战略目标、组织机构、人力资源等方面的创新；对于建设项目，需构建专业的管理团队为全生命周期的节能减排服务。制度创新是降低创新风险的手段，通过强化行业规章制度、法则条例、激励监管措施等，为绿色低碳创新活动的开展提供相对稳定的实施环境，进一步引导、激励、调整建筑产业的转型升级。

（三）加强“三化深度融合”

绿色化、工业化、信息化的“三化深度融合”是建筑产业绿色低碳发展的关键点。绿色化是产业转型的发展目标，要立足于社会和环境效益的协调发展，始终贯彻绿色发展理念，以绿色建材为物质基础，坚持建造过程的绿色化和产品产出的绿色化。工业化是产业转型的生产基础，一方面要构建主体明确、责任清晰、合作协同的全过程管理和总承包管理模式；另一方面要持续推进以装配式建筑为抓手，推动集设计、采购、生产、施工于一体的工业化建造方式。信息化是产业转型的技术手段，要大力打造信息集成平台，结合 BIM、CIM、人工智能、大数据等技术构建具有灵活性和持续性的协同系统，打破产业链上的信息壁垒，促进建筑产业在绿色低碳发展中提质增效。

（四）落实“三层协同治理”

项目层、企业层、行业层的“三层协同治理”是建筑产业绿色低碳转型的落脚点。项目层作为建筑产品最基本的单元，也是落实节能减排的源头，在项目建设过程中要坚持推行绿色节能生产方式、主动选用低碳材料技术、引导强化工人低碳理念等，实现市场建筑产品的绿色低碳化。企业层作为指导绿色低碳项目实践的组织机构，要进一步明确企业战略规划、鼓励技术研发引进、创新管理模式、树立文化形象等，主动承担企业节能减排责任，为行业整体转型奠定基础。行业层作为建筑领域企业汇集形成的体系，要在科学的产业政策、实施方案、标准体系、配套措施、目标路径等文件指导下，主动总结企业发展经验，加强交流合作，最终统筹各主体、各阶段、各区域全面低碳发展。

四　重庆建筑产业绿色低碳转型对策建议

基于上文对重庆建筑产业绿色低碳发展现状、存在不足和转型内涵的分析，为了加快建筑产业向更高层次转型推进，提出合理、科学、全面的转型建议，应始终贯彻民生为本、和谐共生的发展理念，坚持创新驱动、技术赋能的发展路径，构建政府引导、市场主导的发展模式，推动形成区域联动、协同发展格局。

（一）健全政策标准，完善顶层设计

一是统筹谋划产业转型方向。围绕建筑产业责任主体、发展现状、未来前景进行评估，根据市场需求明确绿色低碳转型重点和方向，出台“重庆市建筑产业绿色低碳发展的实施意见”。根据建筑产业关联碳排放量、低碳技术转化率等关键指标，构建建筑产业项目级、组织级、区域级碳排放核算标准体系，编制和实施重庆建筑领域双碳路线图和时间表，完善能耗与碳排放定额和限额管理及建筑领域低碳技术路径等路径规划、标准体系和配套措施。

二是强化组织领导。加强对建筑产业绿色低碳发展工作的组织领导和目标任务考核。建立由市住建委牵头，市发改、经信、财政、交通、税收和银行等单位协调推进建筑产业绿色低碳发展的工作机制。各区县相关单位建立工作联动协调机制，提高对推动建筑产业绿色低碳转型重要性的认识，细化目标任务，强化主体责任，统筹协调，全力推进组织实施。

（二）整合产业链条，提升发展水平

一是大力发展绿色低碳建筑制造业。推动绿色建材生产，依靠九龙坡区现代建造科技产业园、綦江区产业园等，推动建材智能建造、资源利用等技术升级，实现建筑材料清洁生产；围绕节能、环保、减排等要求，促进钢结构部件、预制混凝土部件建材升级，开展保温材料、建筑涂料、建筑废弃物资源化产品等生产，加快建材产品绿色化转型。加强设备产品制造，借助两江新区智能建造产业园、永川区产业园等，以智能化技术为核心，发展装配式部品部件智能化生产和施工机械设备，建设部品部件自动化生产线等，发展大型施工机械器具、3D 打印技术等，推动智能家居产品的研发生产，提

高生产效率。

二是提升发展绿色低碳建筑建造业。推动建造方式升级，实现以工业化、信息化、绿色化“三化合一”的新型建造方式，始终贯彻绿色发展理念，落实绿色策划、绿色设计、绿色施工、绿色交付，充分发挥工业化基础性作用，以BIM技术应用为重点，以装配式建筑、钢结构建筑等为载体，大力发展集标准化设计、装配式施工、一体化装修、信息化管理于一体的建筑工业化，实现前端拉动作用；以5G、物联网等技术应用为重点推动智慧工地技术应用，推动施工过程管理的数字化和过程运营维护的智能化。

三是创新发展绿色低碳建筑服务业。创新设计咨询服务，以工程项目为载体，引导大型施工企业以联合设计、组建战略联合体的方式发展设计单位牵头的工程总承包模式和建筑工程建筑师负责制下设计牵头的全过程工程咨询服务，提高项目管理能力。构建绿色低碳供应链，探索建筑产业绿色低碳供应链管理体系，搭建信息管理平台，将绿色技术、产品、工艺、服务纳入合格供应商评价并优先采购，促进上下游绿色协同发展和信息共享。

四是打造绿色低碳建筑产业全产业链。落实“链长制”，推动形成从水泥、砂石等原材料到绿色建筑、低碳建筑等终端产品的完整产业链条；培育重庆产业链领军企业和“链主”企业，支持企业通过创新驱动、市场拓展、重组兼并等方式做大做强；加快推进三一绿色智能建筑产业、国瑞智能装配式建筑产业园等项目实施，以绿色建筑、智能建筑、装配式建筑为核心项目，摸清链条短板，强化关键环节，提升整体水平。

（三）推动要素升级，强化支撑体系

一是完善绿色金融服务体系。以创建国家绿色金融改革创新试验区为抓手，鼓励符合条件的建筑企业发行绿色债券、提高绿色信贷投放力度、加大对绿色低碳项目的绿色投资、创新建筑绿色保险等；推进建筑领域碳排放权交易市场的建立，探索碳市场、碳资产管理服务、第三方审核认证、碳金融产品等。借助“长江绿融通”数字化平台，提升绿色金融配置效率。

二是建设高素质人才队伍。加强重庆高校在建筑产业绿色低碳领域的学

科、专业建设，积极引导教师资源，倾斜招生计划；联合高校、企业及科研机构建立建筑产业绿色低碳发展人才培养长效机制，发展相关职业教育，采用“人才+项目”模式鼓励骨干企业和科研单位依托重大科研项目强化人员培养；推动“重庆英才计划”实施和引进外国专家倍增行动计划，办好“重庆英才大会”，集聚一批建筑产业绿色低碳领域“高精尖缺”人才。

三是打造绿色低碳建造品牌。依托重庆装配式建筑产业、大数据产业等的基础优势，以成渝地区双城经济圈建设和重庆主城都市区高质量发展为契机，围绕低碳建筑等项目加强区域合作；借助智博会、西洽会、川渝住博会，强化技术产品交流，鼓励外资进入并引进先进技术，加强与国外企业的战略合作；加强品牌培育，把质量建设和品牌建设作为建筑产业绿色低碳转型的根本要求，逐步打造“重庆绿色低碳建造”品牌。

（四）优化组织结构，培育市场主体

一是培育绿色低碳龙头企业。制定重庆绿色低碳建筑龙头企业培育计划，根据各类企业资质规模、工艺设备、节能减排、循环利用信息制定培育名录，通过扶持政策和优惠倾斜形成有梯次的绿色低碳龙头企业；以大型建筑企业、产业链始端企业以及市属国有企业为重点，引导企业制定绿色低碳发展路径规划，大力倡导应用绿色低碳技术产品、工艺设备，打造绿色低碳标杆企业，为行业转型提供可复制经验。

二是推动绿色低碳中小企业整合发展。实施能源资源计量服务示范活动，为中小企业提供节能减排领域的技术服务，帮助企业节能降耗和降本增效，鼓励绿色低碳龙头企业通过资本投资、技术合作、产品研发等市场化方式，壮大“专精特新”企业群，整合优势资源，引导中小企业协作开展绿色低碳技术研发、建筑绿色改造等活动，带领中小企业快速成长。

（五）强化协同创新，促进动力变革

一是建设协同创新平台。以重庆现代建筑产业发展研究院为重点，充分结合重庆住建委科技计划项目研发计划，以建筑产业绿色低碳发展和创新活

动需求为导向，搭建功能完备的协同创新平台，培育一批高质量创新型企业，促进产学研用结合，推动科技成果转化，实现创新驱动产业转型。

二是加强技术创新。完善技术标准，基于现有的成熟技术体系，开展绿色化、信息化、工业化领域的基础性、创新性应用技术研究，完善被动式技术、建筑产业互联网平台技术、一体化 BIM 协同技术等标准体系；围绕产业链部署创新链，将装配式建筑、智能建造、绿色建造等纳入重庆市级科技计划项目予以重点支持，支持开展关键技术攻关，促进相关技术、产品推广应用。

三是推动制度创新。构建多元化激励制度，为推动绿色低碳发展的建筑企业提供税收减免、贴息贷款、财政资金等政策扶持，提供申请门槛降低、审批流程简化、业务咨询等便捷式服务；推动绿色低碳建筑项目与容积率奖励、土地出让挂钩机制；给予低碳住宅消费者贷款利率、消费补贴、税收优惠等政策倾斜。构建监管考核制度，以第三方监督机构为切入点，推动与互联网结合的事中事后监管，建立并实施效果考核评估机制，强化过程管理；完善政府与企业间的信息披露机制，搭建绿色低碳建筑质量信用平台，对市场主体进行信用评价，实行差别化监管，构建诚信建筑市场。

四是强化管理创新。建立建筑产业绿色低碳项目管理体系，在工程建设全生命周期引入精益管理思想，在重组和优化中改造传统工程管理方式，实现环境污染最小化；增强建筑企业绿色低碳发展意识，推动企业实施绿色创新战略；根据市场环境变化，及时调整企业组织结构，提高建筑企业的环境适应能力；发展企业内部绿色低碳创新和节能减排组织文化，营造浓厚的绿色低碳发展氛围，增强员工的绿色低碳创新意识和能力。

（六）升级建造方式，壮大绿色产业

一是推动工业化建造。推动标准化设计，借助 BIM 技术实现建筑产品设计方法的标准规范、模数统一、通用简化，搭建包括部品部件、标准户型等的模块信息库，实现设计、施工、装修一体化。发展装配式施工，倡导政府投资和国企投资的项目优先应用装配式施工，鼓励公共建筑、住宅、农房

建设采用钢结构，商品住宅积极应用装配式混凝土结构，减少施工现场污染。推广一体化装修，推进集成化技术，促进集成式卫浴技术、轻质隔墙技术、管线分离技术、干式工法装修技术的应用，最大限度减少装修污染。加强信息化管理，推进重庆建筑信息模型技术应用示范项目建设，扩大 BIM 技术应用范围。完善重庆 BIM 项目管理平台，强化 BIM 技术在工程全生命周期的集成应用。

二是发展智能建造。推动智慧设计施工，鼓励推广 BIM、电子签名签章技术、智慧工地管理系统应用，实现项目过程数字化，鼓励使用自动化、智能化机械设备，提高施工质量效率并节约资源。实现智慧运维，基于 BIM 构建智慧建筑运维技术体系，推进智慧家居与新一代信息技术结合，实现高度互联化和人工智能化的智慧家居管理。强化智能化监督，以重庆工程项目数字化管理平台为基础，积极推广建筑机器人、BIM + 5G、虚拟现实（VR）、GIS、无人机等技术在施工现场应用，实时采集工程项目建设各环节信息，推动工程建造监管数字化全覆盖。

三是实现绿色建造。强化绿色策划，在工程立项阶段，为建筑全生命周期制定发展目标，将总体目标分解为环境保护、资源节约、碳排减量、品质提升等分项，促进建造过程集成、联动发展。推进绿色设计，借助“设计之都”创建行动，汇聚建筑产业高质量绿色低碳设计资源，培育设计主体，搭建项目创新设计平台；完善绿色低碳设计标准与方法，探索绿色设计数据库。推动绿色施工，严格控制扬尘、噪声、污水、能耗和碳排，加强施工现场组织管理；进一步推动材料、水、能源、土地、建筑垃圾的资源化利用，采用节能环保的机械设备和施工工艺，提高施工效率。应用绿色产品，建立绿色建材采信机制，搭建重庆绿色建材信息共享平台，公开披露采信情况，发展绿色建材市场；编制重庆建筑产业绿色低碳产品目录，促进高性能绿色复合材料的使用，将绿色建材应用率先纳入政府投资工程项目中。推行绿色交付，制定建筑绿色交付标准，交付前开展绿色建造效果测评，结合 BIM、云数据等技术，打造项目自身信息数据库，推动数字化交付实施，确保数字化交付成果与实体交付成果一致。

（七）建设产业载体，发挥引领作用

一是发展绿色低碳建筑示范项目。以项目为载体，建立“规划引领+机制创新+技术研究+试点示范+动态评估+经验推广”的顶层设计框架，引导政策、资金、技术等资源要素投入，提高由政府投资或以政府投资为主的公共建筑绿色标准要求，结合老旧小区改造推进既有建筑节能改造，支持被动式超低能耗建筑发展，积极打造一批高质量、高品质的绿色建筑、低碳建筑示范项目。

二是打造绿色低碳建筑产业园区。以两江新区、重庆高新区、广阳岛智创生态城、西部科学城等现有产业基地和园区为重点，建设以研发设计为引领的全产业链产业园、以智能建造为核心的智慧产业园、以绿色生产为核心的绿色建材产业园、以绿色建造为核心的绿色低碳产业园、以工业建造为核心的装配式产业园，推动差异化发展的同时促进企业和产业园区链接共生与资源共享，形成空间、产业齐集聚格局。

三是培育绿色低碳建筑产业基地。以两江新区、九龙坡区等重点区县已有的装配式建筑产业基地为基础，引导企业编制“绿色低碳建筑产业基地建设方案”，明确发展目标和细化措施，围绕绿色低碳建筑技术产品、生产工艺、管理方式在产业规划定位下加强招商引资和产业集群发展。深入推进“政产学研金介”交流平台，打破对人才流动和技术转移的限制，促进绿色低碳创新要素的自由流动和优化配置。

参考文献

高源、刘丛红：《我国传统建筑业低碳转型升级的创新研究》，《科学管理研究》2014 年第 4 期。

刘泓汛：《中国建筑业绿色低碳化发展研究》，经济科学出版社，2018。

毛志兵：《“双碳”目标下的中国建造》，《施工企业管理》2021 年第 10 期。

赖小东：《低碳技术创新驱动机制与可持续发展转型路径研究——以建筑业为例》，

中国经济出版社，2019。

吴景山：《“双碳”目标下，大力推进建筑业低碳发展》，《建设科技》2022 年第 6 期。

樊志：《“双碳”目标下建筑业绿色发展的实施路径》，《中国经济周刊》2022 年第 7 期。

张凯、陆玉梅、陆海曙：《双碳目标背景下我国绿色建筑高质量发展对策研究》，《建筑经济》2022 年第 3 期。

阳栋、李晁、李水生等：《建筑业减碳途径及实施策略》，《科技导报》2022 年第 11 期。

G.11
重庆绿色金融高质量发展趋势

王延伟*

摘　要： 当前，绿色金融已经成为我国生态文明建设的重要组成部分。从国内外发展趋势看，绿色金融发展长期看好、绿色金融产品和服务日趋丰富、绿色金融服务领域持续扩大、支持碳中和步入实质性阶段等发展趋势明显。重庆市绿色金融组织管理体系逐渐完善、覆盖面持续扩大、改革创新持续深入、国家绿色金融改革创新试验区获得批准等，但也存在诸多短板。因此，应从系统优化全市绿色金融聚集区空间布局、建立健全全市各类金融机构绿色金融组织体系、突出加强全市绿色金融产品服务体系创新、强化多维度绿色金融基础设施体系建设等方面加快重庆绿色金融高质量发展。

关键词： 绿色金融　生态文明　高质量发展　重庆

20世纪80年代以来，“绿色金融”“可持续金融”“转型金融”等金融理念逐渐成熟，并得到实业界认可，在能源开发、资源利用等领域逐步展开实践探索。所谓绿色金融体系，是指通过贷款、私募投资、债券和股票发行、保险、排放权交易等金融服务将社会资金引入环保、节能、清洁能源、清洁交通等绿色产业的一系列政策、制度安排和相关基础设施建设。2016年，中国人民银行、财政部等七部门联合发布《关于构建绿色金融体系的指导意见》，明确了我国绿色金融发展的总体思路。在这一背景下，重庆正

---

* 王延伟，重庆社会科学院财政与金融研究所博士后，副研究员，硕士生导师，主要从事区域财政与金融、环境经济学等领域研究。

式开始绿色金融体系改革探索。2017 年，中国人民银行重庆营管部会同重庆市发展改革委等部门发布了《重庆市绿色金融发展规划（2017—2020）》和《加快推进全市绿色金融发展行动计划（2017—2018）》，明确了重庆市绿色金融发展的目标、任务和措施等具体要求。

一　国内外绿色金融发展趋势

一是国内外绿色金融发展遭遇波段起伏，但长期发展向好趋势不变。近年来，绿色金融在支持世界各国清洁能源开发利用、绿色产业发展持续壮大等方面发挥了重要作用，得到了普遍支持。但在发展历程中，俄乌冲突持续加剧、部分欧洲天然气等清洁能源设施遭到破坏，严重影响了绿色金融发展效果和社会公众信心。这充分表明绿色金融发展还需要较长的历史时期。另外，尽管美国在 2019 年特朗普时代宣布退出《巴黎气候协定》，但 2021 年美国现任总统拜登在其上任第 1 天就签署了重新加入《巴黎气候协定》申请，同时美国 2022 年出台了规模高达 3690 亿美元的气候投融资法案《通胀消减法案》，重新塑造美国新能源汽车、天然气研发等领域竞争力。国际各类气候应对组织类型增多、活跃度提升等都使得气候投融资领域和实践应用场景不断完善，我国北京、广州、上海、深圳、青岛等城市不断加入“城市气候领导联盟”（C40）、“碳中和城市联盟”（CNCA）等，这些都使得国际绿色金融发展长期仍然看好。

二是国内外绿色金融产品和服务日趋丰富，不仅仅局限于绿色信贷等传统投融资领域。绿色金融理论逐渐走向实践应用阶段，绿色信贷成为主要手段和工具，但随着绿色金融自身发展的不断成熟，绿色基金、绿色保险、绿色信托、绿色证券等各类金融业态不断丰富和完善。从国际看，世界银行、国际清算银行等金融组织绿色基金规模不断增长，覆盖领域不断扩大。根据统计，2021 年全球共运营近 6000 只绿色基金，规模持续扩大至 2. 74 亿美元。绿色保险市场规模也持续扩大，美国国际集团（AIG）、慕尼黑再保险、德国安联集团、日本财产保险等国际保险巨头绿色保险布局持续扩大，落地场景产品和服务不断丰富。

三是国内外绿色金融服务领域持续扩大，生态环保属性持续增强。2021年10月，亚洲基础设施投资银行、世界银行等机构与我国兴业银行、华夏银行发起《生物多样性金融伙伴关系全球共同倡议》，进一步深化生物多样性绿色金融发展。国际森林碳汇、草原碳汇、海洋探索等生态碳汇市场交易日趋活跃，2021年欧盟碳汇交易价格一度超过50欧元/吨。这些都使得国内外绿色金融服务领域持续扩大。

四是国内外绿色金融与应用场景不断深化，“碳中和”进入实质性阶段。受俄乌冲突影响，英国、法国重新启动燃煤发电厂，德国、奥地利、荷兰等国家纷纷推迟碳减排任务或碳中和目标。同时，国际碳中和在各领域积极探索应用推广。2021年，美国在联合国COP26峰会上，提出到2035年，通过向可再生能源过渡实现无碳发电，到2050年在全国范围内实现净零碳排放。2021年，我国正式出台《关于完整准确全面贯彻新发展理念做好碳达峰碳中和工作的意见》，明确提出绿色低碳金融产品和服务开发、鼓励开发性政策性金融机构提供长期稳定融资支持、支持符合条件的企业上市融资和再融资用于绿色低碳项目建设运营、研究设立国家低碳转型基金、设立绿色低碳产业投资基金、建立健全绿色金融标准体系，国家绿色金融改革创新试验区范围不断扩大，初步形成了一批可复制、可推广的实践经验。

二　重庆市绿色金融发展现状

绿色金融是实现碳达峰、碳中和，促进绿色低碳循环经济的重要一环，践行“绿水青山就是金山银山”、推进生态产品价值实现的桥梁，深入推进全市生态文明建设的重要支撑。经过近年来的实践探索，重庆绿色金融发展已经走出了一条契合绿色发展、体现重庆特点、彰显产业特性的新路子，绿色金融正加快形成服务实体经济绿色低碳转型发展的态势。截至2022年6月末，重庆绿色贷款、绿色债券余额分别为4785.4亿元、318.3亿元，分别是2019年初的2.7倍、2.4倍。各类金融机构设立16个绿色金融专营部门或支行，推出 180 余款绿色金融产品；“长江绿融通”汇聚环境类公共服务信息近万条，金融信用信息基础数据库采集企业环保信息 5.4 万条，重庆绿色金融体系发展粗具规模（见表 1），形成了以下特点。

表 1　重庆主要金融机构绿色金融发展特色

重庆金融机构	绿色金融发展特色
中国进出口银行重庆分行	重点支持绿色基建，先后支持重庆大唐国际彭水水电、重庆大唐国际武隆水电建设项目、中节能太阳能项目，涉及太阳能发电、风力发电、水力发电、污水处理、铁路运输等领域
中国工商银行重庆市分行	强化绿色金融制度创新，建立绿色项目快速审批机制，制定利率优惠政策，优先保障信贷规模，持续推进投融资结构绿色低碳转型，绿色贷款占比持续提升，涉及专业服务、专属产品、专项规模、专属价格、专门通道
中国银行重庆市分行	积极探索绿色金融风险管理，将环境与社会风险管理纳入全面风险管理中全业务产品线以及全生命周期管理流程，创建了全流程、差异化管理和压力测试等一系列风险管理创新机制。加强源系统数据管理，建立项目识别机制
中国建设银行重庆市分行	突出绿色金融支持“重庆绿色制造”，推行绿色金融差别化政策，整合运用“制造业+绿色金融”差别化支持政策，发挥在信贷资源配置、价格政策、审批权限、业务效率等方面的政策优势，提升对重庆地区绿色制造业领域的拓展效能
交通银行重庆市分行	形成了以绿色金融服务产品为基础、以绿色金融服务通道为依托、以绿色金融服务团队为核心的具有交行鲜明特色的绿色金融服务体系
中国邮政储蓄银行重庆分行	将绿色发展理念融入经营管理和业务发展的方方面面，通过优化信贷结构，创新绿色金融产品和服务，重点支持“污染防治”“节能环保”“生态农业”等领域，支持基础设施绿色升级、清洁能源等产业发展
重庆农村商业银行	创设“清可贷”“绿增贷”等，绿色信贷增幅连续两年超过 40%，累计投放突破 700 亿元。专设绿色金融委员会、绿色金融部，成立 3 家绿色银行，鱼嘴数据中心入选国家绿色数据中心名单
重庆银行	率先推进绿色金融数字化建设，上线全市首个绿色金融管理系统，运用大数据、人工智能等金融科技手段夯实绿色金融基础设施建设，系统通过与绿色金融业务流程的深度融合，实现了对绿色金融业务的智能识别、环境效益的自动测算、环境风险的多维监测、集团绿色金融业务的统筹管理

（一）绿色金融组织管理体系逐渐完善

重庆银行业着力完善绿色金融专业化特色化组织机构，部分银行设立绿色金融委员会、绿色金融发展领导小组；健全差异化的绿色授信管理政策和制度流程，实现对绿色信贷业务和风险的全流程管理，主要银行业金融机构均制定专门的绿色金融实施方案或绿色信贷（信托）业务管理办法。推动5家银行机构设立11个绿色金融专营部门，3家银行设立4家绿色专营支行。重庆成为全国唯一拥有2家“赤道银行”的省区市，其中，重庆农村商业银行是中西部首家“赤道银行”。光大银行重庆分行设立了“碳达峰、碳中和”领导小组，并设立3个“碳达峰、碳中和”专业工作组具体推动相关工作，强化制度保障。专门成立“绿色金融发展领导小组”，新设专营一级管理部门“绿色金融部”，专门负责统筹推进全行绿色金融业务，同时陆续制定相关指导意见、发展计划等。

（二）绿色金融产品和服务覆盖面持续扩大

重庆银行业积极推进绿色金融产品和服务创新，积极构建广覆盖、多元化、高质量的绿色金融产品业务体系，33家银行业机构推出各类绿色信贷产品148款。中国建设银行重庆市分行整合运用“制造业+绿色金融”差别化支持政策，发挥在信贷资源配置、价格政策、审批权限、业务效率等方面的政策优势，提升对重庆地区绿色制造业领域的拓展效能，实现与海装风电、顺博铝合金、国际复合、泰山电缆、再生科技等优质绿色制造企业的深度合作，将22家绿色制造企业纳入“绿色信贷客户白名单”，给予重点支持。

（三）绿色金融改革创新持续深入

重庆银行业积极助推重庆建设绿色金融改革创新试验区，积极支持气候投融资试点、地方碳排放权交易市场、川渝共建区域性环境权益交易平台等重大部署，19家银行与重庆市西部气候投融资产业促进中心签署近1000亿元气候投融资支持战略合作协议。2022年7月，重庆市两江新区正式成为国家首批气候投融资试点之一，两江新区加快建设国家气候投融资项目库、打造统一的气候投融资要素与资源市场、推进气候投融资商品和服务市场的高水平统一、优化气候投融资的营商环境。

（四）国家绿色金融改革创新试验区获得批准

2022 年 8 月，中国人民银行等六部门印发《重庆市建设绿色金融改革创新试验区总体方案》，标志着重庆绿色金融发展进入新的历史发展阶段，这是全国第一个省级全域绿色金融覆盖区。以建设高水平的国家级改革创新试验区为目标，通过培育发展绿色金融市场体系，提升绿色金融业务发展水平，增强金融机构绿色金融管理能力，推动碳金融市场发展，创新绿色金融产品和服务体系等措施，有效推动重庆积极探索绿色金融先行先试、勇于创新，为支持国家“双碳”战略做出积极贡献。

三　重庆市绿色金融制约因素分析

尽管重庆市绿色金融体系得到显著发展，但与浙江、广东、江西、上海等省市发展现状相比，还存在诸多制约因素。

（一）全市绿色金融市场体系发育不成熟

首先，绿色信贷规模总量偏小，难以有效满足重庆绿色转型发展需求。根据清华大学绿色金融发展研究中心预测，仅重庆市未来 10 年产业绿色转型、低碳经济发展所需投资就达 3.1 万亿元，目前重庆绿色金融市场发展状况与其仍然存在较大差距。其次，多元化绿色金融产品和服务发展滞后，绿色保险、绿色基金、绿色信托等金融业态发展较慢，仍处于初始阶段，难以支撑多元化、多样性的市场绿色融资需求。再次，当前绿色金融服务以传统项目融资和信贷为主，绿色保险产品主要为环境污染责任险等，绿色农业、绿色建筑、绿色化学等领域相关保险产品服务匮乏，气候投融资处于起步阶段。复次，绿色金融以传统银行信贷为主，证券市场直接融资比重较低，增加企业融资成本，也制约了产品市场吸引力。最后，绿色金融与战略性新兴产业融合度较低，特别是关键核心技术研发、科研成果转化、商业化推广应用等关键领域，迫切需要增强绿色金融发展动能。

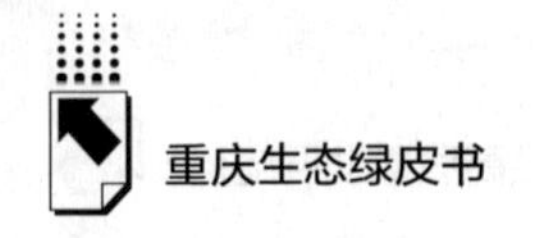

（二）绿色金融产品服务市场认可度有待提升

与传统行业相比，目前各类绿色金融产品服务市场认可度还有待提升：一是全市生态产业化和产业生态化基础整体处于开发阶段，并未进入市场成熟阶段，收益率和安全边际还有待市场进一步检验，更多处于观望阶段；二是绿色金融市场服务体系滞后，缺乏各类金融产品认证、评估、流程等环节的有效支撑，处在交易难、流通难、变现难的市场培育阶段；三是部分绿色金融产品服务具有资金量大、周期长、不确定因素较多、担保条件苛刻等特点，对各类社会资本吸引力较低，以政府主导为主，一定程度上限制了市场活力。

（三）绿色金融风险防范管理机制不完善

风险防范管理机制是绿色金融稳健发展的重要基础，但重庆部分金融机构绿色金融风险防范机制存在明显短板：一是风险识别、评估、检测体系发展滞后，绿色项目风控机制缺失，对于绿色产业和绿色市场研发不足，形成发展漏洞，部分企业融资行为存在“漂绿”“染绿”现象，绿色金融“资金空转”现象时有发生；二是重庆部分金融机构绿色金融产品服务与生态环保、安全生产、产业转型等职能机构缺乏有效整合，数据“孤岛”现象突出，或数据更新缓慢，难以形成对机构发展绿色金融科学评估的有效支撑；三是绿色金融产品服务风险担保机制缺乏，与传统商业风险担保不同，绿色金融产品服务在碳核算、碳认证等领域仍处于发展阶段，其商品效用、市场交易仍需要健全。

（四）绿色金融信息披露机制欠缺

尽管各个金融机构相关绿色金融产品服务明确了信息披露要求，但是信息披露欠缺已经成为重要制约因素之一：缺乏行业信息披露指导细则，各个企业、项目具体业务各不相同，相互间存在较大差异，由此导致相关企业绿色金融产品服务规范性不足、披露不及时、披露不充分，信息不对称现象突出；信息披露数字化建设滞后，目前尚未与企业投融资行为、信用评级系统有效整合，相关绿色金融产品服务市场认可度和渗透率有待提升。

四 重庆市绿色金融体系发展对策建议

将绿色金融市场服务体系列入重庆市西部金融中心建设重要内容，以绿色金融市场服务体系统筹推进机构体系、产品和服务体系、基础设施体系、营商环境体系建设，统筹推进绿色金融全面融入全市经济社会发展。

（一）系统优化全市绿色金融聚集区空间布局

以建设绿色金融中心为基础：一是统筹明确全市渝中区“绿色金融大道”、重庆绿色低碳示范街区、南岸区广阳岛绿色金融示范区等核心集聚区的空间布局、目标定位和市场服务特色，提升“绿色金融机构密度”。二是大力引进国内外绿色认证机构、绿色债券辅导机构、会计师事务所、律师事务所、信用评级机构及各类绿色金融中介服务机构，为绿色企业上市、绿色项目融资提供培育辅导推介、绿色金融路演、绿色项目评估认证、绿色金融咨询培训等一体化服务。支持和鼓励重庆股转中心加强对绿色企业的股权托管、质押融资、股权交易服务，扩大绿色企业融资渠道。加强成渝金融融合发展，推动成渝区域股转中心“双城通”，提高重庆区域性股权市场服务能力。三是大力推进全市绿色金融机构聚集区资产登记系统、托管系统、清算结算系统、征信系统等数字化基础设施配套服务，强化“绿色金融数字化”。

（二）建立健全全市各类绿色金融组织体系基础

一是健全绿色金融专营体系。鼓励银行、证券、保险、信托等全市各类金融机构积极与总部沟通协调，设立绿色金融支行或事业部等专营机构，完善绿色金融业务的治理结构和组织体系，健全相应领导决策机制以及执行、监督机制，推动绿色金融业务开展。二是推动区域绿色金融特色机构稳健发展，围绕重庆碳交易所、重庆环境资源交易中心、重庆林权交易所等机构，加快完善有关交易规则、交易标准，强化核算标准和规则，提升区域绿色金融机构交易总量和市场认可度。三是大力发展绿色金融市场服务组织体系，加快引进和培养各类绿色金融 IPO、财务、法律、审计、会计、私募基金等市场中介机构，推动绿色金融市场规模持续发展，有效提升绿色金融市场活跃度和影响力。

（三）突出加强全市绿色金融产品服务体系创新

完善金融机构绿色金融产品服务创新激励约束机制，持续推动绿色金融产品服务业务布局、产品开发、市场拓展及风险防范“四位一体”整体推进，有效提升绿色金融产品服务的市场覆盖率和渗透率：一是强化绿色信贷产品服务体系，创新发展商业模式、交易结构、抵押担保等渠道，围绕能源、交通、建筑等重点领域专项融资、项目融资、银团贷款等，有效支持新能源与可再生能源、绿色产业发展；二是加快发展绿色证券产品服务体系，推动企业绿色债券发展，运用资产证券化、企业 IPO 等工具，有效发挥绿色证券直接融资优势，为企业绿色发展项目注入资金活水；三是促进绿色保险产品服务体系发展，深化环境风险、巨灾、极端气候及不可预测事件金融产品服务开发，丰富各类环保险、生态险、气候险、救助险等产品，鼓励各类险资参与生态产业技术研发、产品开发及市场推广等；四是大力发展碳金融产品服务体系，包括各类碳交易投融资、低碳项目开发及碳远期、碳期货、碳期权、碳资产证券化等金融产品和服务，丰富碳市场交易工具。

（四）持续完善全市绿色金融基础设施体系建设

一是依托“长江绿融通”绿色金融大数据系统，深化绿色金融生态圈建设。推动重庆市绿色金融数字化，强化财政激励政策支持，从项目评估、融资规模、监管指标、信息反馈等方面有效提升绿色金融敏捷性。二是健全全市绿色金融环境信息共享系统，全流程跟踪融资企业环境信息报告、环境排放、特定事件影响、环境风险监测，有效减少企业投融资“染绿”“飘绿”等行为。三是加快形成全市生态产品价值实现名片，突出“两山银行”、“花椒银行”、广阳岛片区生态产品价值实现平台、“碳惠通”生态产品价值实现平台等，提升市场交易总量，拓展交易类型，完善绿色金融基础平台建设。四是强化绿色企业数据库建设，以节能、低碳、循环、高效为导向，通过动态更新、持续跟踪的方式，不断扩大绿色企业数据库，提升绿色金融投融资精细化水平和有效性。

（五）强化绿色金融政策支持体系建设

一是强化绿色金融货币政策工具支持体系。根据推进碳减排支持工具应用进度，科学运用优惠利率、绿色专项再贷款、降低绿色贷款风险权重等碳减排支持工具，降低碳减排资金成本。引导金融机构为碳减排效果显著的企业和项目提供优惠利率融资支持。二是优化绿色信贷风险分担机制。对于绿色信贷支持的项目，有条件的地方政府可给予贴息支持，推动金融机构积极开展绿色金融业务。三是推进绿色金融区域试点。重点突出南岸区、万州区等绿色金融试点地区，鼓励试点地区统筹政府部门、金融机构等多方力量开展绿色金融服务创新，在全市统筹推进的同时，在试点地区因地制宜率先形成可复制的经验模式。

（六）整体推进绿色金融风险防控体系

坚持风险防控促进绿色发展，完善风险防控理念，整体推进绿色金融风险防控体系：一是全市银保监局、证监会等监管部门进一步强化绿色金融行业监督管理，通过发布绿色金融监管指引、现场检查、窗口指导等方式强化风险防控理念，完善各类绿色金融产品服务措施，提升风险应对措施有效性；二是完善各类金融机构绿色金融风险监测评估全流程管理，推动融资前科学评估、融资过程管理、融资后审计等环节相互制约、相互监督，不断提升风险识别、风险评估、风险监测、风险应对、风险考核的有效性和针对性；三是加快探索绿色金融气候环境风险管理，加快两江新区全国气候投融

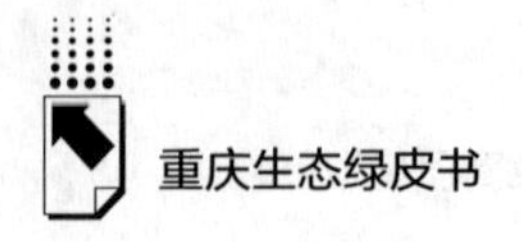

资试点区域创新，系统分析和评估区域各类环境、气候灾害等风险类型，特别是区域工业、农业等气候环境物理风险和转型风险暴露程度，强化全市行业、企业压力情景测试，强化风险容忍度测试。

（七）优化全市绿色金融市场营商环境

优化全市绿色金融市场营商环境，促进相关领域市场主体持续增加：一是加大绿色金融政务公开力度，探索绿色金融“负面清单”管理机制，优化行政效率高、透明廉洁的服务流程，形成西部绿色金融交易成本“洼地”。二是健全全市绿色金融法律法规，强化成渝金融法庭绿色金融法制保障，聘请国际金融法律专家，推动国际金融仲裁机构建设，提升重庆绿色金融法律仲裁认可度和影响力，完善金融法制化建设。三是加强绿色金融对外交流合作。依托中新金融合作峰会等平台，积极探索国际绿色信贷、绿色债券、环境权益抵质押融资、碳金融等产品合作，扩大国际绿色债券市场发行规模，努力将重庆市打造成国际绿色金融交流合作示范区。

参考文献

马骏：《论构建中国绿色金融体系》，《金融论坛》2015 年第 5 期。

戴季宁：《绿色金融描绘美丽重庆》，《中国金融》2018 年第 23 期。

杨鹏：《协同治理视角下绿色金融发展存在的问题及建议》，《中国银行业》2022 年第 4 期。

G.12

重庆市节能减排进展与趋势

张黎立*

摘　要： 重庆市高度重视节能减排工作，党的十八大特别是“十三五”以来，通过加强制度建设、紧抓重点领域、强化保障措施，能源消费总量和强度均完成国家下达目标任务，有力有效地推动全市经济社会绿色低碳高质量发展。本文在总结重庆市节能减排工作进展情况的基础上，对“十四五”时期重庆节能减排趋势进行初步分析预测，针对存在的问题提出了对策建议。

关键词： 节能减排　碳达峰　重庆

一　节能降碳工作进展情况

（一）总体目标完成情况

党的十八大以来，重庆市委、市政府深入学习贯彻习近平生态文明思想，完整准确全面贯彻新发展理念，坚定不移走生态优化、绿色低碳的高质量发展道路，坚持系统观念，把节约能源资源放在首位，持续降低单位产出能源资源消耗，着力推动经济社会全面绿色转型，取得了明显成效。一是能源消费总量得到有效控制。“十三五”期间，全市能源消费量年均增长2.8%，年均增速较“十二五”时期降低了3.7个百分点（见表1、图1）。

* 张黎立，重庆市能源利用监测中心高级工程师，主要从事节能减排领域政策和标准研究。

二是能源利用效率稳步提升。在各项节能降耗措施的大力推动下，“十三五”期间，全市用能耗总量年均2.8%的增速支撑了GDP年均7.2%的增速，2020年全市单位GDP能耗为0.355吨标准煤/万元（现价），单位GDP能耗累计下降19.4%。三是能源消费结构不断优化。2020年全市非化石能源占比达20.9%，比2015年提高3.3个百分点；煤炭消费比重从2015年的49.1%下降至44.3%。2021年在GDP增长8.3%的情况下，全市单位GDP能耗降低3.5%，符合国家下达重庆市能耗强度下降目标进度要求，“十四五”期间能耗双控工作取得良好开局。

表1　重庆市2017~2020年能源消费情况

单位：万吨标准煤

项目	2017年	2018年	2019年	2020年
第一产业消费量	90.23	97.84	102.80	105.50
第二产业消费量	3812.20	4224.51	4072.05	4351.20
第三产业消费量	1371.22	1360.84	1455.86	1385.66
生活消费量	718.10	708.34	771.16	797.81
加工转换净消耗量	1182.80	977.71	1217.82	911.83
损失量	77.05	83.45	67.56	69.87
能源消费总量	7251.59	7452.69	7687.25	7621.87

数据来源：《重庆统计年鉴》（2018~2021）。

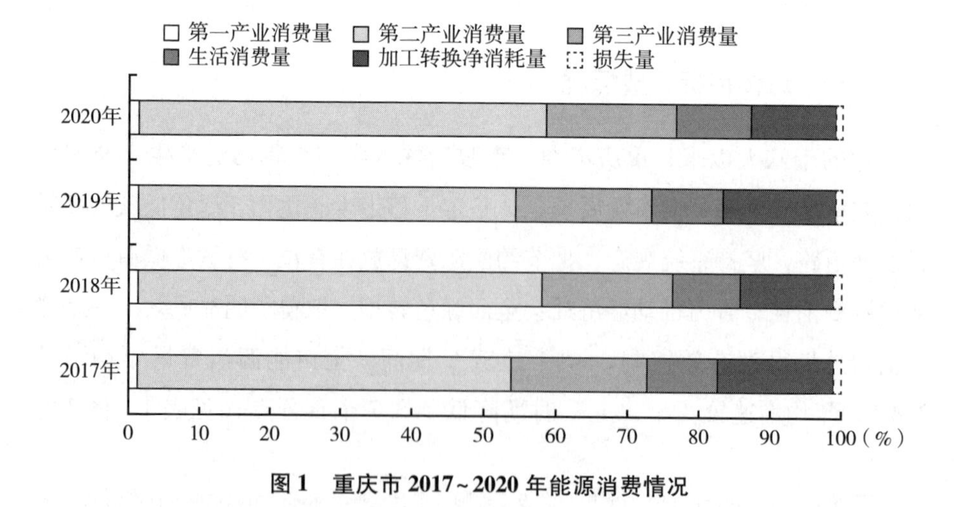

图1　重庆市2017~2020年能源消费情况

（二）制度建设情况

1. 严格目标责任制度，压实行业地区主体责任

一是加强节能统筹规划。坚持每年制定全市能耗总量和强度双控工作计划，将能耗双控目标纳入国民经济和社会发展年度计划推动执行；成立市节能减排工作领导小组，定期组织召开能耗双控工作会，分析节能工作形势，部署能耗双控重点工作，明确部门任务分工及工作要求。二是加强目标责任评价考核。严格按照国家要求，将国家下达的“十三五”“十四五”能耗双控目标任务分解下达至各区县人民政府，纳入区县经济社会发展业绩考核，按年度组织区县人民政府节能目标责任评价考核，将考核结果反馈给区县人民政府并向社会公布，对全市节能成绩突出的集体和个人进行通报表扬。

2. 强化节能审查制度，推进产业结构转型升级

一是制度先行，根据《固定资产投资项目节能审查实施办法》和《重庆市固定资产投资项目（工业及信息企业技术改造类）节能审查实施办法》，落实能耗双控要求，严格执行相关能效标准，从源头上控制能耗合理增长。二是强化区域管控，印发《重庆市区域节能评价审查管理暂行办法》《关于固定资产投资项目节能审查实行告知承诺制的通知》等文件，优化了节能审查程序、提高了审批效率，同时有效控制了区域能耗总量和强度增长。三是促进产业结构优化，印发《关于进一步完善能耗双控和节能审查政策措施促进经济平稳健康发展有关事项的通知》《关于进一步优化固定资产投资项目节能审查促进产业绿色低碳高质量发展的通知》等文件，优化能耗双控考核机制，强化能耗强度约束，合理控制能耗总量，优先保障能效水平高、单位能耗产出效益高的优质项目用能，促进产业结构优化升级。

3. 探索能耗平衡制度，坚决遏制“两高”项目盲目发展

一是把好源头关。参照国家能耗等量减量置换政策，探索重庆市能耗平衡制度，研究出台《重庆市固定资产投资项目能源消费平衡方案编制指南（试行）》，对年综合能源消费量5000吨标准煤以上、节能评估报告结论为“较大影响”及以上的固定资产投资项目，地方节能主管部门提出可行的能

耗平衡方案后方能履行节能审查手续。新上项目需明确用能来源，煤化工、钢铁、建材、有色、化工等高耗能、高排放项目原则上要实行能耗等量替代。通过该项制度建设，有效遏制了“两高”项目盲目上马冲动，从源头控制住“两高”项目总量，有力推动了全市能耗强度稳步降低。二是全力推动能效提升。全面摸清全市高能耗重点领域能效水平和节能潜力，强化重点用能单位节能目标责任管理，实施全市重点用能企业节能增效行动，推动能效水平达到行业基准值的项目对照行业标杆值进行节能降碳改造升级。提出到2025年，全市钢铁、水泥、造纸、合成氨等重点行业能效达到标杆水平的产能比例超过30%；300家重点用能企业累计实现节能量236万吨标准煤。三是加强监管。按照国家统一部署，全面梳理排查全市年综合能耗5000吨标准煤及以上的项目，按照在建、拟建、存量分类建立清单台账，扎实抓好“未批先建”项目整改。通过上述措施，重庆市规模以上工业六大高耗能行业能耗占全市规模以上工业能耗比重呈稳定且缓慢下降趋势。

4. 健全监督检查制度，强化用能监管

一是健全节能法规制度。根据国家《节约能源法》，结合重庆实际修订《重庆市节约能源条例》，从2020年起施行；积极推进重庆市地方节能标准制定工作，出台《重庆市地方标准管理办法》，“十三五”期间，重庆市共批准发布《烧结砖和砌块单位产品能源消耗限额》等16项节能地方标准，制定发布热力管道节能监测方法、锻造火焰加热炉节能监测方法等2类节能监测方法。二是开展节能执法监督检查。重庆市严格制定年度监察计划并逐年组织开展国家和市级工业节能监察，以及重点用能设备能耗达标监察，“十三五”期间，累计完成工信部重大工业专项节能监察763家、市级节能监察1029家。2021年至今累计完成工信部重大工业专项节能监察72家、市级节能监察453家。三是推进重点用能单位和重点用能设备节能管理。按照国家要求，2019~2021年连续三年共完成731家（次）重点用能单位能耗双控现场评价、能源利用状况报告审查及能源利用状况节能诊断，将评价结果向所在地节能主管部门及企业反馈，促进重点用能企业发现问题、提升能效。四是加强节能审查意见落实情况监察。按照节能审查项目数量的

30%进行抽查，对项目节能审查意见落实情况进行事中事后监管，建立常态化监察工作机制。

（三）重点领域节能工作成效

1. 突出推动工业节能

2016年至今，定期开展国家级和市级工业节能监察工作，包括重点行业能耗专项监察、阶梯电价政策执行专项监察、重点用能产品设备能效提升专项监察、数据中心能效专项监察等，全面覆盖全市燃煤火电、钢铁、水泥、平板玻璃、电解铝、氧化铝、合成氨、纯碱、烧碱、甲醇、造纸、铁合金等高耗能行业。“十三五”期间，为全市296家企业提供公益性节能诊断服务，对全市300家企业开展公益性清洁化诊断。2021年至今为全市56家企业提供公益性节能诊断服务，对全市121家企业开展公益性清洁化诊断，支持企业深挖节能潜力。

2. 积极推进建筑节能

制定发布《重庆市绿色建材评价标识管理办法》，率先在全国建立绿色建材评价标识制度，共有94个建材产品获得绿色建材评价标识。按计划推进老旧小区建筑节能改造，累计实施居住建筑节能改造项目56.24万平方米。新增可再生能源建筑应用面积共574.52万平方米，完成年新增100万平方米的目标任务。大力推进装配式建筑应用，全市装配式建筑面积占新建建筑面积的比例达到16%，被住房和城乡建设部评为装配式建筑范例城市。通过多措并举，重庆市2021年新建绿色建筑占比超65%，累计建成节能建筑约6.79亿平方米，较好完成重庆市建筑节能与绿色建筑“十三五”规划及国家明确的工作目标。

3. 全力抓好交通节能

出台交通领域污染防治攻坚战指导性文件，制定《内河码头船舶岸电设施建设技术指南》《老码头环保技术改造指南》等多个地方标准。推动多式联运示范工作，渝新欧多式联运示范工程项目获得“国家多式联运示范工程”命名；果园港、西部陆海新通道第二批、第三批国家多式联运示范工程加快建设，水运已成为长江上游乃至西部地区通江达海主通道和集散中心。截至2020年底，全市铁路、水路货物周转量达到2467亿吨公里，较2018年增长28亿吨公里；全市铁水联运到发量达到2000万吨，占港口货运吞吐量比重达到12%，集装箱水—水中转箱量完成18万标准箱，占集装箱吞吐量比重达到15%。大力推进绿色出行，中心城区“公交都市”创建通过国家验收，轨道交通运营里程达到370公里、日均载客量突破300万人次，公交优先道从无到有，达到217.4公里，公交轨道换乘接驳100米范围实现全覆盖。

4. 扎实开展公共机构节能

制定印发《重庆市公共机构节能办法》《重庆市公共机构节约能源资源“十三五”规划》《“十四五”公共机构节约能源资源工作规划》《节约型机关创建实施方案》，深入推进节约型机关创建工作，组织完成本地区公共机构能耗统计、分析和报告。实现国家、市、区县三级示范单位全覆盖，共组织两批次国家级节约型公共机构示范单位创建工作，成功创建94家国家级节约型公共机构示范单位，14家公共机构被遴选为全国“能效领跑者”、20家公共机构被遴选为市级“能效领跑者”，并安排市级财政资金625万元对“能效领跑者”单位和节约型公共机构示范单位给予表彰奖励。“十三五”期间，重庆市公共机构单位建筑面积能耗累计下降11.8%，人均综合能耗累计下降10.3%，均超额完成国管局下达的目标任务。

（四）保障措施落实情况

1. 认真落实价格、税收政策保障

按照国家高耗能行业阶梯电价政策要求，组织对钢铁、电解铝、水泥3个高耗能行业企业开展阶梯电价专项核查，对6家钢铁企业开展差别电价专项核查。建立完善居民阶梯电价政策，妥善解决计价周期、多人口家庭“一房多户”、困难群众用电等问题。采用居民家庭用气量差额累进加价，实施居民生活用气阶梯价格制度。以特许经营方式，统一采用供冷供热计量收费制度。“十三五”期间，共计159户（次）节能服务公司享受税收优

惠，减免税额3.16亿元。其中，37户（次）纳税人减免合同能源管理项目（服务）增值税3192万元，40户（次）纳税人减免合同能源管理项目（货物）增值税6577万元，82户（次）企业年度申报享受符合条件的节能服务公司实施合同能源管理项目定期减免税，减免企业所得税（按25%计算）2.18亿元。

2. 加大财政专项资金支撑保障

“十三五”期间，按照节能专项资金逐年增长的要求，市级财政共安排节能专项资金13.32亿元，支持节能重点工程、重点领域、能力建设和推广宣传等方面工作，且保持逐年增长。其中：2020年安排节能专项资金2.78亿元，统筹用于新能源汽车推广、节能技术改造与绿色制造项目等重点工程。

3. 加强节能技术推广支持保障

“十三五”期间，重庆市共组织编制发布6批技术和产品推广目录，涉及节水技术154项、节能技术89项、节能装备147项、清洁生产技术100项、工业固废综合利用技术装备36项、再生资源回收利用先进适用技术装备36项；累计完成节能服务公司信息登记176家，鼓励重点用能企业采用合同能源管理模式开展节能改造；加强电力需求侧管理，组织第三方专业机构开展电力需求侧考核；超额完成各年度电力电量目标任务，共计完成节电量92155万千瓦时；认真开展国家用能单位节能自愿承诺活动，重庆市华峰化工、国际复合材料等4家企业入围国家首批节能自愿承诺活动名单。

4. 强化能源统计体系保障

严格执行《能源数据质量审核控制办法》，按时上报能源统计数据，能源数据质量管控进一步制度化、规范化和标准化。积极推行能源电子台账试点，帮助企业建立规范可溯源的能源统计台账，从源头上提高能源统计数据质量。出台能源统计工作考核办法，规范区县能源统计工作流程，提出具体工作要求并每年进行考核。印发《重庆市计量发展规划（2013—2020年）》，细化年度计量工作要点，不断规范能源计量工作。积极组织开展能源计量审查监督检查和能源计量技术服务，完成钢铁冶金、化工、煤炭、建

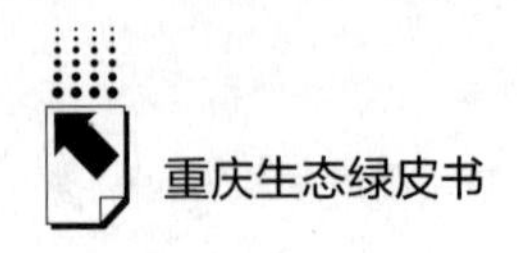

材等行业共176家工业企业的能源计量审查。推动能源计量体系建设，“十三五”期间共完成全市用能单位1495余万台水表、电能表、燃气表、流量计、热水水表等能源计量器具检测。

二　节能降碳工作发展趋势

（一）基于“十四五”规划目标的趋势分析

《重庆市国民经济和社会发展第十四个五年规划和二〇三五年远景目标纲要》，明确重庆市“十四五”期间年均地区生产总值（GDP）增长率目标为6%。《“十四五”节能减排综合工作方案》（国发〔2021〕33号，以下简称《方案》），明确重庆市“十四五”期间单位地区生产总值能耗降低基本目标为14%（逐年下降2.97%）、激励目标为14.5%（逐年下降3.08%）。本文针对完成基本目标和激励目标所开展的节能减排工作及获得的成效，分别以2020年、2021年为基期，设置为基本情景和激励情景对重庆市能源消费总量和强度进行分析预测。

1. 以2020年为基期的预测

以2020年重庆市等价值能源消费总量和现价地区生产总值（GDP）数据为基础，对重庆市“十四五”时期能源消费总量和强度进行预测，详见表2。

表2　以2020年为基期的“十四五”情景预测

项目	单位	2020年	2021年	2022年	2023年	2024年	2025年
地区生产总值(GDP)	亿元	25002.79	26502.96	28093.13	29778.72	31565.45	33459.37
基本情景下能耗强度	吨标准煤/万元	0.3550	0.3444	0.3342	0.3242	0.3146	0.3053
基本情景下能源消费总量	万吨标准煤	8874.54	9127.49	9387.65	9655.23	9930.43	10213.48

续表

项目	单位	2020 年	2021 年	2022 年	2023 年	2024 年	2025 年
基本情景下二氧化碳排放总量	万吨	15886.96	16338.21	16803.89	17282.86	17775.47	18282.13
基本情景下能源消费累计增量	万吨标准煤		252.95	513.11	780.69	1055.89	1338.94
激励情景下能耗强度	吨标准煤/万元	0.3550	0.3440	0.3334	0.3231	0.3131	0.3035
激励情景下能源消费总量	万吨标准煤	8874.54	9116.85	9365.78	9621.51	9884.22	10154.10
激励情景下二氧化碳排放总量	万吨	15886.96	16319.16	16764.75	17222.50	17692.75	18175.84
激励情景下能源消费累计增量	万吨标准煤		242.31	491.24	746.97	1009.68	1279.56

注：①2020 年为实际数据，2021~2025 年为预测数据。
②预测 GDP 年增长 6%，基本情景能耗强度年下降 2.97%，激励情景能耗强度年下降 3.08%。

（1）以 2020 年为基期的基本情景

由图 2 可见，在完成“十四五”时期地区生产总值增长目标和能耗强度基本目标情景下，到 2025 年，重庆市 GDP 将达到 33459.37 亿元（按 2020 年不变价计算），等价值能源消费总量将达到 10213.48 万吨标准煤，能耗强度降至 0.3053 吨标准煤/万元。“十四五”期间，能源消费增量为 1338.94 万吨标准煤，能源消费弹性系数为 0.446（一定时期能源消费平均增长率与同期国民生产总值平均增长率的比值）。

根据《方案》下达的能耗下降基本目标，到 2025 年，重庆市能源消费增量应控制在 1338.94 万吨标准煤以内，能耗强度应控制在 0.3053 吨标准煤/万元以下。

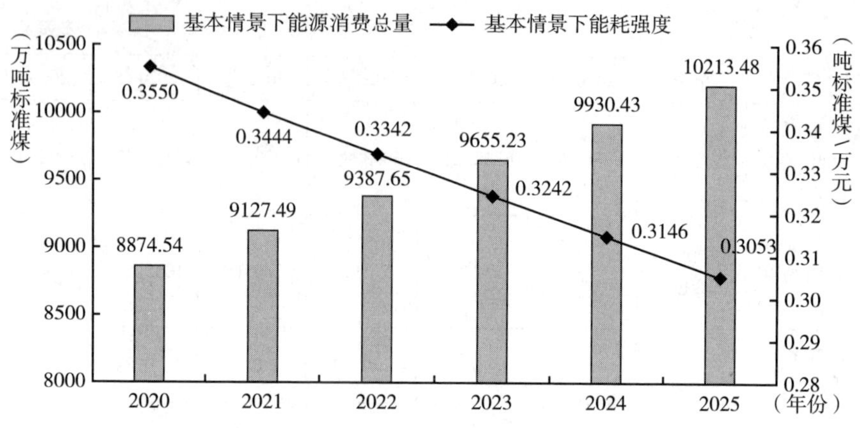

图 2　基本情景下能源消费总量和能耗强度变化预测

（2）以 2020 年为基期的激励情景

由图 3 可见，在完成“十四五”时期地区生产总值增长目标和能耗强度激励目标情景下，到 2025 年，重庆市 GDP 将达到 33459.37 亿元（按 2020 年不变价计算），等价值能源消费总量将达到 10154.10 万吨标准煤，能耗强度降至 0.3035 吨标准煤/万元。“十四五”期间，能源消费增量为 1279.56 万吨标准煤，能源消费弹性系数为 0.426。

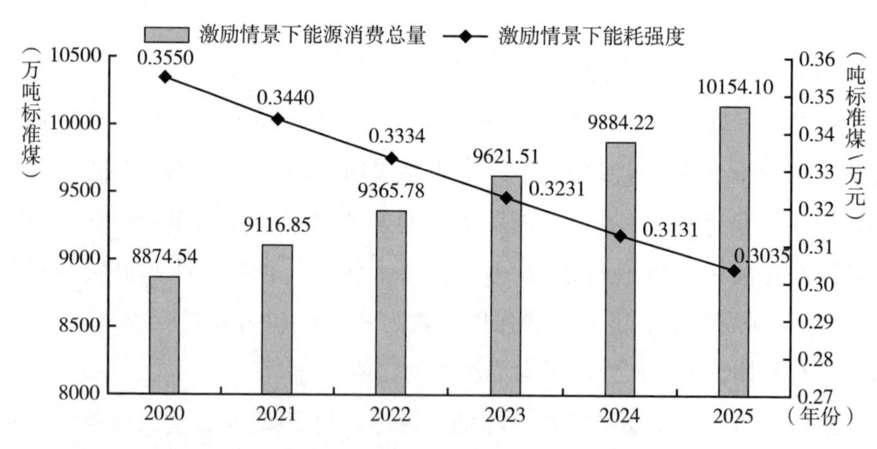

图 3　激励情景下能源消费总量和能耗强度变化预测

激励情景与基本情景相比，能源消费总量少增长 59.38 万吨标准煤，能耗强度多下降 0.0018 吨标准煤/万元，激励情景和基本情景的差距不大，在完成能耗强度激励目标的同时，能源消费总量控制基本目标也能完成。

2. 以2021年为基期的预测

根据重庆市统计局《2021 年重庆市国民经济和社会发展统计公报》，重庆市 2021 年全年实现地区生产总值（GDP）27894.02 亿元，较上年增长 11.6%，超过规划目标 5.6 个百分点。根据统计快报数据，重庆市 2021 年能源消费总量 9271.00 万吨标准煤，较上年增长 4.5%，能源消费弹性系数为 0.39。

由于 2021 年实际 GDP 增长和能源消费总量增长超出预期，以 2021 年数据为基础，对重庆市“十四五”时期能源消费总量和强度进行预测，详见表 3。

表 3　以 2021 年为基期的“十四五”情景预测

项目	单位	2021 年	2022 年	2023 年	2024 年	2025 年
地区生产总值(GDP)	亿元	27894.02	29567.66	31341.72	33222.22	35215.56
基本情景下能耗强度	吨标准煤/万元	0.3320	0.3225	0.3129	0.3036	0.2946
基本情景下能源消费总量	万吨标准煤	9271.00	9535.25	9807.03	10086.56	10374.06
基本情景下二氧化碳排放总量	万吨	16595.09	17068.10	17554.58	18054.94	18569.57
基本情景下能源消费累计增量	万吨标准煤	396.46	660.71	932.49	1212.02	1499.52
激励情景下能耗强度	吨标准煤/万元	0.3320	0.3221	0.3122	0.3025	0.2932
激励情景下能源消费总量	万吨标准煤	9271.00	9524.14	9784.19	10051.34	10325.78
激励情景下二氧化碳排放总量	万吨	16595.09	17048.21	17513.70	17991.90	18483.15
激励情景下能源消费累计增量	万吨标准煤	396.46	649.60	909.65	1176.80	1451.24

注：①2021 年为实际数据，2022~2025 年为预测数据。
②预测 GDP 年增长 6%，激励情景能耗强度年下降 3.08%，基本情景能耗强度年下降 2.97%。

（1）以 2021 年为基期的基本情景

由表 3 中预测数据可见，在确保完成“十四五”时期地区生产总值增长既定目标和能耗强度基本目标情景下，到 2025 年，重庆市 GDP 将达到 35215.56 亿元，等价值能源消费总量将达到 10374.06 万吨标准煤，能耗强度降至 0.2946 吨标准煤/万元。“十四五”期间，能源消费增量为 1499.52 万吨标准煤，能源消费弹性系数为 0.414。

较以 2020 年为基期的预测，到 2024 年即可完成能耗强度下降基本目标，接近完成激励目标（见图 4）。

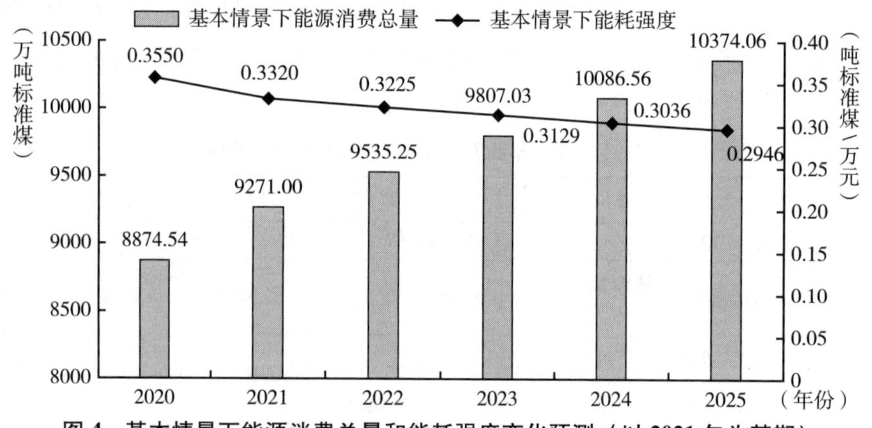

图 4　基本情景下能源消费总量和能耗强度变化预测（以 2021 年为基期）

（2）以 2021 年为基期的激励情景

在保持“十四五”时期地区生产总值增长既定目标和能耗强度激励目标情景下，到 2025 年，重庆市 GDP 将达到 35215.56 亿元，等价值能源消费总量将达到 10325.78 万吨标准煤，能耗强度降至 0.2932 吨标准煤/万元。“十四五”期间，能源消费增量为 1451.24 万吨标准煤。

激励情景相比基本情景，能源消费总量少增长 48.28 万吨标准煤，能耗强度多下降 0.0014 吨标准煤/万元（见图 5）。

较以 2020 年为基期的预测，到 2024 年即可完成能耗强度下降激励目标。“十四五”期间，能源消费弹性系数为 0.4，经济增长进一步脱离对能源消费增长的依赖。

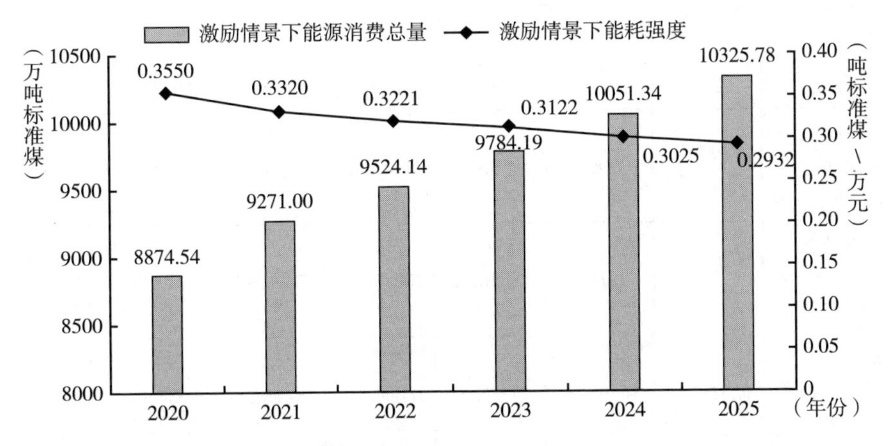

图 5　激励情景下能源消费总量和能耗强度变化预测（以 2021 年为基期）

（二）基于2026年4万亿目标的趋势分析

根据中国共产党重庆市第六次代表大会报告制定的战略目标，到 2026 年重庆市地区生产总值要迈上 4 万亿元台阶，基于此目标和 2021 年实际情况，对 2022~2026 年重庆市能源消费总量和强度进行预测分析（见表 4、图 6、图 7）。

表 4　基于 2026 年发展目标的情景预测

项目	单位	2021 年	2022 年	2023 年	2024 年	2025 年	2026 年
地区生产总值(GDP)	亿元	27894.02	29979.26	32220.38	34629.04	37217.76	40000.00
基本情景下能源消费总量	万吨标准煤	9271.00	9667.99	10081.97	10513.69	10963.88	11433.36
基本情景下二氧化碳排放总量	万吨	16595.09	17305.70	18046.73	18819.51	19625.35	20465.71
基本情景下能耗强度	吨标准煤/万元	0.332	0.322	0.313	0.304	0.295	0.286

续表

项目	单位	2021 年	2022 年	2023 年	2024 年	2025 年	2026 年
基本情景下能源消费累计增量	万吨标准煤	396.46	793.45	1207.43	1639.15	2089.34	2558.82
激励情景下能源消费总量	万吨标准煤	9271.00	9656.72	10058.49	10476.97	10912.86	11366.89
激励情景下二氧化碳排放总量	万吨	16595.09	17285.53	18004.70	18753.78	19534.02	20346.73
激励情景下能耗强度	吨标准煤/万元	0.332	0.322	0.312	0.303	0.293	0.284
激励情景下能源消费累计增量	万吨标准煤	396.46	782.18	1183.95	1602.43	2038.32	2492.35

注：①2021 年为实际数据，2022~2026 年为预测数据。

②预测 GDP 年增长 7.48%，激励情景能耗强度年下降 3.08%，基本情景能耗强度年下降 2.97%。

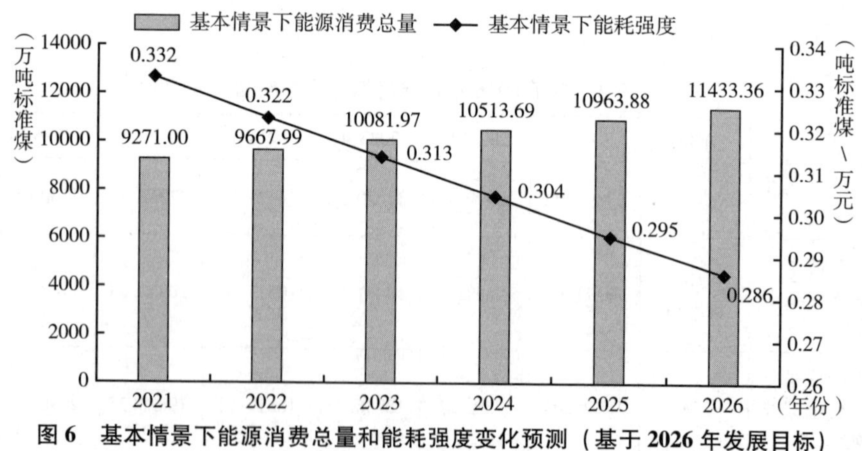

图 6　基本情景下能源消费总量和能耗强度变化预测（基于 2026 年发展目标）

若 2026 年重庆市地区生产总值要突破 4 万亿元大关，2022~2026 年，年均增长率要保持在 7.48%以上，在原有针对能耗强度的节能减排力度下，

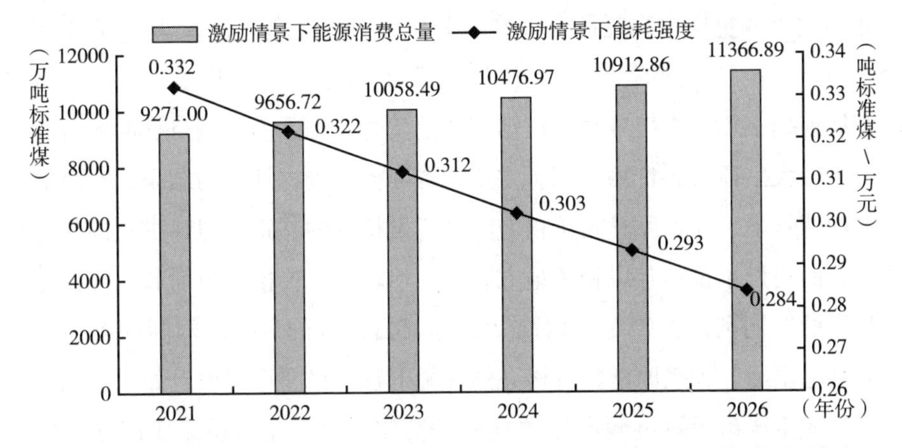

图 7　激励情景下能源消费总量和能耗强度变化预测（基于 2026 年发展目标）

虽然能耗强度在 2024 年即可完成基本目标，接近完成激励目标，但到 2025 年能源消费总量将大幅突破原有“十四五”能源消费增量控制基本目标 1338. 94 万吨标准煤，基本情景能源消费增量超基本目标 750. 40 万吨标准煤，超额 56. 04%，激励情景能源消费增量超基本目标 699. 38 万吨标准煤，超额 52. 23%，平均超 724. 89 万吨标准煤；到 2026 年能源消费量较 2020 年平均增长 2525. 58 万吨标准煤，增幅达到 28. 46%。

到 2026 年，由此带来能源消费约 2559 万吨标准煤的绝对增量，折合电量 845. 89 亿千瓦时、电力 965. 63 万千瓦，将给能源供应保障带来较大压力，影响能源安全，最终可能导致高位碳达峰，给 2030 年后碳中和工作带来更大困难和压力。

三　存在问题

（一）高能耗高排放项目盲目扩张势头未得到有效抑制

2020 年下半年以来，随着本轮全球大宗原材料包括能源价格上涨，以黑色金属冶炼与加工压延业、有色金属冶炼与加工压延业、化学原材料与制

品业为代表的重庆市高耗能行业产能利用率大幅提高，直接导致 2021 年至今电力供应紧张，同时大量“两高一剩”行业项目陆续投产、开建、拟建或开展前期工作，直接威胁重庆市能源消费总量和强度控制目标的实现。

本轮大宗原材料价格上涨，主要是国际投机资本炒作的结果，在总需求萎缩的背景下，大宗原材料价格上涨是不可持续的。跟风拟建扩建高耗能行业项目的建设单位和各级相关地方政府，追求产品价格的眼前利益和固定资产投资的短期利益，忽视“两高”行业盲目扩张的危害。国际国内投机资本套利退出后，大宗原材料价格必然大幅下跌，目前拟建项目如果上马，必然将造成重庆市无效过剩产能的进一步增加，很可能出现建成即破产的状况，以银行贷款和债券为主要资金来源的项目还会导致金融风险的上升，同时资本的挤出效应导致资金无法投入科技突破领域、无法实现产业结构升级，大宗原材料价格最终会传导到消费品上，严重影响经济运行安全。

（二）对碳达峰碳中和战略的理解存在误区

自习近平主席在国际国内多个场合庄严宣誓我国 2030 年前碳达峰 2060 年前碳中和的伟大目标后，社会各界也在积极响应党中央国务院的“双碳”战略部署和号召，但是其中不乏对碳达峰碳中和战略的错误理解，认为国家会收紧高耗能高碳排放行业准入，同时建立全国碳排放权交易市场，碳排放配额会成为高耗能高碳排放行业巨额的无形资产，于是出现了碳冲锋、攀高峰的风潮。

在 2030 年时间点之前进行碳冲锋，高位达峰，最大的危害是导致高耗能行业产能过剩进一步恶化，给实现 2060 年碳中和目标带来更大的难度和压力。

四　对策与建议

（一）坚持节能优先，提高全社会能源利用效率

节能是维护能源安全和推进碳达峰碳中和的必然选择。重庆市面临能源

对外依存度高、能源保供压力大、常规水电资源开发殆尽、风光资源有限等严峻形势，这决定了重庆市必须坚定不移贯彻节能优先方针，加快促进用能方式向集约高效转变。推进碳达峰碳中和，更需要把节约能源资源放在首位，实行全面节约战略，坚持节能优先不动摇，提高全社会能源利用效率，加快生产生活方式绿色低碳转型。

若要在2026年目标情景下，到2025年将能源消费总量控制在“十四五”能源消费总量控制基本目标之内，应进一步加大节能减排力度，降低能源消费弹性系数。

如表5所示，到2025年要将能源消费总量控制在10213.48万吨标准煤以内，能耗强度应下降到0.274吨标准煤/万元，较基本情景（以2020年为基期）的0.3053吨标准煤/万元进一步下降10.25%，“十四五”期间下降率要提高到3.28%以上，能源消费总量年增长率要控制在1.96%以内；要进一步加大节能减排力度，到2026年，较2021年形成2881.43万吨标准煤的节能能力。

表5 基于2026年发展目标的严格情景预测

项目	单位	2021年	2022年	2023年	2024年	2025年	2026年
2026年目标情景GDP	亿元	27894.02	29979.26	32220.38	34629.04	37217.76	40000
严控情景下能源消费总量	万吨标准煤	9271.00	9452.27	9637.08	9825.5	10213.48	10413.17
严控情景下二氧化碳排放总量	万吨	16595.09	16919.56	17250.37	17587.65	18282.13	18639.57
严控情景下能耗强度	吨标准煤/万元	0.332	0.315	0.299	0.284	0.274	0.26
基本情景下能源消费总量	万吨标准煤	9127.49	9387.65	9655.23	9930.43	10213.48	10504.59

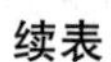

续表

项目	单位	2021年	2022年	2023年	2024年	2025年	2026年
基本情景下二氧化碳排放总量	万吨	16338.21	16803.89	17282.86	17775.47	18282.13	18803.22
基本情景下能耗强度	吨标准煤/万元	0.3444	0.3342	0.3242	0.3146	0.3053	0.2960

注：严控情景即GDP年均增长7.48%，能源消费强度年均下降3.28%。

（二）严格能源消费总量控制，坚决遏制“两高”项目盲目发展

虽然《方案》将能源消费总量控制设置为弹性管理，能耗强度降低达到激励目标的，能源消费总量在能耗双控考核中免予考核，但是严格控制能源消费总量是遏制“两高”项目盲目发展、保障能源安全、控制温室气体排放和污染物排放的最有力、最直接、最有约束力的政策手段。重庆市六大高耗能行业能源消费量占规模以上工业能源消费量比例为84.45%，并有逐年上升的趋势，因此应坚决遏制“两高”项目盲目发展，为经济社会高质量发展腾出用能空间和碳排放空间。

（三）加快调整优化产业结构，推动实现高质量发展

从预测分析结果来看，要实现经济高速增长的同时完成能源消费总量和强度双控目标，必然要让经济增长脱离能源消费增长的既定轨道，即将能源消费弹性系数控制在0.4左右，立足重庆市市情和资源禀赋，选择好产业发展方向，在建设全国统一大市场框架内，控制好增量，调整好存量，才能实现绿色低碳高质量发展。

（四）深度挖掘全社会节能潜力，高标准实施节能降碳行动

工业在重庆市经济社会发展中一直是也将长期是压舱石，工业能源消费在重庆市终端能源消费中占比也是最高的。2020年疫情发生以来，占比有

逐步提高的趋势，经过多年的努力，工业领域节能减排的潜力逐步减少，技术难度和成本逐步提高，除了继续在供给测以高标准实施节能降碳行动、进一步提升工业品和消费品能效水平，也应在需求侧引导低碳绿色消费，推动全生命周期评价，将节能降碳成本传递到消费端，进一步拓展节能降碳工作的空间和领域。

（五）抓住机遇，大力发展节能低碳产业

重庆市作为国家重要先进制造业中心，应抓住碳达峰碳中和重大历史机遇，加快培育壮大具有国际竞争力的先进制造业集群，特别是在风电、光伏、特高压输变电成套装备、储能设备、垃圾高效清洁焚烧发电、烟气脱硫脱硝、新能源汽车等领域进一步巩固和发挥重庆市传统制造业优势，探索和突破氢燃料电池、储氢材料、碳捕集、碳中和技术和装置等新兴前沿领域，以节能低碳产业引领重庆市产业绿色高质量升级。

参考文献

重庆市统计局、国家统计局重庆调查总队：《重庆统计年鉴 2019》，中国统计出版社，2019。

重庆市统计局、国家统计局重庆调查总队：《重庆统计年鉴 2020》，中国统计出版社，2020。

重庆市统计局、国家统计局重庆调查总队：《重庆统计年鉴 2021》，中国统计出版社，2021。

G.13
重庆市老旧社区绿色改造与品质提升路径研究

钱　艳*

摘　要： 老旧社区改造作为城市更新的主要内容，具有“既保民生，又稳投资，同时拉动内需”的特点，受到社会各界和我国政府的高度关注。除了国家层面不断出台老旧小区整治和改造的相关文件，地方政府也在积极配合推进城市老旧社区的改造。老旧社区改造工作推进面临大量挑战，存在物理环境、社会空间等多方面的治理难题。通过调研重庆市老旧社区的现状，根据老旧社区不同经济属性、物理环境以及相异的社会历史和文化属性，分析借鉴其他城市老旧社区改造提升的案例经验，探索符合重庆山地城市特色“共商、共建、共治、共享”老旧社区绿色改造与品质提升路径及其对策建议。

关键词： 老旧社区　绿色改造　可持续发展　社区治理

城市是一个统一的有机体，也是人类文明进步的重要载体之一。当前，我国城市的建设已经从过去注重新建和外延扩张阶段逐步进入注重城市更新和内涵发展的阶段。城市建设不再重复以往的速度和空间扩张至上的模式，更重视以人为本、产城融合和城乡一体化，将绿色、低碳、循环、智慧、健康等理念贯穿城市开发建设和管理的全过程。2020 年 10 月，党的十九届五中

* 钱艳，重庆大学讲师，管理学博士，从事可持续发展下的城市更新与创新城市治理研究。

全会通过的《中共中央关于制定国民经济和社会发展第十四个五年规划和二〇三五年远景目标的建议》将实施城市更新行动、加强城镇老旧小区改造和社区建设定为我国城市发展的重大战略之一。“十四五”规划中提出“加快推进城市更新，改造提升老旧小区、老旧厂区、老旧街区和城中村等存量片区功能”。老旧小区改造作为城市更新的主要内容，具有“既保民生，又稳投资，同时拉动内需”的特点，受到社会各界和我国政府的高度关注。2021年12月，住房和城乡建设部办公厅、国家发展改革委办公厅、财政部办公厅印发《关于进一步明确城镇老旧小区改造工作要求的通知》，全面部署推进城镇老旧小区改造的相关工作。根据住房和城乡建设部的数据，仅2020年和2021年，我国新开工的城镇老旧小区改造项目便涉及约9.3万个社区，而这一数字在未来仍将不断扩大。无论是已实施的项目规模还是新近颁布的中央政策，均凸显老旧小区改造已经成为我国城镇高质量建设的时代所需。

除了国家层面不断出台老旧小区整治和改造的相关文件，地方政府也积极配合推进城市老旧小区的改造。从实施情况和改造效果看，北京、广州、厦门、深圳、成都等城市起到了典范作用。这些城市在老旧小区的改造方面取得了显著成果，在改造过程中积累了大量宝贵经验。为了响应中央政策，积极推进老旧小区改造工作，重庆市也出台了一些相关意见和政策。在2017年《重庆市人民政府工作报告》中，明确提出“开展城市修补和生态修复，改造老旧小区和棚户区”等推进城市建设；2018年11月，重庆市出台《重庆市城市提升行动计划》，列出城市提升的九大板块并提出37项具体任务，在推进“城市双修”和老旧小区有机更新上，该行动计划指出重庆市将综合采用“微更新”、零星改造、综合整治等方式，解决老城区环境品质下降、空间秩序混乱等问题，促进城市品质提升。

一　重庆城市老旧社区的概况

（一）重庆城市老旧社区的三维分类

作为城市更新的重要组成部分，老旧社区的更新改造在国家和地方层面都受到高度重视。城市老旧社区通常指2000年以前建成的集中居住社区，且不纳为棚户区（危旧房）改造和划定规划红线三年内拟征收的房屋群范围。这些居住小区通常具有建设历史长、房屋陈旧、环境恶劣、布局杂乱、公共配套设施缺损或老化、社区管理服务机制不健全等问题，且不宜整体拆除改建。

本文基于产权理论、可持续发展理论提出老旧社区物理—经济—社会文化三维视角下分类以及异质化提升路径的框架。物理维度包括社区环境、建成年限、建筑结构、配套设施、设备状况，经济维度主要包括投资主体和所有权性质、就业以及经济活力等因素，社会文化维度则考虑到邻里文化、历史文化遗产、建筑风貌等。不同类型的老旧社区处于不同维度的社区发展空间，有着相异的品质提升关键路径和时空演化机理，如图1所示。

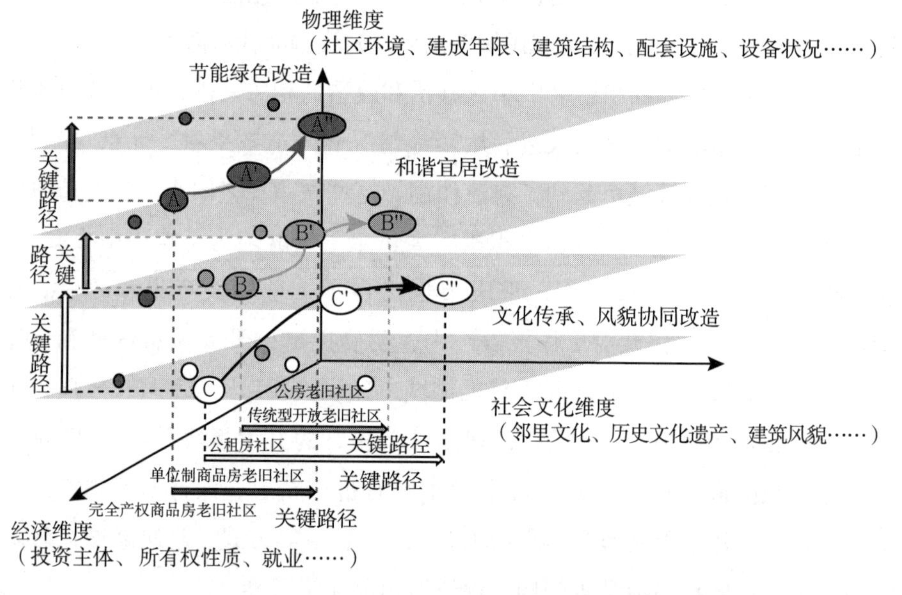

图1　三维城市老旧社区属性分类测度及品质提升路径框架

（二）三维属性下老旧社区分类测度指标框架

本文在对选定城市老旧社区进行三维视图分类测度时，也考虑到以下影响因素：①主客观指标选择；②指标特异性；③分析规模；④社会群体维度；⑤生活质量指标构成；⑥测量难度。三维属性下老旧社区分类测度指标框架见图 2。

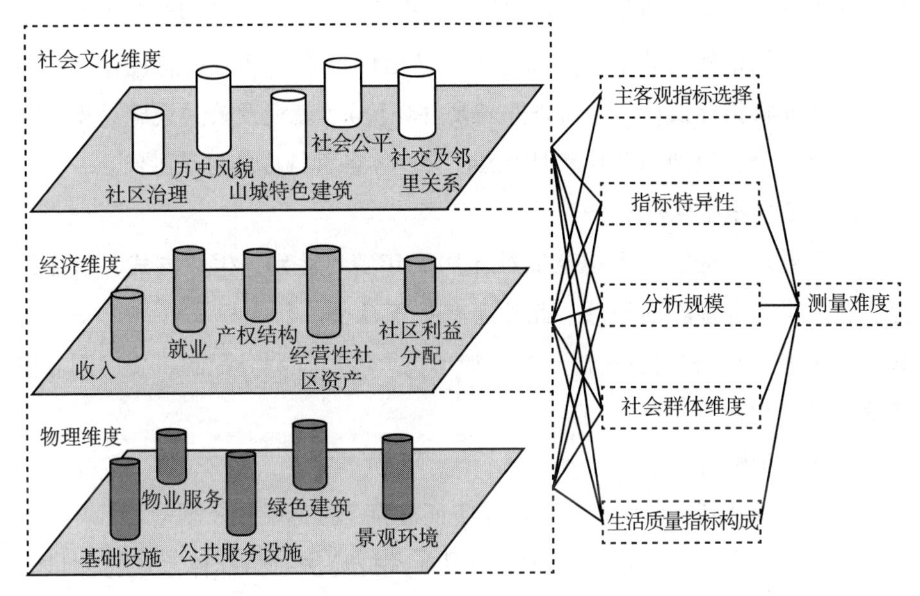

图 2　三维属性下老旧社区分类测度指标框架

1. 主客观指标选择

物理指标主要基于客观测量，通过定量分析进行分类描绘。但经济指标和社会文化指标都侧重于主观测量。相对而言，主观指标设计和被访者提供数据需要进行有效性和可靠性筛查。

2. 指标特异性

指标选择除主客观区别外，还可以根据其特殊性或一般性程度进行分类，如社区当地公共交通服务或停车场服务质量可能与居民生活质量评估相关，社区邻里关系及个体体验会影响社区服务满意度测量结果。物理指标中室内装修质量及设施也会影响当地公共设施的可用性。

3. 分析规模

老旧社区分类测度指标体系的设计只有在一定规模下具有具象指代目标及其表达时才有意义。本研究将老旧社区经济、社会文化指标置于空间维度，在不同地理尺度、人群尺度及区域尺度进行层次化演化分析。

4. 社会群体维度

老旧社区的生态相关性并不能反映每个个体的体验，在设计老旧社区三维指标时，网格使用的单位距离越大，其坐标位置内部潜在忽视程度就越大。本研究将指标设计与住房条件（硬件环境）、就业及公共设施易得性进行网格化划分，识别和绘制老旧小区社会群体各种维度的层级画像。

5. 生活质量指标构成

生活质量指标需要考虑老旧社区居民年龄、性别、生活方式、就业情况、收入来源等多层面划分，此外还有基于社交、行为模式（如公交乘客或私家车乘客）、相关者利益分配（如单位大院、福利分配制、公房制居民院落）的分组。

6. 测量难度

指标选择及其概念阐释模型需要实证检验，指标赋权及测量技术会影响老旧社区的三维定位模型。本研究采用专家打分法对指标体系进行测试和检验。

（三）重庆城市老旧社区的基本特征

重庆市老旧社区由于历史原因，物理环境和配套设施缺失或老化，所有权性质不清晰、社会关系破碎等，在可持续社区更新路径上呈现异质化特征。

根据以上指标选择及影响因素分析，本研究对重庆市沙坪坝区灯头厂小区、渝中区沧白路社区、九龙坡区白马凼社区、南岸区月光小区、南岸正街新街片区等 24 个老旧社区进行三维视图分析，见图 3。

本课题选择的 24 个老旧社区改造案例通过细化三维改造清单，从社区、街道、区县自下而上逐个对接，推动物理环境、经济提振、历史保护及文旅发展等多维度的品质提升。

1. 改善物理环境，完善配套设施

以灯头厂小区、嘉陵三村、枣一巷社区改造为代表，从整治环境、铺设

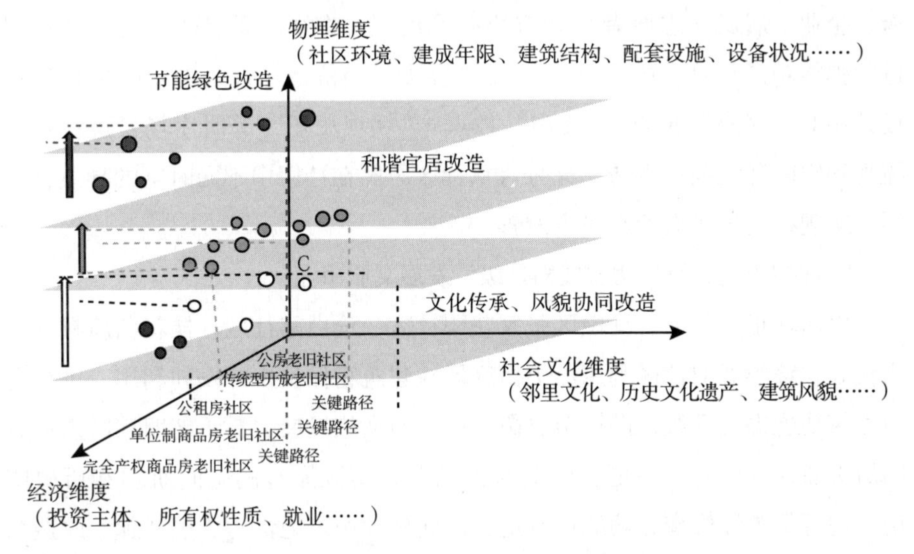

图3 重庆市24个老旧社区三维属性

基础配套设施着手，进行精准“微更新”和“微改造”。此类老旧社区改造初期通过列出水电气信管网铺设、垃圾分类、道路、停车、安防、无障碍设施等各类配套服务设施改造清单，在政府主导下由社区居民、基层治理机构和建设单位进行多轮讨论确定改造重点。在区位、环境受限的情况下，各类社区改造在用地边界调整方面着力，将“边角地”“夹心地”“插花地”与周边更新地块融合起来，进行零星拆除和修建。在满足消防安全的前提下，适当调整现有建筑物的间距。在中长期更新改造目标中，加入社区营建、景观绿化和风貌提升，并且针对老龄化居民比例较高的老旧社区进行精准适老化改造、无障碍设施改造等，实现健康社区的建设目标。

2. 盘活社区资产，发展服务业态

以九龙坡区白马凼社区、兰花小区、大渡口月光小区等社区改造为代表，通过引入社会资本盘活小区及周边存量资源。有的老旧社区通过政府成片改造利用修建停车场、便利店、菜市场、充电设施、广告设施等经营性资产，发展社区服务新业态，促进就业和激发社区消费。有的社区将临街底层住宅全部或部分转变为商业服务功能，实现原有建筑的创新创意利用。在政府、企业、居民（志愿者）多方协同作用下，将社区原有建筑及公共空间进行弹性功能设计，鼓励社区发展“晨昏”经济，在社区更新改造规划和设计中对“早点”摊点、“夜市”摊点、“坝坝舞场”等时序场景进行功能梳理和空间弹性利用再造，充分尊重社区居民在社区中不同时空的异质化利用，实现社区经济繁荣与民生改善。

3. 保护历史建筑，功能提档升级，发展文旅事业

以南坪正街新街、渝中区张家花园社区、沧白路社区、桂花园新村社区为代表，该类老旧社区利用历史街区风貌建筑物保护性开发和利用，进行老旧建筑功能提档升级，助推历史街区保护与文旅发展。对于老旧社区内拥有的历史建筑和街巷，在更新改造时强调尊重街区原有的空间肌理和历史印记，进行保护性修缮和功能性改造，以此延续城市记忆与历史文脉。改造初期，将小尺度、微更新与社区氛围营造相结合，政府、居民、企业多方联动，构成多元化投资联合体，为老旧社区的复兴注入活力。在可持续品质提升的长期改造计划中，将特色街区、风貌集市、风味饮食等产业策划纳入更新范围。南坪正街、新街片区老旧社区改造项目既保留了秦良玉驻守“南坪关”等历史文化底蕴，也保留了市井生活气息。渝中区张家花园社区等老旧历史街区的改造则既保留了渝中母城山地特色建筑群，也打造了山城特色步道旅游经济。

二　重庆城市老旧社区的改造提升案例研究

（一）沙坪坝区灯头厂小区改造项目

重庆市沙坪坝灯头厂小区建于20世纪80年代，共有居民楼5栋，居民180户，建筑面积10400平方米。重庆灯头厂于2005年破产后，该厂家属小区一直处于“半脱管”状态，设施设备老化、管理秩序混乱、公共服务缺失，与邻近的三峡广场商圈和周边的商业开发小区形成了巨大的反差。

2018年沙坪坝区启动实施了灯头厂家属区改造提升示范项目。历经一年多的改造，灯头厂小区环境明显改善，楼栋外立面焕然一新，家属区生活配套基本完善，厂区居民的幸福感、安全感、获得感都显著提升。课题组通过走访调研灯头厂社区，总结出该示范项目的几个成功经验。

1. 通过分析社区规模确定相应分级提升路径

不同居住人口规模的小区，应配置不同层次的配套设施，才能满足居民基本的物质与文化生活需求。灯头厂小区改造提升项目，在规划布局形式上，结合所处区位、环境风貌和自身规划条件等具体情况进行了灵活处置，增设了无障碍通道、管理用房等配套设施，切实增强了居民的获得感、幸福感、安全感。

2. 围绕“共商、共建、共享、共治”原则确定改造路径

灯头厂小区改造过程中，从需求调查、申请与受理、方案设计、竣工验收等多个环节，均发动居民全过程参与。针对个别较为复杂的方案变更，还会组织居民、社区组织、专家学者、区政府相关部门、企业单位等社会各界力量共同参与。老旧社区改造项目中的利益相关者全过程充分参与，提高了沟通效率，降低了交易成本，实现了“住”“建”“管”协同下的社区更新。

3. 结合居民诉求制订改造方案，提高社区改造满意度

该小区改造中对与居民生活直接相关的水、电、气、房、路等房屋及其配套设施进行维修完善，精准实施了外墙翻新、屋面防水、给排水改造等配套设施工程。同时，把垃圾分类等绿色生活设施也作为综合改造的基本内容。随着生活水平的提高，居民的诉求也相应提高，在保基本的基础上，也合理建设一些提升品质类基础设施。如增设环保雨棚、晾衣竿，并结合场地条件增设了安防系统、配建了小型停车场。改善老旧社区的居住条件，最关键的是完善公共服务。在灯头厂区改造项目中，充分利用梨树湾社区公共服务中心，建设“完整社区”。目前，灯头厂小区社区管理并入梨树湾社区居委会后，社区管理和服务工作得到了极大提升。

（二）渝中区沧白路社区改造项目

沧白路社区隶属于渝中区解放碑街道，位于渝中半岛东部，紧邻洪崖洞

民俗风貌区。社区占地约 0.13 平方公里，拥有居民楼 43 栋，大多数为 20 世纪 90 年代前后修建。常住人口 8000 余人，社区人口老龄化率达到 28%。沧白路社区建筑风貌属于典型山地老旧社区。

渝中区于 2016 年底开始对沧白路、洪崖洞路段进行交通优化改造工程。克服了地下管线复杂、高架桥交会处施工难度较大等困难，在保障安全的前提下，完成了社区人行道新建、道路路面拓宽、给水管迁改、黄桷树移栽、电力检查井增设及新砌花坛等工程，达到缓解交通拥堵、美化周边环境的效果。

通过调研，原沧白路社区服务中心受地形限制，社区服务空间严重不足，社区服务“专业度、精准度”不高，在居民心中“认同感、归属感”也偏弱。2021 年渝中区提出打造“渝中怡家”社区综合服务体，探索独具特色的城市社区治理新路径。沧白路社区不仅在硬环境上着力改造，还因地制宜设置了“小微驿站”“四点半课堂”“老年大学分校”“社区食堂”等，持续开展“邻居节”“小小规划师”“梦想课堂”“青春联谊”等特色活动，更引入社会力量，推出咖啡、健身、茶艺、养老等服务品牌和项目，满足社区居民多层次需求。沧白路社区将社会、文化维度更新引入老旧社区可持续更新框架，更从可持续生计等视域进行全方位的社区提档升级改造。

（三）南坪正街、新街片区改造项目

南坪正街、新街片区曾是 20 世纪 80 年代中心城区建筑最集中、规模最大、市井烟火味最浓郁的街区。随着城市化进程加速推进，曾经的繁华之地逐渐失去了往日的色彩。

2021 年 11 月，南岸区政府启动了南坪正街、新街片区成片改造项目，共涉及房屋 65 栋、惠及住户 3632 户。南坪街道将该老旧社区改造工程升级为集房改、文创、商业于一体。南坪正街、新街片区改造注重历史街区保护性修缮，通过现代设计让临街商铺呈现 80 年代风格，在提升几十年老店时尚感的同时，也引入新兴经营品类，打造创意集市、夜市

经济。

南坪正街、新街片区项目通过集中成片的整体改造、配套基础设施的全面提升，营造品质较高的居住环境。目前，这个片区已改造成为网红文旅街区。南坪正街、新街片区老旧小区既保留了历史厚重感，又增加了城市烟火气。该老旧小区改造案例不仅仅是物理环境维度的以新代旧，同时潜心挖掘社区历史资源，保留原生态的历史风貌，导入新兴商业，让老街区焕发经济活力，实现了多维度的社区有机更新。

（四）九龙坡区白马凼社区改造项目

白马凼社区属于九龙坡区红育坡片区，区域内大部分房屋建造于 20 世纪 80 年代，居住着 1.1 万余户居民。2020 年 11 月，白马凼社区改造项目正式启动。为创新市场模式，拓宽资金渠道，重庆市住房和城乡建设委员会与九龙坡区政府经多方论证后，采用 PPP 模式的 ROT 运作方式，这也是全国首个采用 PPP 模式改造老旧小区的项目。愿景集团作为社会资本方全过程参与了项目设计、建设、运营、后续维护等工作，建立“居民受益、企业获利、政府减压”的多方共赢模式。

愿景集团组织了规划师、设计师、工程师等团队进驻社区，开展沉浸式调研设计。社区改造实施前，愿景集团通过社区居民交流会广泛征集改造需求清单。根据梳理、分析的居民需求紧迫程度，制订多套改造设计方案。特别是针对居民对消除安全隐患、完善社区功能、改善居住环境、加强平安建设等方面的改造需求进行多轮协商，争取最大化意见覆盖。

改造后的白马凼社区不仅增加了公共活动空间，集合了乒乓球台、活动广场、白马睦邻会客厅、立体停车场、健身器材、党建宣传栏等多种功能的配套设施，还修建了街心公园、彩虹风雨长廊，提供给社区居民开展集体活动。为破解老旧小区长效管理中资金不足的问题，白马凼社区引入了第三方物业公司，采用居民缴纳物业费与政府补贴相结合的方式，实行楼栋“物业服务”与街区“城市服务”一体化管理。

（五）案例总结

课题组通过调研、跟进重庆市老旧社区可持续更新改造项目，对老旧社区多维度提升路径及时空演化进行深入研究。

老旧社区更新改造要符合城市可持续发展的总体目标，不仅从功能上实现提档升级，还要与再生能源、节能材料等应用相结合，在现有技术条件下提供多种选择以达到节能减排的目标。

坚持“共商、共建、共治、共享”，采用微更新、渐进式改造与成片功能区改造相结合的方法，以“一例一策”为指导，避免“一刀切”。从居民需求出发，将引导城市转型发展的大项目与市民生活的小空间相结合，通过空间的弹性利用、功能植入等方式，盘活社区空间资产、刺激社区再生修复能力，实现可持续有机更新。

三　重庆城市老旧社区的改造提升建议

针对重庆市老旧社区改造的现实问题，以实现老旧社区绿色改造提升为目标，提出以下方法体系和对策建议。

（一）提高认识，将老旧社区改造作为重庆经济社会发展的长期重要工作之一

当前重庆市经济增速总体放缓，受房地产投资周期性波动影响大，在国家对房地产市场调控趋紧的大形势下，一方面需要大力发展智慧产业与创新经济推动产业转型升级，另一方面亟待发掘新的经济增长点。城市更新不仅是提升城市品质和改善居住环境的民生活动，更是一个城市长期持续不断的经济活动。围绕城市老旧社区改造可以形成一个长期稳定的产业，既实现山清水秀美丽之地的战略定位，又提升人民获得感、幸福感，促进经济社会稳定发展。

（二）编制老旧社区专项城市更新规划、细化老旧社区物质改造与社区治理建设清单

建议尽快组织力量编制重庆市老旧社区更新专项规划。专项规划可以分为“老旧社区更新总体规划—片区规划—单元规划”三个层级。一方面，为老旧社区可持续更新活动提供总体的指引和多层次的合法依据；另一方面，充分发挥社区基层组织和市民的力量，引入现代社区治理的理念，形成“共商、共建、共治、共享”的老旧社区可持续更新治理模式。

（三）构建城市老旧社区更新改造的技术标准体系

建议根据老旧社区实际需要，在充分尊重现状、不降低原有技术标准、保证功能正常、使用安全的前提下，分类制定针对老旧社区改造项目的技术标准体系。将不同类型的老旧社区改造项目置于三维视角动态演化中进行技术论证，允许在建筑功能改变、用地边界调整、建筑间距与退让、道路技术标准、消防技术标准、公园绿地兼容使用等方面突破现行标准。例如允许部分老旧建筑功能改变，将居住功能转换为街道、社区公共服务设施、公寓等功能；临主要街巷的底层住宅，可全部或部分转变为商业服务功能等，以实现激发经济增长、刺激社区自吸收就业、发展“晨昏”经济。

（四）完善老旧社区更新改造公共政策

探索保障公共利益、保护多方权益、利于以老旧社区改造提升为核心的城市更新的公共政策。制定城市公共利益导向的公共政策，老旧社区更新改造政策要体现公共政策导向，明确利益相关者义务、条件及激励机制。将公共服务设施、公共空间和公共停车设施（经评估确有必要的）等作为老旧社区改造的公共服务底线，一方面将其纳入更新改造规划加强管理，另一方面制定配套政策促进实施。

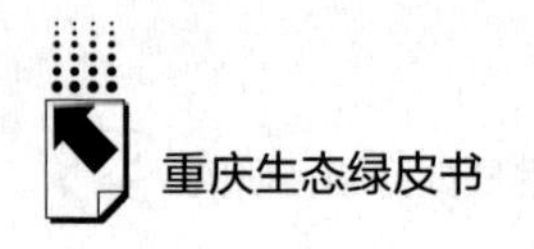

参考文献

李德智、谷甜甜、王艳青：《基于 TPB-TSP-TSA 的老旧小区居民参与海绵化改造障碍及其突破——以江苏省镇江市为例》，《现代城市研究》2019 年第 10 期。

胡迎春、曹大贵：《南京提升城市品质战略研究》，《现代城市研究》2009 年第 6 期。

张松、镇雪锋：《城市保护与城市品质提升的关系思考》，《国际城市规划》2013 年第 1 期。

高春菊：《历史文化资源的开发与城市文化品质的提升——以衡水市历史文化资源的开发为例》，《改革与战略》2012 年第 4 期。

沈尚武：《优秀传统文化在城市品质建设中的作用和路径——以上海嘉定为例》，《领导科学论坛》2015 年第 1 期。

Clark T. N., *Urban Amenities: Lakes, Opera, And Juice Bars: Do They Drive Development?* Emerald Group Publishing Limited, 2003.

Pacione M., "Urban Environmental Quality and Human Wellbeing-A Social Geographical Perspective," *Landscape and Urban Planning*, 2003 (65).

G.14

重庆市碳减排进展及对策研究*

孙贵艳**

摘　要： 习近平总书记宣布我国将力争2030年前实现碳达峰、2060年前实现碳中和。重庆市作为低碳试点城市，碳排放呈现总量整体上升、碳强度持续降低的态势，仅2020年受疫情影响碳排放总量有所降低。重庆在推进碳减排过程中，依然存在面临经济社会发展与转型双重挑战、碳排放总量核查不完善、高碳排放行业占比高、碳排放交易市场不健全、政策平台技术人才保障不成熟等问题，为此，亟须采取一系列有效的应对措施。

关键词： 碳减排　减污降排　重庆

2020年习近平总书记正式宣布我国将力争2030年前实现碳达峰、2060年前实现碳中和，这预示着我国已驶入绿色低碳发展“快车道”。重庆市是国家首批“五省八市”低碳试点、区域性碳排放权交易试点和低碳产品认证试点省市，《重庆市国民经济和社会发展第十四个五年规划和二〇三五年远景目标纲要》提出，加快推动绿色低碳发展，强化绿色发展的法规和政策保障，在推进长江经济带绿色发展中发挥示范作用。为此，重庆应围绕碳达峰目标，多措并举，为我国尽早实现“30·60目标”贡献重庆力量。

---

* 本文系重庆市2021年度技术预见与制度创新专项一般项目“绿色发展背景下重庆市碳总量调控机制优化研究”（项目编号：cstc2021jsyj-zdxwtAX0001）、“完善重庆碳排放权交易市场的路径与政策研究”（项目编号：cstc2021jsyj-zdxwtAX0054）阶段性成果。

** 孙贵艳，重庆社会科学院生态与环境资源研究所（生态安全与绿色发展研究中心）研究员，主要从事区域经济研究。

一 重庆碳减排面临的国内外形势

自 1992 年联合国推出《气候变化框架公约》以来，大部分国家先后签订了《京都议定书》《哥本哈根协议》，特别是占全球温室气体排放总量92%的 195 个国家已签署《巴黎协定》，同意制定长期目标，以“自主贡献”的方式共同应对气候变化，全球气候治理进入新阶段。近年来，大量温室气体排放的影响已逐渐显现，全球气候变暖，海平面上升、极端天气事件增加和森林火灾频发等风险加剧，世界已经进入全球气候变化时代，人类发展面临着最大的非传统安全挑战。IPCC 发布的《IPCC 全球升温 1.5℃特别报告》指出，按照目前人类的温室气体排放水平计算，全球每十年升温 0.1~0.3℃，若这一趋势不变，2030~2052 年就将达到升温 1.5℃的阈值，接下来 10 年可能是人类避免灾难性影响的最后时机。实现 1.5℃目标要求全世界在 2050 年左右实现碳中和。

为积极应对气候变化，世界各国纷纷开展行动，如欧盟《欧洲绿色新政》提出，2050 年碳中和目标、落实目标的政策路线图等；拜登签署《关于应对国内外气候危机的行政命令》，积极推进绿色新政，更全面和强硬推进碳中和；日本发布“绿色增长战略”，计划在海上风力发电、电动车、氢能源等 14 个重点领域推进减排，以实现温室气体“净零排放”等。国际能源署（IEA）发布的《全球能源回顾：2021 年二氧化碳排放》指出，2021 年全球二氧化碳排放量的绝对增幅超过 20 亿吨，是历史上最大的增幅，未来实现绿色低碳道阻且长。

我国碳排放约占全球的 1/4，是世界碳排放的最主要来源。据气候行动追踪组织（CAT）对我国的分析，若在 2060 年前实现碳中和，全球变暖将比预期降低 0.2~0.3℃，而如果碳排放量保持目前的增速，到 2030 年我国可能会有 1000 万~4500 万人遭受极端炎热和致命热浪的影响。“十二五”以来，党中央、国务院积极采取强有力减碳降碳行动，制定并实施了《“十二五”控制温室气体排放工作方案》《“十三五”控制温室气体排放工作方案》《国家应对气候变化规划（2014—2020年）》等，截至2020年底，我国碳排放量达98.94亿吨，占全球比重将近31%，连续4年保持增长，更是全球为数不多的几个碳排放总量保持增加的地区之一，但碳排放强度比2015年降低18.8%，比2005年降低48.4%，超过了向国际社会承诺的40%~45%的目标，基本扭转了二氧化碳排放快速增长的局面。

2020年9月22日习近平总书记在第75届联合国大会上郑重宣布中国“二氧化碳排放力争2030年前达到峰值，努力争取2060年前实现碳中和”。相较于欧盟、美国等，我国作为世界上最大的发展中国家，2030年前碳达峰、2060年前碳中和的发展目标要求仅用30年的时间将碳排放总量从尖峰中和至零排放，这意味着我国碳中和速度和力度将远远超越欧美发达国家，碳中和的时间紧、任务重。特别是“十四五”时期，我国生态文明建设进入了以降碳为重点战略方向、推动减污降碳协同增效、促进经济社会发展全面绿色转型、实现生态环境质量改善由量变到质变的关键时期，应选择典型省、市、行业和企业，率先开展碳达峰和碳中和试点示范，实现经济复苏和绿色低碳发展的协同增效。

二　重庆碳排放及碳减排的推进情况

（一）碳排放状况

根据生态环境部发布的《省级二氧化碳排放达峰行动方案编制指南》，重庆碳排放总量是由行政区域内化石能源消费产生的二氧化碳直接排放（能源活动二氧化碳排放）以及电力调入蕴含的间接排放加总得到。通过对重庆碳排放总量核算可知，2005~2019年重庆碳排放总量持续上升，碳强度持续降低，2019年碳排放总量达到1.6亿吨，碳强度为0.733吨/万元（2015年不变价），2020年由于疫情原因，排放总量有所降低，碳强度降幅趋缓，碳排放总量较2005年累计增加约8949万吨，其中“十一五”“十二五”“十三五”分别增加3651万吨、4135万吨、1163万吨；碳排放强度持

续下降，2020 年较 2005 年降低 54.8%，“十一五”“十二五”“十三五”下降率分别为 23.0%、23.1%、23.7%。

总的来说，“十三五”期间重庆碳排放强度较 2015 年累计下降约 24%，超额完成国家下达的 19.5% 目标任务，绝对值降为 0.682 吨/万元，比全国平均水平低 30%（见图 1）。

图 1　2005~2020 年碳排放总量与碳排放增幅情况（2015 年不变价）

（二）碳减排推进情况

1. 扎实推进地方试点碳市场建设

重庆为全国 7 个碳排放权交易试点省市之一，是西部地区唯一的试点碳市场，也是西部唯一出资参与全国碳排放权交易市场联建联维省市。自 2014 年 6 月碳排放权交易中心正式开市以来，重庆制定出台了《重庆市碳排放权交易管理暂行办法》（渝府发〔2014〕17 号）等以管理办法为纲领，以配额管理、核查、交易 3 个细则为主体的“1+3+N”制度体系，形成申报、报告、注册登记、交易四大电子化功能平台。重庆重点约束工业企业碳排放，将年碳排放量达到 2 万吨以上的工业企业纳入碳市场进行碳排放配额管控，初期主要涉及化工、建材、冶金、电力等高耗能、高碳排放行业，碳市场初期共纳入 242 家工业企业，其排放量约占全市碳排放总量的 50%，并率先开展配额绝对总量控制，主要采用历史总量法对配额进行免费分配，配额总量按照碳减排目标逐年下降（将控排企业 2008~2012 年最高年度碳排放量之和作为 2013 年配额总量，2015 年前配额总量在 2013 年基础上逐年下降 4.13%；2015 年后配额总量在 2015 年基础上逐年下降 4.85%）。

截至 2021 年，重庆碳市场成交碳排放权 1643 万吨，成交额 3.4 亿元，同比增长 10 倍，其中配额成交量 1091 万吨，成交额 2.8 亿元，超过历年成交总额，并成功开展了首次碳排放配额有偿发放，有效缓解了排放单位履约压力。重庆碳交易试点的建设为开展碳排放总量控制积累了丰富的研究基础和实践经验。随着碳排放权交易市场运行愈加平稳，其对碳减排的促进作用逐步显现。

2. 探索开展多项创新实践工作

碳汇方面。为了进一步发挥碳市场对自愿减排项目开发的引导作用，激发企业减排动力，引导全社会形成绿色低碳生活方式，2019 年 7 月重庆市生态环境局办公室印发《重庆市“碳汇+”生态产品价值实现试点工作方案》（渝环办〔2019〕305 号），启动“碳汇+”生态产品价值实现试点，将林业碳汇、户用沼气、光伏发电、垃圾分类等温室气体减排行为项目化，构建多元化生态产品体系。“碳汇+”首期产品主要开发了贫困地区的成片林、单株乔木的碳汇项目。重庆还建立了全国首个集覆盖碳履约（面向履约企业）、碳普惠（面向公众低碳行为）、碳中和（面向政府大型会议）于一体的“碳惠通”生态产品价值实现平台，发布《重庆市“碳惠通”生态产品价值实现平台管理办法（试行）》，打通了“绿水青山”和“金山银山”的转化通道，完成渝东北、渝东南首批 190 余万吨碳汇类生态产品开发，促成首批生态产品成交，打通资源变现路径。

碳金融方面。重庆加快构建完善绿色金融产品和市场体系，全市 42 家金融机构推出 180 余款绿色金融产品，实现绿色贷款余额超 3500 亿元，各类绿色债券超 380 亿元。创建绿色金融改革试验区，重庆作为全国首批申请开展气候投融资的试点，组建了全国首家区域性气候投融资产业促进中心，编制完成《重庆市气候投融资试点（两江新区）工作方案》、实施方案，配套制定项目目录（指南）、技术规范，形成“2+2”试点框架体系，大力推动金融机构投放优惠利率贷款，发行、承销碳中和债券，以及开展碳排放权质押贷款等气候投融资业务。此外，重庆还成为全国首个基本覆盖全辖所有银行机构（法人+非法人）按统一披露标准开展气候与环境信息披露的省市。

推进减污降碳有机融合。重庆将应对气候变化要求写入《重庆市构建现代环境治理体系实施方案》《重庆市生态环境状况公报》，这是全国首次，有效促进了应对气候变化和生态环境保护深度融合。率先将企业碳市场履约信息纳入环境信用评价，实现协同管理。2021 年 1 月，重庆市生态环境局印发《重庆市规划环境影响评价技术指南——碳排放评价（试行）》《重庆市建设项目环境影响评价技术指南——碳排放评价（试行）》，在全国率先将碳排放管理纳入环境影响评价和排污许可，指南结合重庆实际情况和碳达峰碳中和要求，对钢铁、火电（含热电）、建材、有色金属冶炼、化工（含石化）五大重点行业的规划环评和需编制环境影响报告书的建设项目环评，以及产业园区规划环评的碳排放评价明确了工作程序和计算方法，确定重庆市园区、重点企业、工序的碳排放量及排放强度（基准或碳排放折算系数），提出减污降碳对策建议等碳排放环境影响评价要求。重庆还出台《推动排污许可与碳排放协同管理》《关于在环评中规范开展碳排放影响评价的通知》等文件。

实现温室气体清单区县全覆盖。重庆已完成 2005 年、2010 年、2012 年、2014 年、2015~2018 年 8 个年度市级温室气体清单编制，为摸清区县和开发区的碳排放底数，重庆还印发了《重庆市区县温室气体清单编制指南（试行）》，制定了区县温室气体清单审查技术方案、审查要点等，组织专家对全市各区县 2019 年、2020 年温室气体清单进行了集中审查，42 个区县温室气体清单全部通过技术评审，实现了温室气体清单“区县全覆盖”，为控制温室气体排放推动实现碳达峰碳中和目标奠定了数据基础。

积极引导低碳生活。重庆还依托低碳城市、低碳园区和气候适应型城市等试点示范，有序推动了璧山区、潼南区国家气候适应型城市试点的开展，推动了双桥工业园区、璧山工业园区低碳工业园区的创建，推动了以九龙坡区白市驿镇海龙村为代表的低碳社区试点，并且推动了两江新区悦来近零碳排放示范工程建设。开展“全国低碳日”主题宣传，围绕“低碳行动、保卫蓝天”，举办低碳理念进机关、低碳文化进企业、低碳示范进社区、低碳消费进商圈、低碳文化进校园“五个进”活动，发放《重庆市民低碳公约》等。

3. 其他工作推进情况

重庆完成《重庆市重点用能企业能效赶超三年行动计划（2018—2020年）》，累计对100家市级监管重点用能企业开展节能目标责任制考核监督检查。绿色建筑方面，发布《关于推进绿色建筑高品质高质量发展的意见》，率先在夏热冬冷地区执行节能65%的标准，推动新建建筑设计和施工阶段节能强制性标准，执行率继续保持100%；推动可再生能源建筑规模化应用，形成江北嘴CBD、弹子石CBD、水土工业园区三大集中应用示范片区；率先在全国创新建立绿色建材评价标识制度，形成管理、标准、服务和应用四大支撑体系，2020年重庆城镇绿色建筑占新建建筑比例达到57.2%；重庆还大力推进装配式建筑应用，2020年装配式建筑面积占新建建筑面积的比例达到16%，被住建部评为装配式建筑范例城市。不断健全标准体系，在全国率先发布《工业企业碳管理指南》（DB50/T 936-2019）。“双碳”政策方面，2021年重庆出台《重庆市推进碳达峰碳中和工作方案》《重庆市碳达峰碳中和工作领导小组工作规则》等文件，规划了“1+2+6+N”政策体系框架，进一步推动产业结构、能源结构、交通运输结构、用地结构优化调整等“双碳”工作有序开展。川渝两地以“建机制、搭平台、推项目”为抓手，协同推进“双碳”目标实现，2022年2月川渝两地共同发布《成渝地区双城经济圈碳达峰碳中和联合行动方案》，将协同完成油气资源开发、加快电网一体化建设、打造绿色低碳制造业集群等重点任务。同年，发布《中共重庆市委　重庆市人民政府关于完整准确全面贯彻新发展理念做好碳达峰碳中和工作的实施意见》，为重庆实现碳达峰碳中和提供了方向。

表 1　重庆近年来的碳减排政策

时间	政策	主要内容或作用
2014 年	《重庆市碳排放权交易管理暂行办法》《重庆联合产权交易所碳排放权交易细则(试行)》《重庆联合产权交易所碳排放交易风险管理办法(试行)》《重庆联合产权交易所碳排放交易信息管理办法(试行)》	重庆碳排放权交易平台顺利进行
2018 年 7 月	《重庆市重点用能企业能效赶超三年行动计划(2018—2020 年)》	推动重点用能企业强化节能管理,提高能效水平
2019 年 8 月	《工业企业碳管理指南》(DB50/T 936-2019)	规定了工业企业碳管理术语和定义、组织管理、战略管理、碳排放管理、碳资产管理及信息公开等方面的要求
2020 年	修订《重庆联合产权交易所碳排放权交易细则(试行)》	进一步完善碳排放权交易细则
2021 年 1 月	《重庆市规划环境影响评价技术指南——碳排放评价(试行)》《重庆市建设项目环境影响评价技术指南——碳排放评价(试行)》	规划环评中碳排放评价的一般工作流程、内容、方法和要求;建设项目环评中碳排放评价的一般工作流程、内容、方法和要求
2021 年 7 月	《重庆市碳排放权交易管理暂行办法》修订稿征求意见	进一步规范和完善重庆市碳排放权交易制度体系,助推重庆市碳达峰碳中和工作
2021 年 9 月	《重庆市"碳惠通"生态产品价值实现平台管理办法(试行)》	为加快建立政府主导、企业和社会各界参与、市场化运作、可持续的生态产品价值实现平台,规范平台的建设运行及监督管理,补齐碳配额缺口,完成碳履约,激活碳减排动力,助推绿色低碳发展,引导公众培养绿色低碳生活方式
2022 年 2 月	《重庆市生态环境保护"十四五"规划(2021—2025 年)》	以碳达峰碳中和为总抓手引领绿色转型,全方位全过程推行绿色规划、绿色设计、绿色投资、绿色建设、绿色生产、绿色流通、绿色生活、绿色消费,深化能源结构转型,推动产业结构调整,扎实推进产业生态化、生态产业化,促进重庆市经济社会发展全面绿色低碳转型,推动如期实现碳达峰碳中和目标

续表

时间	政策	主要内容或作用
2022 年 2 月	《成渝地区双城经济圈碳达峰碳中和联合行动方案》	区域能源绿色低碳转型行动、区域产业绿色低碳转型行动、区域交通运输绿色低碳行动等 10 项重点任务
2022 年 7 月	《中共重庆市委 重庆市人民政府关于完整准确全面贯彻新发展理念做好碳达峰碳中和工作的实施意见》	10 项重点任务:加快推进经济社会发展全面绿色转型、深入推动产业结构绿色低碳升级、着力构建清洁低碳安全高效的能源体系、加快构建绿色低碳的交通运输体系、全面提升城乡建设绿色低碳发展水平、构建绿色低碳科技创新体系、提高内陆开放高地建设绿色转型发展水平、持续巩固提升生态系统碳汇能力、健全法规和统计监测制度等

三　重庆碳减排推进过程中存在的问题或挑战

（一）经济社会面临发展和转型的双重挑战

“十四五”时期是重庆开启社会主义现代化建设新征程，建设具有全国影响力的重要经济中心，加快推动成渝地区双城经济圈建设，在西部大开发中发挥支撑作用的关键时期。重庆地处西部，经济社会发展水平与东部发达地区差距明显。在当前供给结构之下，发展模式低碳转型尚未实现，经济社会快速发展、城市化进程提速、基础设施建设投入力度加大对碳排放强度快速下降构成挑战。构建现代化产业体系、促进传统产业转型升级过程中，产业链补齐和延伸的选择面不广，难以完全放弃碳排放强度偏高的行业和项目。

（二）碳排放总量监测和核查不完善

碳排放涉及多个领域、生产生活的方方面面，目前开展的是单位 GDP 二氧化碳排放强度目标考核，且碳排放总量核算依据是能源消费量、电力调入调出量，以及国家给定的二氧化碳排放因子，对能源消费量指标完成情况的依赖性较强，无法有效发挥碳排放目标考核的作用。重庆乃至全国的碳监测体系都没有完全覆盖碳排放的四大领域和八大重点行业，而且已有的碳监测技术手段，还不能满足二氧化碳排放总量控制的碳排放精细管理需求。同时，重庆发布的《重庆市工业企业碳排放核算方法和报告指南（试行）》等涉及的行业不够全面，监管仅停留规定层面，且规定较为笼统和原则性，还没有形成具有可操作性的制度。

（三）高碳排放行业占比高且节能降碳潜力不足

重庆是老工业基地，高新技术产业基础薄弱，第二产业中高耗能、高碳排放行业占比高，在终端消费碳排放中，工业的碳排放占比约 70%。2019 年规上工业中火电、化工、建材、钢铁、有色等五大行业合计能耗和碳排放量分别占规上工业的 83.2% 和 83.9%，以重化工业为主的产业结构使重庆市减碳面临严峻挑战，要在 2030 年前实现碳达峰，迫切需要调整产业结构。此外，火电、化工、建材、钢铁、有色单位生产总值能耗分别为 1.23 吨标准煤/万元、1.21 吨标准煤/万元、0.86 吨标准煤/万元、0.71 吨标准煤/万元、0.42 吨标准煤/万元，能效已处于国内较好水平，进一步降低能耗和碳排放量空间相对有限。

（四）在建新建项目给碳达峰带来较大压力

“十三五”以来，重庆共有 136 个综合能耗超过 0.5 万吨标准煤且能耗强度高于全市平均水平的固定资产投资项目在建，合计碳排放量约 840 万吨，受疫情影响，其中约 3/4 的项目延迟到“十四五”时期建成达产，若全部上马投产，将吞噬掉整个“十四五”时期全部能耗增量空间，还将进一步拉高能耗强度。同时，重庆作为国家数字经济创新发展试验区、国家人工智能创新发展试验区，将有 41 个数据中心、数据基站等数据智能化项目在“十四五”期间建成投用，从而导致“十四五”时期用能需求有所增加，也会产生较大的碳排放量，将增添更大的产业结构调整压力。

（五）碳排放交易市场作用没有充分发挥

作为市场化手段实现二氧化碳排放总量控制制度的碳排放交易，受碳市场覆盖行业等的影响，碳排放总量控制的支撑作用相对有限，还没有和二氧化碳碳排放总量控制目标进行有效衔接。目前的重庆碳交易以电解铝、铁合金、电石、烧碱、水泥、钢铁等工业企业为主，对于碳排放较分散的交通运输、农业、居民生活、服务业等领域未能实现覆盖。此外，随着全国碳排放交易市场的建立，重庆碳排放市场纳入企业的交易主体大量减少，仅剩余152家，且企业结构较为单一，加之配额分配方式采用“历史排放法”，与全国并用“基准线”“历史强度”“历史总量”的配额分配方式相比，不够科学合理。

（六）政策平台技术人才等保障不成熟

法治保障和政策配套不足。重庆内关于“双碳”考核评价、生态固碳、金融支持等的政策法规还不成熟，多处于谋划、起草或征集意见阶段。部分关键核心技术亟待突破。低碳节能技术中，重庆还未掌握光电热联合催化CO_2多途径定向转化技术、工业烟气CO_2捕集原位定向转化技术、高碳汇的森林精准抚育间伐和人工林生态系统分结构优化技术等关键核心技术，难以满足实现碳达峰碳中和目标的要求，存在“卡脖子”风险。专业领域人才匮乏。据部门走访调研可知，政府职能部门低碳领域专业技术人员数量还没有形成规模，缺少专业人员对于碳排放核算、碳交易体系的答疑推广。

四　重庆推进碳减排的对策建议

（一）统筹安排碳减排的目标和进程

根据《中共重庆市委 重庆市人民政府关于完整准确全面贯彻新发展理念做好碳达峰碳中和工作的实施意见》，尽快制定能源、交通、建筑、农业、居民生活和科技创新等领域的达峰专项行动方案，特别要针对钢铁、水泥和电解铝等，制定行业达峰路线图。指导各区县制定达峰行动方案，分批推进各地区实现二氧化碳排放达峰。加快推进将碳排放强度和碳排放总量作为衡量碳排放管控力度的参考性指标。

（二）建立碳排放总量统计核算机制

建立健全碳排放统计核算工作专班，制定多部门协调的碳排放统计核算工作方案，完善碳排放核查核算方法和核查标准，算清增量、核实减量。积极谋划开展碳普查试点，创新应用大数据、人工智能、区块链等数字技术进行精准监测与追踪，以实现对碳排放统计、趋势预测、碳达峰路径的评估，加快建立基于清单、考核、普查等手段，覆盖企业、行业、部门、能源品种的碳排放大数据体系，绘就碳达峰碳中和数字地图。培育壮大第三方核查机构，加强对第三方核查机构的认证管理，提升碳排放核查数据质量。

（三）严格控制“两高”项目，优化产业结构

聚焦新一代信息技术、新材料、高端装备、新能源及智能网联汽车、生物技术、节能环保等重点领域，结合绿色发展财政奖励机制，培育一批产值规模超千亿的产业集群和基地，优化产业结构，推动传统产业转型升级。研究建立用能预算管理制度，研究制定“严格控制新上‘两高’项目的实施意见”，对在建、拟建和存量“两高”项目开展分类处置，特别对新上项目实行差别化电价政策。实施碳排放量评估和高排放建设项目准入限制，强化固定资产投资项目节能评估和碳排放评估审查，严控高耗能、高碳排放项目布局；强化过程管控，对不严格执行节能降碳措施的企业加大惩处力度；研究通过投资补助、节能量奖励等政策措施，鼓励企业实施升级改造。

（四）完善碳交易市场体制机制

尽快出台《重庆市碳排放权交易管理暂行办法》等地方碳市场系列规章和政策性文件，以碳达峰为目标，按照循序渐进原则，逐步扩大主要行

业、重点领域控排企业覆盖范围，合理确定控排企业碳排放量门槛，对不同行业、不同领域达到控排标准的企业，做到应纳尽纳、应控尽控。扩大碳交易产品种类，在配额交易的基础上，挖掘碳汇、CCER 等交易潜力，完善以“碳惠通”为代表的普惠交易体系，建立覆盖生产、生活、生态的全领域、多行业、参与主体丰富和内容多样的补充交易机制。完善对监管部门、排控企业等责任主体的履约考核制度、考核标准、考核周期，明确对履约监管部门、履约责任主体未监管和未履约行为的处罚机制。加强市场信息公开，加大未履约责任主体的惩戒力度，做到应履尽履。

（五）强化政策平台技术人才等基础保障

结合重庆的资源禀赋、能源结构和发展战略，建立健全碳减排相关法律法规，因地制宜制定与国家和部门层级立法成果相衔接的政策法规，构建助推重庆绿色低碳发展的政策制度体系。由市政府联合西南大学、重庆大学等共同组建西南碳总量控制战略发展研究院，针对碳减排各个方面的政策、技术、产品等开展研究。大力推动绿色低碳关键核心技术的重大突破，紧抓低碳前沿技术研究，并建立健全绿色低碳技术评估、交易体系和科技创新服务平台。坚持多主体、市场导向，积极推动规模化储能、氢能、碳捕集利用封存等技术发展，更大力度推进碳减排相关技术、成果的有效转化以及推广应用。继续高质量办好“重庆英才大会”，开展“百万英才兴重庆引才活动”，持续加大海内外生态环境领域高层次人才队伍的引进和培育力度；支持高校、科研院所、企业联合设立碳中和专业技术人才培养项目，大力支持各技工院校开设与高耗能产业紧密相关的专业，深入推进“大师带教师·专家带专业”活动，积极开展高耗能行业赛、技术比武等活动。

（六）大力推进绿色低碳生活环境建设

强化国土空间规划和用途管控，以“两岸青山·千里林带”工程为重点开展国土绿化、森林抚育，依托三峡库区消落带湿地资源，提升碳汇增量。加快森林城市、森林小镇、森林乡村建设，织密织牢森林绿色网络和水系生态网络，持续开展大规模造林绿化和生态修复，推动生态旅游、森林康养、林下经济等新兴业态的融合发展。积极有序推进低碳发展试点示范建设，大力推动广阳岛等零碳示范区创建，有序推动低碳园区、低碳社区等系列试点示范，创建绿色社区，制定绿色社区、绿色商场创建工作实施方案。大力倡导绿色低碳生活，推行个人减排碳积分、多渠道消费积分等形式兑换“碳普惠”，积极宣传引导市民树立绿色低碳的消费观、出行观、用能观，让绿色低碳生活方式成为人民群众的广泛共识和自觉行动。

参考文献

陈维灯：《“十三五”重庆碳强度累计下降 21.9%》，《重庆日报》2022 年 6 月 16 日，第 002 版。

马天禄：《绿色金融服务助推重庆高质量发展》，《中国金融》2021 年第 23 期。

杨秀汪、李江龙、郭小叶：《中国碳交易试点政策的碳减排效应如何？——基于合成控制法的实证研究》，《西安交通大学学报》（社会科学版）2021 年第 3 期。

G.15

重庆地区区域隐含碳排放强度网络构建及空间影响研究

谭灵芝　储　伟　杨书菲　蒋坤芸*

摘　要： 厘清区域隐含碳排放强度网络空间变化及影响因素，对尽早实现我国碳达峰碳中和目标具有显著意义。借助2020年重庆地区隐含碳排放强度值，采用社会网络分析方法，描述重庆地区隐含碳排放网络结构变化特征及相关影响因素。研究结果表明，重庆地区隐含碳排放强度表现出明显的区域化特征，工业和第三产业发达区县的网络结构特征值变化最为显著；网络中心性对重庆地区隐含碳排放强度变化的影响为正，而网络强度和网络关联度值越高，隐含碳排放强度越低；输入隐含碳排放强度与输出隐含碳排放网络特征值之间存在明显的交互影响等，这些均对降低重庆地区隐含碳排放强度，改善经济发展结构和能源利用结构有一定指导意义。

关键词： 隐含碳排放　社会网络分析　投入产出模型　重庆

随着我国"碳达峰"及"碳中和"系列政策的推动和实施，各地区碳减排责任如何划分至关重要。占据我国碳排放总量90%以上的产品生产成为节能减碳的重要领域。隐含碳是指一个产品从原材料到生产加工、运输，

* 谭灵芝，重庆工商大学人口发展与政策研究中心教授，博士，主要研究方向为环境经济学；储伟，重庆工商大学，主要研究方向为人口经济、人口城镇化；杨书菲，重庆工商大学，主要研究方向为城市管理；蒋坤芸，重庆工商大学，主要研究方向为城市管理。

直到成为可以销售的成品全生命周期的碳排放，完整地包含了整个生产过程直接和间接的全部碳排放。较之传统碳排放量概念，隐含碳能从产业结构、生产要素流动等角度对产品碳排放的来源与流动方向进行阐释，更好地划分碳减排责任。

近年来，随着区域产业分工、资源禀赋及能源结构的不同，隐含碳排放规模和结构在区域之间存在较大差异，引致不同地区之间碳减排强度逐步形成复杂的网络关联关系。例如从各省隐含碳计算结果可知，工业占比较高的省（区、市）仍是隐含碳总量较高的地区之一，以服务业为主的省（区、市）则更多因为隐含碳转移，其碳减排压力相对较小，因此传统的碳排放强度计算方式增加了区域之间环境权益和经济发展权益的不公平。

国内外对隐含碳的计算多伴随碳排放权公平分配或交易而行。早前研究多集中在生产侧责任角度，仅考虑一国或一个地区整体行政边界内部的生产和消费产生的碳排放，并未考量区域外和区域内部需求。该方法以流出隐含碳计算为主，对流入的计算不足，存在“碳泄漏”问题。随后有学者从消费侧角度进行衡量，但其却忽视生产者责任，难以对产品生产者及生产地碳排放产生约束。基于此，更多的研究者开始采用投入产出法对区域碳转移进行测量，以此辨析各产业部门、地区之间的碳流动方向和数量。较为典型的如单区域投入产出模型（SRIO）和多区域投入产出模型（MRIO）等。如Yan&Yang（2010）借助单区域投入产出模型初步测算了中国对外贸易中隐含碳排放量，以此预测我国在未来需承担的碳减排责任。余丽丽等（2018）揭示了中国八大区域参与国内—国际贸易的碳转移效应；王育宝等（2021）利用中国多区域投入产出数据证实中间产品和最终需求调出、调入隐含碳是省域碳转移的主要原因。刘斌等（2021）基于全球投入产出表数据检验我国制造业服务要素投入对隐含碳排放的影响结果及机理。黄和平等（2021）利用多区域投入产出模型对长江经济带 11 个省市的隐含碳排放总量、空间分布趋势等进行了测算。胡剑波等（2022）借助中国投入产出表，运用三阶段 DEA 模型测算出我国主要产业部门隐含碳总量及变化趋势，并基于研究结论提出了相关政策建议。隐含碳的研究能更为全面地阐释我国经济中碳来源和流向，了解不同区域在碳减排和产业分工中的地位与作用，对合理制定区域碳减排目标，划定碳减排责任，实现经济发展与碳排放的社会公平有一定现实意义。

整体而言，从社会网络角度对产品隐含碳排放网络与一省或地区在全国或区域内经济中的地位或贡献相关关系探讨较少。部分研究者多从隐含碳排放转移方向、数量及空间变化特征等角度进行阐释。事实上，对一地区而言，其经济发展过程中消耗的各种资源与能源等来自其他地区，同时也对其他地区进行产品投入，在这个过程中形成了复杂的碳排放空间网络系统。各地区之间产业结果、能源利用结果、消费模式、资源禀赋等存在一定相似性和经济空间相邻性而引发地区之间隐含碳排放，它们之间存在极强的空间关联关系。为考量地区隐含碳排放空间网络的时空维度变化特征和演进趋势等，本文以重庆地区为例，基于2020年各区县38个部门区域间投入产出表的投入产出数据及能源统计数据，采用社会网络分析方法（SNA）测度重庆地区整体及各区县之间隐含碳空间网络结构变化及影响因素。该方法通过多个点（各区县之间隐含碳排放强度）与其他各节点间的关系集合（区县隐含碳排放强度之间的关系），反映一个地区隐含碳排放的整体空间网络结构特征、区域的中心度、空间聚类的形式等，从多时空维度全面阐释区域隐含碳排放强度在整体网络结构中的强度、集中度、作用和变化规律等。以此寻求合理路径实现重庆地区内部碳排放的公平性，优化区域产业结构和能源利用结构。

一　研究方法及数据来源

（一）隐含碳计算方法

对于一国或一个地区经济而言，隐含碳排放量代表一省或一地区在经济链分工时各产品生产环节输入和输出的碳排放总量。目前多采用多部门投入产出法，以此追溯一国或一地区产品生产、运输、消费等直接或间接能源利

用和碳排放总量，以此衡量不同地区之间隐含碳来源及整个产业链条碳排放总量。根据 G 地区 N 个部门形成的多部门投入产出模型（MRIO）：

$$\begin{bmatrix} A_{11} & A_{12} & \cdots & A_{1g} \\ A_{21} & A_{22} & \cdots & A_{2g} \\ \cdots & \cdots & \cdots & \cdots \\ A_{g1} & A_{g2} & \cdots & A_{gg} \end{bmatrix} \begin{bmatrix} X_1 \\ X_2 \\ \cdots \\ X_g \end{bmatrix} + \begin{bmatrix} Y_{11} & Y_{12} & \cdots & Y_{1g} \\ Y_{21} & Y_{22} & \cdots & Y_{2g} \\ \cdots & \cdots & \cdots & \cdots \\ Y_{g1} & Y_{g2} & \cdots & Y_{gg} \end{bmatrix} = \begin{bmatrix} X_1 \\ X_2 \\ \cdots \\ X_g \end{bmatrix} \tag{1}$$

式（1）中，A_{sr}（s，$r=1$，…，g 且 $s \neq r$）表示研究区各主要产业部门间相互需求的 N×N 阶矩阵，N 为产业部门数量。A_{ss}表征 s 地区 N×N 阶矩阵，是 s 地区内社会总产出的直接消耗系数矩阵；Y_{sr}为 s 地区对 r 地区最终品产出的 N×1 阶列向量；X_s为 s 地区总产出的 N×1 阶列向量。

进一步，根据列昂惕夫投入产出模型行平衡关系可得：

$$\begin{bmatrix} X_1 \\ X_2 \\ \cdots \\ X_g \end{bmatrix} = \begin{bmatrix} B_{11} & B_{12} & \cdots & B_{1g} \\ B_{21} & B_{22} & \cdots & B_{2g} \\ \cdots & \cdots & \cdots & \cdots \\ B_{g1} & B_{g2} & \cdots & B_{gg} \end{bmatrix} \begin{bmatrix} Y_{11} + Y_{12} + \cdots + Y_{1g} \\ Y_{21} + Y_{22} + \cdots + Y_{2g} \\ \cdots \quad \cdots \quad \cdots \quad \cdots \\ Y_{g1} + Y_{g2} + \cdots + Y_{gg} \end{bmatrix} \tag{2}$$

$$\text{其中:} \begin{bmatrix} B_{11} & B_{12} & \cdots & B_{1g} \\ B_{21} & B_{22} & \cdots & B_{2g} \\ \cdots & \cdots & \cdots & \cdots \\ B_{g1} & B_{g2} & \cdots & B_{gg} \end{bmatrix} = \begin{bmatrix} I-A_{11} & I-A_{12} & \cdots & I-A_{1g} \\ I-A_{21} & I-A_{22} & \cdots & I-A_{2g} \\ \cdots & \cdots & \cdots & \cdots \\ I-A_{g1} & I-A_{g2} & \cdots & I-A_{gg} \end{bmatrix}$$

式（2）为 $B=(I-A)^{-1}$典型的列昂惕夫逆矩阵。X 为社会总产出的 N×1 阶列向量，Y 为最终需求 N×N 阶向量。A 为直接消耗系数矩阵。

参考黄和平等的研究，设定第 s 地区增加值向量为 VA_s，此时增加值系数向量为 $V_s=VA_s(\hat{X}_s)^{-1}$，其中 VA_s为 1×N 阶行向量。若设 s 地区流向 r 地区的隐含碳部分为 E_{sr}，此时 E_{sr}可被分解为如下部分：

$$\begin{aligned} E_{sr} = & (V_sB_{ss})^T\#Y_{sr} + (V_sL_{ss})^T\#(A_{sr}B_{rr}Y_{rr}) + (V_sL_{ss})^T\#(A_{sr}\sum_{t\neq s,r}^{G}B_{rt}Y_{tt}) \\ & + (V_sL_{ss})^T\#(A_{sr}B_{rr}\sum_{t\neq s,r}^{G}Y_{rt}) + (V_sL_{ss})^T\#(A_{sr}\sum_{t\neq s,r}^{G}B_{rt}\sum_{u\neq s,r}^{G}B_{rt}Y_{tu}) + (V_sL_{ss})^T\#(A_{sr}B_{rr}Y_{rs}) \\ & + (V_sL_{ss})^T\#(A_{sr}\sum_{t\neq s,r}^{G}B_{rt}Y_{ts}) + (V_sL_{ss})^T\#(A_{sr}B_{rr}Y_{rs}) + (V_sL_{ss})^T\#(A_{sr}B\sum_{t\neq s,r}^{G}Y_{st}) \end{aligned}$$

$$+(V_sL_{ss}\sum_{t\neq s}^{G}A_{st}B_{ts})^T\#(A_{sr}X_r)+(V_rB_{rs})^T\#Y_{sr}+(V_rB_{rs})^T\#(A_{sr}L_{rr}Y_{rr})$$
$$+(V_rB_{rs})^T\#(A_{sr}L_{rr}E_{r*})+(\sum_{t\neq s,r}^{G}V_tB_{ts})^T\#Y_{sr}+(\sum_{t\neq s,r}^{G}V_tB_{ts})^T\#(A_{sr}L_{rr}Y_{rr})$$
$$+(\sum_{t\neq s,r}^{G}V_tB_{ts})^T\#(A_{sr}L_{rr}E_{r*}) \quad (3)$$

式（3）中，#表示不同板块矩阵点乘，T 为转置标志，$L_{ss}=(I-A_{ss})^{-1}$ 为 s 地区的列昂惕夫逆矩阵。X_r 及 E_{r*} 分别表征 r 地区总产出和总流出的 N×1 列向量。

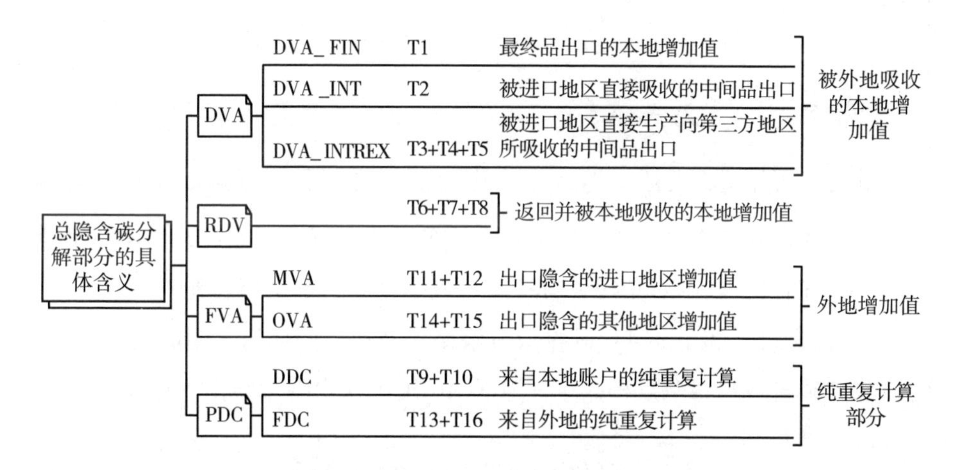

图 1　隐含碳流入、流出组成示意

计算产业部门之间隐含碳排放强度，根据物质守恒定理，s 地区第 i 产业部门的隐含碳排放平衡公式为：

$$c_i+\sum_{j\neq i}^{n}d_jZ_{ji}=\sum_{j\neq i}^{n}d_i(Z_{ij}+f_i) \quad (4)$$

其中 Z_{ji}、Z_{ij} 分别表示第 j 产业部门对第 i 产业部门及第 i 产业部门对第 j 生产部门的中间投入，f_i 为生产部门最终消费。$\sum_{j\neq i}^{n}d_jZ_{ji}$ 为隐含碳流入总量，$\sum_{j\neq i}^{n}d_i(Z_{ij}+f_i)$ 为隐含碳流出总量，c_i 为生产部门直接碳排放，$d_i=c_i/X_i$ 为直接碳排放强度。

根据式（4），碳排放实现投入产出平衡的基本公式可以调整为：

$$C^T + Z^T D^T = YD^T \tag{5}$$

式（5）中，$C = \begin{bmatrix} c_1 \\ c_2 \\ \cdots \\ c_n \end{bmatrix}$，$Z = \begin{bmatrix} z_{11} & z_{12} & \cdots & z_{1n} \\ z_{21} & z_{22} & \cdots & z_{2n} \\ \cdots & \cdots & \cdots & \cdots \\ z_{n1} & z_{n2} & \cdots & z_{nn} \end{bmatrix}$，$D = \begin{bmatrix} d_1 \\ d_2 \\ \cdots \\ d_n \end{bmatrix}$，$Y = \begin{bmatrix} \sum_j x_{1j} + f_1 & \cdots & 0 \\ \cdots & \cdots & \cdots \\ 0 & \cdots & \sum_j x_{nj} + f_n \end{bmatrix}$

此时，可用 $\hat{D}Z$ 表征一地区之内产业部门之间隐含碳排放流动关系矩阵，其矩阵内各元素则表示不同两个部门间隐含碳转移总量。$\hat{D}$ 为碳排放强度 N×N 阶向量，其中对角线为直接碳排放强度 d_i，其余矩阵元素为 0。

结合式（3）及式（4）碳排放分解结果及在不同部门之间的流动方向，可得隐含碳排放总量测度框架下 s 地区对 r 地区输出隐含碳排放总量：

$$EC_{sr} = f_s(DVA + RDV) + f_r MVA + \sum_{t \neq s,r}^{G} f_t va_t \tag{6}$$

式（6）中，va_t 为 E_{sr} 中来自 t 地区隐含碳增加值，仍为 1×N 阶行向量。此时可知 s 地区隐含碳排放来源包括以下三部分：自身产生（s 地区）、主要流入地区（r 地区）以及其他地区（t 地区）。

（二）隐含碳排放空间网络结构构建

各地区之间隐含碳排放因各经济部门的产业及贸易融通交流显示出明显的碳排放空间集聚效应。若将重庆地区各区县作为隐含碳排放网络中的节点，则区县之间碳排放流动方向及结果可以设为网络的边界，通过多个点（区县间隐含碳排放强度）与其他各节点间的关系集合（区县间隐含碳排放强度之间的关系），反映重庆地区隐含碳排放整体空间网络结构特征、区域的中心度、空间聚类的形式等，从多时空维度全面阐释各区县在整体网络结构中的强度、集中度、作用和变化规律等。具体分析中，常采用网络密度、网络关联度、网络强度和网络效率等进行分析。

1. 网络密度

网络密度能较好地测量网络中隐含碳排放强度变化的空间密切程度，网络密度值越大，区县之间经济交流关联度越高，对隐含碳排放强度变化的空间影响越明显。若用 DZn 表示重庆地区整体隐含碳排放强度网络密度，L 代表整个空间网络中存在的实际关系数目，N 表示隐含碳排放强度网络中区县数量，隐含碳排放强度网络中最多有 $N(N-1)$ 个关联性关系。此时网络密度计算公式为 $DZn=L/N(N-1)$。

2. 网络效率

网络效率表征各区县在整个隐含碳排放强度网络中的分布状态，反映隐含碳排放强度高值区是集中在一个区县或者多个区县，还是广泛分布在不同区县。通常情况下，网络效率值越小，区域间联系越松散，一个区域单元难以获得差异化的提升本区县隐含碳排放强度的资源和信息，也无法与其他区县形成紧密的隐含碳排放强度网络，进而提高本区县在重庆地区隐含碳排放强度的重要度。具体测算各区县（网络节点）的差异性（dis），以此来考量各网络节点 s 相连有向边权重分布的离散度。具体计算公式如下：

$$dis = \frac{(N-1)\sum_{s}\frac{E_{sr}}{d_s} - 1}{N-2} \tag{7}$$

根据式（7）可知，dis 值越向 1 趋近，则隐含碳流动主要集中在几个地区。

3. 网络强度

区县之间隐含碳排放强度的紧密程度和作用强度，多采用网络强度测度区县之间方向性作用强度。具体公式如下：

$$\underset{s\rightarrow r}{R} = \frac{M_s}{M_s + M_r}M_sM_re^{-\beta_{sr}d_{sr}} \text{ 和 } \underset{r\rightarrow s}{R} = \frac{M_r}{M_s + M_r}M_sM_re^{-\beta_{sr}d_{sr}} \tag{8}$$

$$P_s = \sum_r \underset{s \to r}{R} = \sum_s \frac{M_s}{M_s + M_r} M_s M_r e^{-\beta_{sr} d_{sr}}$$

$$N_s = \sum_r \underset{r \to s}{R} = \sum_s \frac{M_r}{M_r + M_s} M_s M_r e^{-\beta_{sr} d_{sr}} \tag{9}$$

其中，$\underset{s \to r}{R}$ 为 s 地区在隐含碳排放强度网络中与 r 地区的空间影响强度；$\underset{r \to s}{R}$ 为 r 地区在隐含碳排放强度网络中对 s 地区的空间影响强度；P_s为 s 地区对网络中其他地区的影响强度；N_s为其他地区对 s 地区的影响强度。

4. 网络关联度

网络关联度则可以完整考量某个空间单元隐含碳排放强度空间关联网络，一般情况下，隐含碳排放强度空间关联网络是有向网络，其产生的关系矩阵是非对称矩阵，若一个地区隐含碳排放强度对其他地区产生强空间溢出影响，则该地区在整个空间网络中处于核心地位，其他各地区对其存在较强空间依赖性。为测度重庆地区各区县间隐含碳排放强度具体关联关系，采用不同区县之间隐含碳流动总量（含转出、流入等）反映区县之间隐含碳流动关系：

$$disE_{sr} = \begin{cases} 1, c_{sr} \geqslant 0.01 \sum_{s=1}^{n} c_{sr} \\ 0, c_{sr} \leqslant 0.01 \sum_{s=1}^{n} c_{sr} \end{cases}$$

若 s 地区对 r 地区存在隐含碳流动关系，则 $disE_{sr}=1$，反之则为 0，因此区县间隐含碳排放强度网络为有向网络，关系矩阵为非对称矩阵。c_{sr}为 s 地区向 r 地区转移的碳排放总量。参考钟诗雨等的研究，设定 $0.01\sum_{s=1}^{n} c_{sr}$ 为 s 地区与其他地区碳排放总量占 s 地区总碳排放量的 1%。若两个地区间的碳转移关系小于阈值，则两地区之间并不存在显著的隐含碳流动关系，此时该有向边可以移除。反之，则两地区之间交流关系紧密，可以保留有向边。

5. 网络中心性

网络中心性分析能较好地判断网络中各节点的位置排序及网络间联系的关系数量。为了更好地揭示区县间隐含碳排放强度空间网络结构，采用网络中心度以及网络间权力结构（点出度与点入度）等多个指标进行分析，以此判断某节点区县在网络中的中心地位，及对其他区县的控制程度。

其中网络中心度计算公式如下：

$$C_{ABi} = \sum_{j}^{n} \sum_{k}^{n} b_{jk}(i), j \neq k \neq i, \quad 且 j < k \tag{10}$$

式（10）中，b_{jk}（i）表示第三方 i 点对 j、k 两点的控制力。若 i 地区对 j 和 k 地区均存在影响，则 b_{jk}（i）=1，反之则为0。

点出度计算公式为：

$$Co(n_i) = \frac{x_{i+}}{g-1} \tag{11}$$

点入度计算公式为：

$$C_I(n_i) = \frac{x_{+i}}{g-1} \tag{12}$$

式（11）和（12）中，x_{i+}和 x_{+i}分别表示第 i 个地区对其他地区发出及吸收的联系。$g-1$ 则表示不同样本地区之间可能存在的最大联系。

（三）数据来源

以2020年国家统计局网站公布的投入产出表为数据基础，各部门碳排放数据根据IPCC清单排放方法计算，对重庆市38个区县①主要产业进行归并，并与多区域投入产出表进行匹配。进行产业归并的时候，主要遵循如下原则：①天然气、发电厂等高碳排放能源输出及加工产业；②重庆市重点关注的减碳产业；③重庆市重点发展的制造业、建筑业及第三产业。根据上述分类原则，依据行业分类及代码（GB/4754-2017），参考赵玉焕等及黄和平等的研究将重庆市主要产业归并为28个产业部门。相关数据主要来源于《重庆统计年鉴2020》。

① 2020年5月9日，重庆市宣布将重庆各区县按区域功能划分为一区两群，即主城都市区、渝东南武陵山区城镇群、渝东北三峡库区城镇群。

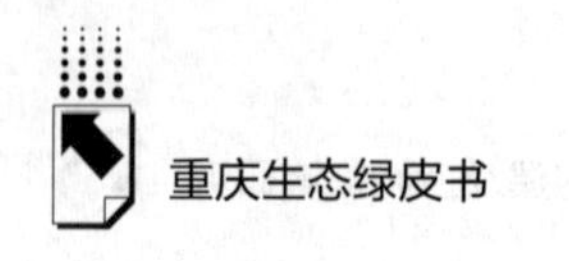

二　重庆地区隐含碳排放强度网络结构分析

根据空间关联度概念可知，关联性越强则说明各区县之间联系越紧密，通过 Ucinet 软件绘制区县之间隐含碳排放强度网络关系结构图。区县之间关联性越强，方形越大，连线间箭头指向表征一个区县对另一区县的影响方向。由图 2 可见，整个研究年度主要区县之间均存在相互影响，其中有效空间关联数较多的主要为主城都市区的中心城区，这些地区为重庆传统经济强区。涪陵、江津、长寿等重庆地区传统重化工业生产基地也相对较高。2020 年聚集系数为 0.537，平均路径长度为 1.426，即一个区县到一个区县的隐含碳流动需经过 1.426 个区县单位。该结果一定程度上反映了重庆地区能源利用、新兴产业及传统工业布局现状。

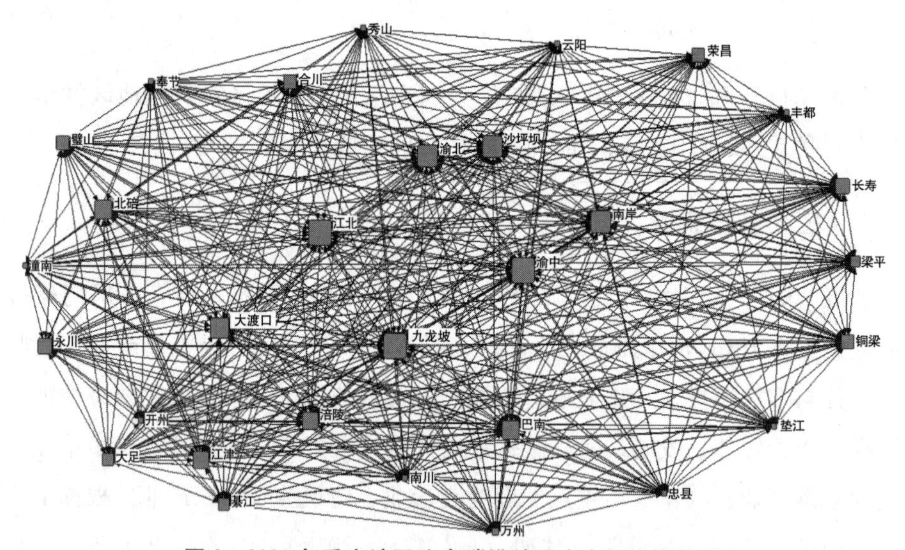

图 2　2020 年重庆地区隐含碳排放强度空间网络关系

注：方形表示不同区县。连线为区县之间有效关联关系数。方形越大，该区县发出和收到的有效关联关系数越多，与其他区县的关联关系越紧密。

从图 3 不同区县网络强度对比可知，2020 年九龙坡区、渝中区、渝北区、江北区和沙坪坝区占据网络强度前五名。九龙坡区和渝北区、沙坪坝区是重庆外贸和工业强区，产品流出隐含碳排放总量和上游能源流入隐含碳总量均较高。江北区和渝中区第三产业占 GDP 比重极高，吸纳其他地区中间产品流入隐含碳排放总量相对较高。上述五地对其他区县隐含碳排放强度影响均十分显著。该结果说明经济和工业强的区县始终是隐含碳排放网络形成的主要动力，但江北区和渝中区等则以其金融和第三产业中心地位，在重庆地区隐含碳排放强度网络中作用也十分重要。

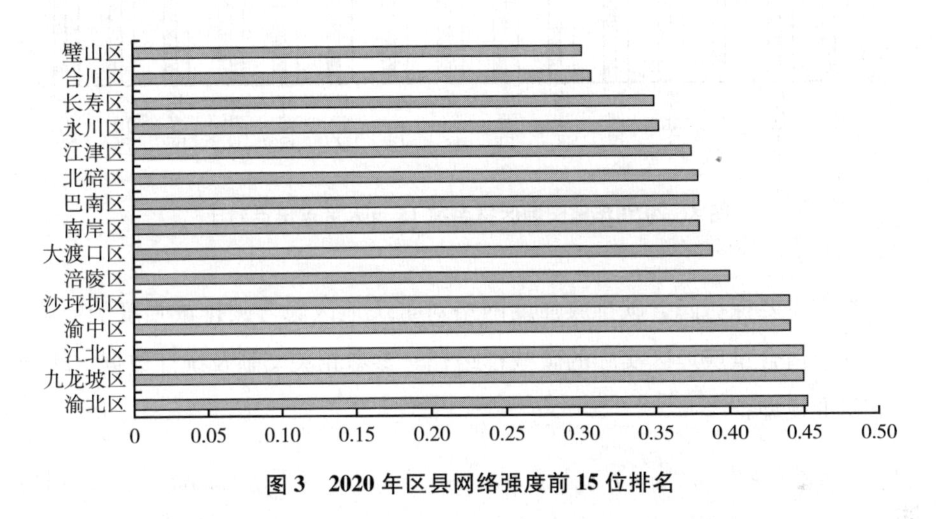

图 3　2020 年区县网络强度前 15 位排名

根据网络中心性结果，2020 年所有区县网络中心性指标均为 1，即所有区县之间均存在隐含碳流动关系。由点入度和点出度内涵可知，点入度表征来自其他区县的隐含碳流入集聚程度，而点出度则代表了流出的隐含碳排放。由图 4 可知，2020 年江北区、渝北区和渝中区占据点入度前三名，江北区金融产业、信息技术产业相对较为发达，渝中区以金融业、商贸业以及中介服务业为核心的第三产业为其他地区提供产品服务，直接生产和化石能源消耗的碳排放量相对较少。2020 年排名前三的高点出度区县主要为渝北区、九龙坡区和涪陵区，这些区县与其他区县之间存在高隐含碳流出网络关联关系。渝北区在战略性新兴产业和传统产业改造提升基础上的产业发展模式，引致其点入度和点出度均较高。即上述诸区县在整个网络中处于强控制中心地位，其隐含碳排放强度对周围区县产生极强的影响力。

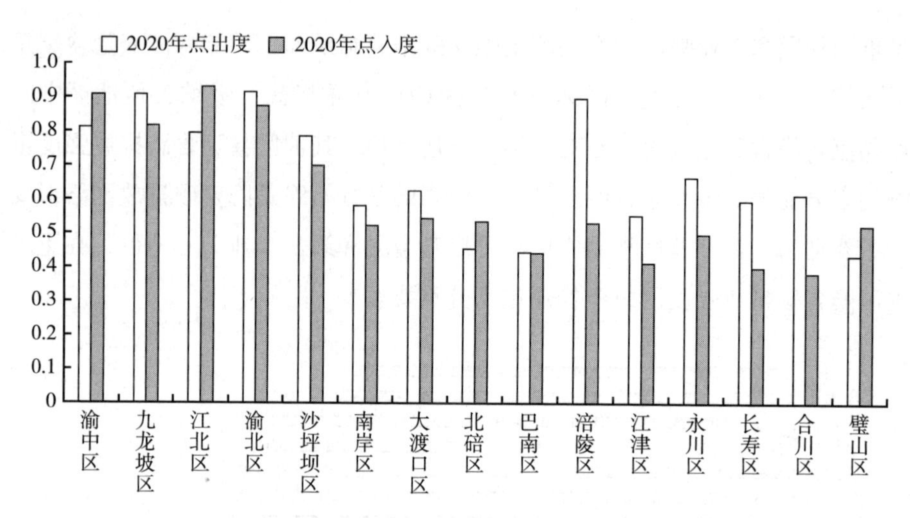

图4　2020年重庆地区排名前15点入度点出度对比

本文主要探讨隐含碳排放强度网络对重庆地区隐含碳排放强度的影响，以此寻求适合重庆地区实际的碳减排路径。参考相关文献及统计数据，构建如下基准模型：

$$GV_t = \beta_0 + \beta_1 C_{ABst} + \beta_2 R_{st} + \beta_3 disE_{st} + h_j + h_t + h_p + \sum_r \beta_r Control_{st} + \varepsilon_{st} \quad (13)$$

其中，GV_t为第 t 年隐含碳总量增加值与 GDP 增加值相除得到隐含碳排放强度。输入隐含碳排放强度为 $GV_{st}-I$，输出隐含碳排放强度为 $GV_{st}-O$。C_{ABst}、R_{st}和 $disE_{st}$表征第 t 年 s 地区网络中心性、网络强度及网络关联度等三个网络特征指标，$Control$ 为一系列控制变量。ε 为误差项。h_j、h_t及 h_p分别表示行业、时间及地区固定效应。

根据文献及统计资料，选取如下控制变量：人均 GDP（ln*PerGDP*），研究者多认为经济增长是引致碳排放的主要因素，因此以 GDP 与总人口之比衡量一个地区的经济发展水平；行业能源消耗结构（ln*PerCOAL*），能源利用方式是影响区域碳排放总量及强度的重要因素，通常以煤炭消耗占比来衡量；环境规制强度（ln*ENV*），对区域经济发展产生倒逼机制，促使区域产业结构调整、升级，最终影响一个地区碳排放总量，参考已有文献，用工业污染治理完成投资额占工业增加值比例测量；高新技术产业发展水平（lnHT），高新技术产业占比越高，说明一个地区经济发展越偏向于清洁型产业结构，其出口隐含碳排放总量相对较少，因此本文将高新技术产业占比引入模型中作为控制变量进行考量，具体用规模以上高新技术制造业增加值占规模以上工业增加值比重表示。

三　实证结果及分析

（一）基准回归结果分析

表 1 显示了一地区隐含碳排放强度网络结构对隐含碳排放强度影响的全样本回归结果。列（1）～（4）中将隐含碳排放强度作为被解释变量，列（5）～（12）中将输入隐含碳排放强度和输出隐含碳排放强度作为被解释变量。根据列（1）～（4）可知，三个网络特征指标对重庆地区隐含碳排放强度均在 1%统计水平上显著。具体而言，网络中心性每增加 1%，隐含碳排放强度增加 0. 034%。而网络强度及网络关联度回归系数分别为-0. 017 和-0. 027。即对一个地区而言，高网络强度和网络关联度均能显著降低隐含碳排放强度。但高网络中心性则对隐含碳排放强度呈现正向影响。一个地区对外输出和获得输入的隐含碳排放量越多，其与周边区县经济联系越频密。而高网络中心性意味着隐含碳排放集中在某几个区县，呈现区域聚集现象，无论是其工业生产还是产品消费均难以对周边区县产生碳排放溢出效应。高网络中心性在一定程度上不利于区域经济结构优化，难以从整体上降低隐含碳排放强度。网络关联度和网络强度反映了一个地区对其他地区隐含碳流动影响的广度和深度，意味着存在更多的网络间相互链接的线性关系，传统的单向隐含碳流动向双向关系转换，对邻近区县和其他区县的辐射能力也更强，也易于降低隐含碳排放强度。

根据模型（5）至模型（8）回归结果，输入隐含碳排放强度网络中心性、网络强度及网络关联度的系数分别为-0. 058、-0. 032 和-0. 042。该结果说明三个网络特征值均对输入隐含碳排放强度产生显著负向影响。网络中心性的增加意味着位于空间网络中的中心地位增强，其对空间地理相邻及经济地理邻近的区县影响均较强。而网络强度的增加能提升一个地区对其他地区的影响力和控制力，其以产品和服务的形式吸纳了能源与资源输出区县的碳排放，特别是输入区县的产业结构在相当程度上能倒逼隐含碳排放的高输出区县调整能源结构和原材料供给结构，也在一定程度上重构了经济增长结构，降低了隐含碳排放中化石能源和高碳排放产品的流入，降低了隐含碳排放强度。网络关联度的提升则意味着各区县贸易交流之间存在更多的影响线程，网络结构对各区县输入隐含碳排放强度的影响也随之增加，因此限制了各区县之间因为产业结构差异引致的隐含碳排放总量区域极化形态的产生。

基于模型（9）至模型（12）回归结果可知，网络中心性与输出隐含碳排放强度在5%统计水平上负向显著。一个地区原材料和能源等输出仅向部分经济和地理相邻地区流动，进而增加了化石能源等高碳排放来源在一个地区集中而产生的碳排放聚集状态，提高了区域隐含碳排放强度。网络强度每提高1%，输出部分隐含碳排放强度降低0.024%。网络关联度回归系数为负，且通过1%显著性水平。即一个地区向其他地区输出的隐含碳总量越多，与其他地区空间关联性越紧密，隐含碳排放越分散，其输出隐含碳排放强度值越低。

从模型（1）~（4）控制变量回归结果可见，人均GDP回归系数为负，说明经济水平与隐含碳排放强度呈负向相关。在我国及重庆地区现有资源禀赋条件下，未来GDP增加值更多地来自高附加值和低碳排放的工业产品和能源消费。因此会推动整个社会经济发展的低碳绿色转型，最终降低经济增长中的隐含碳排放强度。行业能源消耗结构回归系数显著为正，即以煤炭消费为中心的能源结构不利于降低整个经济体系中隐含碳排放强度。环境规制越严格，隐含碳排放强度越低。高新技术发展水平的估计系数为负，说明一个地区的高新技术产业占比较高时，隐含碳排放强度相对较低。

表 1　基准回归结果

解释变量	GV				GV-I				GV-O			
	(1)	(2)	(3)	(4)	(5)	(6)	(7)	(8)	(9)	(10)	(11)	(12)
常数项	4. 432 ** (5. 144)	3. 364 ** (2. 463)	0. 799 *** (0. 275)	2. 501 *** (0. 494)	3. 893 *** (1. 273)	8. 111 *** (3. 336)	5. 254 ** (4. 232)	4. 909 *** (2. 327)	5. 649 *** (2. 372)	1. 709 *** (0. 347)	3. 139 *** (1. 532)	4. 271 *** (2. 591)
C_{ABst}	0. 051 *** (0. 714)			0. 034 *** (0. 411)	0. 016 ** (0. 023)			−0. 058 *** (0. 143)				−0. 037 ** (0. 199)
R_{st}		−0. 023 *** (0. 179)		−0. 017 *** (4. 053)		−0. 034 *** (0. 296)		−0. 032 *** (0. 654)				−0. 024 *** (0. 016)
$disE_{st}$			−0. 049 *** (0. 092)	−0. 027 *** (3107)			−0. 053 *** (0. 145)	−0. 042 *** (1. 374)				−0. 037 *** (0. 057)
ln*PerGDP*	−0. 297 *** (0. 091)	−0. 321 *** (0. 717)	−0. 129 *** (0. 032)	−0. 333 *** (1. 598)	−0. 164 *** (0. 309)	−0. 372 *** (0. 167)	−0. 264 *** (0. 453)	−0. 361 *** (4. 125)	−0. 437 *** (0. 333)	−0. 229 *** (0. 104)	−0. 107 *** (0. 393)	−0. 239 *** (0. 742)
ln*PerCOAL*	0. 232 *** (0. 074)	0. 179 *** (2. 005)	0. 332 *** (0. 462)	0. 546 *** (0. 347)	0. 401 *** (0. 842)	0. 529 *** (0. 130)	0. 238 *** (0. 106)	0. 294 *** (0. 278)	0. 321 *** (0. 169)	0. 211 *** (0. 546)	0. 373 *** (0. 261)	0. 139 *** (0. 172)
ln*ENV*	−0. 067 ** (0. 231)	−0. 171 ** (0. 113)	−0. 292 ** (0. 092)	−0. 172 ** (0. 031)	−0. 216 * (0. 109)	−0. 307 * (0. 369)	−0. 472 * (0. 154)	−0. 301 ** (0. 127)	−0. 262 ** (0. 734)	−0. 379 ** (0. 015)	−0. 475 *** (0. 312)	−0. 313 *** (0. 123)
ln*HT*	−0. 432 *** (0. 352)	−0. 338 *** (0. 124)	−0. 543 *** (0. 3171)	−0. 412 *** (0. 4052)	−0. 364 *** (0. 194)	−0. 289 *** (0. 023)	−0. 358 *** (0. 047)	−0. 341 *** (0. 149)	−0. 532 *** (0. 173)	−0. 429 *** (0. 576)	−0. 343 *** (0. 924)	−0. 364 *** (0. 787)
行业、时间、地区固定效应	Yes	Yes	Yes	Yes	Yes	Yes	Yes	Yes	Yes	Yes	Yes	Yes
R^2	0. 5645	0. 771	0. 472	0. 729	0. 552	0. 202	0. 443	0. 745	0. 632	0. 335	0. 639	0. 521

注：括号内为标准差。*、**、*** 分别表示显著性水平为 10%、5%和 1%。下同。

（二）隐含碳排放强度输入输出网络互动效应及其对重庆地区隐含碳排放强度影响

为全面分析隐含碳排放强度输入输出网络互动效应，并在此基础上分析其对重庆地区隐含碳强度变化的影响，通过构建输入输出网络结构指标的交互项进行回归分析。由表 2 模型（1）回归结果可见，输入网络中心性对隐含碳排放强度呈现相反的影响方向，而二者的交互项回归系数则为负向显著。即隐含碳排放输入与输出网络之间存在明显的互动效应，且交互性越强，隐含碳排放强度越低。从模型（2）回归系数可见，输入网络强度及其交互效应均显著为负，且交互效应每增加 1%，隐含碳排放强度随之减少 0.227%，即一个地区的隐含碳排放强度对其他地区的影响程度越大，该地区的隐含碳排放强度越低，输入与输出网络强度交互效应则更易于降低区县间隐含碳排放强度。由模型（3）回归结果可见，输入与输出隐含碳排放强度网络关联度交互项系数为负，该结果表明一个地区产品输入与输出网络关联度存在较强的交互影响，高交互影响能加速区县之间经济、资本、能源和技术等的交流，大规模和高强度的产业延伸和合作能显著降低隐含碳排放强度。

模型（4）回归结果则显示，隐含碳排放强度输入网络中心性与输出网络中心性交互项影响为正，即隐含碳输入集中度和隐含碳输出对相邻区县影响强度的交互影响效应越高，越不利于降低隐含碳排放强度。模型（5）中，输入网络强度与输出网络强度交互项回归系数为负，表明一个地区隐含碳排放输出输入越分散，对相邻区县网络空间影响越强，其交互影响越易于降低隐含碳排放强度。模型（6）结果显示，输入网络关联度和输出网络关联度交互项回归系数为负，即输入网络关联度和输出网络关联度的高互动效应，能较好地降低隐含碳排放强度。模型（7）至模型（9）交互性影响结果类似，但隐含碳排放强度输入网络中心性与输出网络中心性交互项对输出隐含碳排放强度影响为负向显著。

控制变量回归分析结果显示，人均 GDP、环境规制强度和高新技术产

表 2　重庆地区隐含碳输出网络与输入网络的互动及其影响

解释变量	GV			GV-I			GV-O		
	(1)	(2)	(3)	(4)	(5)	(6)	(7)	(8)	(9)
常数项	2. 571*** (3. 202)	5. 372*** (5. 443)	3. 328*** (1. 116)	0. 876*** (2. 077)	2. 132*** (1. 133)	2. 333*** (3. 207)	1. 315*** (0. 266)	4. 142*** (3. 012)	2. 354*** (0. 916)
C_{ABst} _GV−I	−0. 328*** (0. 117)			−0. 612** (0. 119)			0. 321*** (0. 401)		
C_{ABst} _GV−O	0. 274*** (0. 564)			0. 433 (0. 052)			−0. 239*** (0. 227)		
C_{ABst}- GV−I×C_{ABst}- GV−O	−0. 537*** (1. 353)			0. 273** (0. 343)			−0. 192*** (0. 622)		
R_{st} _GV−I		−0. 634*** (0. 087)			−0. 332*** (0. 244)			0. 401*** (0. 913)	
R_{st} _GV−O		0. 262*** (0. 713)			−0. 336*** (0. 352)			−0. 383*** (0. 423)	
R_{st} GV−I×R_{st} _GV−O		−0. 227*** (0. 932)			−0. 424*** (0. 536)			−0. 262*** (0. 331)	
$disE_{st}$- GV−I			−0. 459*** (0. 317)			−0. 313*** (0. 126)			−0. 533** (0. 292)
$disE_{st}$- GV-O			−0. 443* (0. 329)			−0. 334*** (0. 526)			0. 201** (0. 327)
$disE_{st}$- GV-I×$disE_{st}$- GV-O			−0. 507*** (0. 271)			−0. 477*** (0. 293)			−0. 312** (0. 231)

续表

解释变量	GV			GV-I			GV-O		
	(1)	(2)	(3)	(4)	(5)	(6)	(7)	(8)	(9)
ln*PerGDP*	−0.361 *** (0.137)	−0.213 *** (0.212)	−0.304 ** (0.145)	−0.522 *** (0.284)	−0.567 *** (0.321)	−0.435 ** (0.145)	−0.208 ** (0.395)	−0.427 *** (0.595)	−0.493 *** (0.942)
ln*PerCOAL*	0.263 ** (0.452)	0.259 *** (0.377)	0.3176 *** (0.156)	0.093 * (0.041)	0.294 * (0.378)	0.132 *** (0.522)	0.274 *** (0.767)	0.473 * (0.312)	0.274 * (0.873)
ln*ENV*	−0.237 * (0.283)	−0.314 * (0.234)	−0.328 * (0.812)	−0.445 * (0.543)	−0.421 * (0.273)	−0.206 * (0.622)	−0.376 * (0.341)	−0.324 * (0.313)	−0.133 * (0.227)
ln*HT*	−0.411 *** (0.222)	−0.351 *** (0.563)	−0.569 *** (0.174)	−0.496 *** (0.324)	−0.462 *** (0.316)	−0.167 *** (0.055)	−0.171 *** (0.041)	−0.321 *** (0.104)	−0.466 *** (0.234)
行业、时间、地区固定效应	Yes	Yes	Yes	Yes	Yes	Yes	Yes	Yes	Yes
R^2	0.643	0.639	0.534	0.591	0.427	0.309	0.718	0.617	0.473

业发展水平三个变量回归系数均为负，且通过统计水平检验。即上述三个指标的提升均能显著降低隐含碳排放强度。模型（4）至模型（9）回归分析结果显示，人均 GDP、环境规制强度和高新技术产业发展水平对输入隐含碳排放强度和输出隐含碳排放强度影响均为负向显著，但行业能源消耗结构影响为正，与基本回归结果影响方向一致。

（三）稳健性检验

根据隐含碳排放强度的计算公式可知，隐含碳排放强度值的变化受到 GDP 增加值的影响，即隐含碳排放强度的变化可能是 GDP 增加值的变化引起的。为避免上述影响，使用隐含碳排放总量与 GDP 的比值作为被解释变量进行稳健性检验。表 3 估计显示，在更换被解释变量之后，网络中心性影响仍然为正向显著，网络强度与网络关联度则均为负向显著。输入隐含碳排放强度与输出隐含碳排放强度的影响方向和显著性也与基准回归结果一致。证明上述结果是稳健的。同时为了避免极值对结果的影响，本文对所有变量上下缩尾 5%、10%，结论依然稳健。

表 3　稳健性检验

变量	*GV*(以 GDP 为分母)	*GV-I*(以产品输入 GDP 为分母)	*GV-O*(以产品输出 GDP 为分母)	系统 GMM 检验
常数项	32.523** (6.264)	−11.634*** (5.539)	4.396*** (7.123)	23.382*** (5.123)
C_{ABst}	0.733*** (4.291)	0.324** (0.652)	−0.449*** (0.426)	0.764*** (0.602)
R_{st}	−0.543*** (0.742)	−0.449*** (0.722)	−0.573*** (0.023)	−0.502*** (0.023)
$disE_{st}$	−0.373*** (0.214)	−0.405*** (0.528)	−0.317*** (0.132)	−0.295*** (0.163)
ln*PerGDP*	−0.325*** (0.412)	−0.487*** (0.376)	−0.302*** (0.124)	−0.397*** (0.047)
ln*PerCOAL*	0.223** (0.436)	0.239*** (0.674)	0.367*** (0.645)	0.723*** (0.339)

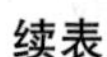

续表

变量	*GV*(以 GDP 为分母)	*GV-I*(以产品输入 GDP 为分母)	*GV-O*(以产品输出 GDP 为分母)	系统 GMM 检验
ln*ENV*	-0.373 ** (0.047)	-0.434 ** (0.202)	-0.295 ** (0.064)	-0.149 ** (0.067)
ln*HT*	-0.424 *** (0.232)	-0.451 *** (0.764)	-0.525 *** (0.306)	-0.273 *** (0.125)
被解释变量滞后项				-0.294 *** (0.537)
AR(1)				[0.000]
AR(2)				[0.249]
行业、时间、地区固定效应	Yes	Yes	Yes	Yes
R^2	0.212	0.079	0.339	0.254

不论是输入还是输出，隐含碳排放均存在历史累积性和影响持续性特征。因此，在模型中采用滞后一期解释变量进行检验，检验结果如表 3 所示。同时考虑到引入滞后一期变量所带来的内生性问题，参考刘斌等的研究，采用 GMM 方法进行处理。根据表 3 检验结果可知，隐含碳排放强度网络中心性滞后一期回归系数在 1%统计水平上正向显著，网络强度和网络关联度滞后一期回归系数为负向显著，且均通过 1%显著性检验，与基准回归结果一致。

四 结论及政策启示

在我国积极推进“碳达峰、碳中和”的双碳经济发展中，概因经济发展和能源利用模式的差异，各区县在重庆地区双碳目标实现过程中承担的角色也不尽相同，其在产品生产和能源消费中产生的各种隐含碳排放形成了复杂的空间网络结构，并彼此影响。本文借助 2020 年重庆地区 38 个区县隐含碳排放强度变化值，采用社会网络分析方法，从网络中心性、网络强度和网络关联度等角度分别探讨了重庆地区网络结构变化特征。并基于此探讨网络结构特征值对重庆地区隐含碳排放强度的影响程度及影响方向，同时探讨了网络特征值对输入和输出隐含碳排放强度值的影响。研究结果表明：重庆地区隐含碳排放强度表现出明显的区域化特征，工业和第三产业发达区县其网络结构特征值变化最为显著。网络结构特征值中，网络中心性对重庆地区隐含碳排放强度变化为正向显著性影响，而网络强度和网络关联度值越高，隐含碳排放强度越低。此外，网络中心性对输出隐含碳排放强度存在正向影响，而网络强度和网络关联度则影响为负。与之相对应，输入隐含碳排放强度网络中心性、网络强度及网络关联度对碳排放强度均为负向显著影响。输入隐含碳排放强度与输出隐含碳排放网络特征值之间存在明显的交互影响，这种交互效应能显著影响重庆地区隐含碳排放强度的变化。此外，人均GDP、环境规制强度、高新技术产业发展水平和行业能源消耗结构等均对我国隐含碳排放强度变化有显著影响。最后，本文通过更换被解释变量和计量分析方法等，证明实证分析结论是稳健的。

基于此，本文提出如下政策建议：①准确把握重庆地区各区县经济发展中隐含碳组成及流动方向，通过调整各区县产业结构和能源结构等，降低隐含碳输入区县的能耗强度，提高隐含碳输出区县的高新技术含量，以此降低重庆地区整体产业链条中碳排放总量和强度。②协同推进主要隐含碳输入和输出区县之间的产业和能源结构网络优化，注重主要输入与输出区县的隐含碳排放平衡，避免碳排放过度集中在某一个或某几个区县。应结合本土产业发展和资源禀赋实际，通过重新布局产业链条，以分散化和多元化的产业链延长碳排放链长度，形成规模化产业网络，降低隐含碳排放强度。③对高隐含碳排放区县，需要通过技术改造、提高环境规制强度和调整能源结构等方式最大限度改变其碳排放结构。充分发挥已有网络结构对高隐含碳排放区县碳排放的分散和吸收作用，在一定程度上避免经济增长和碳排放的区域极化现象。

参考文献

刘泽淼、黄贤金、卢学鹤等：《共享社会经济路径下中国碳中和路径预测》，《地理学报》2022 年第 9 期。

王颖、万璐、周彦希：《贸易大通道下 GVC 嵌入能带给“一带一路”环境红利吗——基于隐含碳视角》，《南开经济研究》2022 年第 7 期。

高鹏、岳书敬：《全球价值链嵌入是否降低了中国产业部门隐含碳——兼论产业数字化的调节效应》，《国际贸易问题》2022 年第 7 期。

杜娟、潘盟、汪云峰：《基于成本优化的中国省际碳减排目标分配》，《中国管理科学》2022 年第 7 期。

胡安俊、孙久文：《碳排放的产业空间版图、省际转移与中国碳达峰》，《经济纵横》2022 年第 5 期。

余丽丽、彭水军：《中国区域嵌入全球价值链的碳排放转移效应研究》，《统计研究》2018 年第 4 期。

王育宝、何宇鹏：《增加值视角下中国省域净碳转移权责分配》，《中国人口 · 资源与环境》2021 年第 1 期。

刘斌、王乃嘉、余淼杰、朱学昌：《制造业服务要素投入与出口中的隐含碳——基于全球价值链环境成本视角的研究》，《中国人民大学学报》2021 年第 2 期。

黄和平、易梦婷、曹俊文等：《区域贸易隐含碳排放时空变化及影响效应——以长江经济带为例》，《经济地理》2021 年第 3 期。

胡剑波、王楷文：《中国省域碳排放效率时空差异及空间收敛性研究》，《管理学刊》2022 年第 4 期。

姚常成、吴康：《集聚外部性、网络外部性与城市创新发展》，《地理研究》2022 年第 9 期。

王恕立、门小璐：《中国服务进出口对碳排放的影响研究》，《武汉大学学报》（哲学社会科学版）2022 年第 2 期。

胡剑波、闫烁、韩君：《中国产业部门隐含碳排放效率研究——基于三阶段 DEA 模型与非竞争型 I-O 模型的实证分析》，《统计研究》2021 年第 6 期。

钟诗雨、张晓敏、黄哲等：《基于社会网络的我国产业系统隐含碳流动过程研究》，《环境工程技术学报》2022 年 9 月 8 日。

孔翔、胡泽鹏：《文化邻近对“一带一路”沿线国家间科研合作强度的影响》，《地理研究》2022 年第 8 期。

曲越、秦晓钰、黄海刚、汪惠青：《碳达峰碳中和的区域协调：实证与路径》，《财经科学》2022 年第 1 期。

赵玉焕、王淞：《基于技术异质性的中日贸易隐含碳测算及分析》，《北京理工大学学报》（社会科学版）2014 年第 1 期。

Munksgaar, D. J. , Peder, Sen K. A. , "CO_2 Accounts for Open Economies: Producer or Consumer Responsibility?" *Energy Policy*, 2001, 29 (4).

Pang R. Z. , Deng Z. Q. , Chiu Y. H. , "Pareto Improvement through a Reallocation of Carbon Emission Quotas," *Enewable & Sustainable Energy Reviews*, 2015 (50).

Yan Y. F. , Yang L. K. , "China's Foreign Trade and Climate Change: A Case Study of CO_2 Emissions," *Energy Policy*, 2010, 38 (1).

治理能力篇

Governance Capability

G.16

重庆推进绿色发展法治建设的问题与思路

全威巍*

摘　要： 运用法治举措推进重庆长江经济带绿色发展具有重大现实意义。近年来，重庆坚持高质量立法、零容忍执法、恢复性司法并举，在长江经济带绿色发展法治建设中取得了明显成效。但是，也应清醒认识到，重庆长江经济带绿色发展的法治实践与党中央、国务院及市委要求和人民群众的期待还存在一定差距，仍应警惕形式化立法、运动式执法、机械化司法、应付式普法隐患。唯有如此，才能充分发挥法治对于长江经济带绿色发展的保障作用，奠定有力筑牢长江上游重要生态屏障、加快建设山清水秀美丽之地的法治根基。

* 全威巍，重庆社会科学院助理研究员，法学博士，研究方向为习近平法治思想、刑法学、犯罪学。

关键词： 长江经济带　绿色发展　法治保障　高质量发展

重庆地处长江上游和三峡库区腹心地带，在长江大保护中肩负着特殊责任。近年来，重庆市坚决贯彻“共抓大保护，不搞大开发”，强化“上游法治意识”，勇担“上游法治责任”，体现“上游法治水平”，努力实现高质量立法、零容忍执法、恢复性司法，积极运用法治举措为长江经济带绿色发展保驾护航，以法治思维和法治方式推进和保障重庆市在长江经济带绿色发展中发挥示范作用。

一　重庆长江经济带绿色发展的法治现状

（一）重庆长江经济带绿色发展的立法现状

法律是治国之重器，良法是善治之前提。立法作为法治保障体系的重要环节，对重庆长江经济带绿色发展具有重要作用。实践中，重庆市针对长江经济带绿色发展出台了多项立法举措。一是紧密结合《长江保护法》，印发实施《重庆市筑牢长江上游重要生态屏障“十四五”建设规划（2021—2025年）》《长江重庆段“两岸青山·千里林带”规划建设实施方案》等，专项编制《重庆市生态环境保护“十四五”规划（2021—2025年）》《重庆市水生态环境保护“十四五”规划（2021—2025年）》等。二是按照市人大常委会安排，开展《重庆市土壤污染防治条例》《重庆市固体废物污染环境防治条例》立法调研和起草工作，推进修改或废止与《长江保护法》规定不一致的政府规章、规范性文件，加快制定配套文件。三是制定修订《农村生活污水集中处理设施水污染物排放标准》《淡水水产养殖尾水排放标准》《页岩气生产废水排放标准》等地方标准，推动成渝地区双城经济圈生态环境标准统一。一系列立法举措形成了由上而下、有效衔接的全覆盖、多层次、系统性的立法体系，完善了重庆市长江经济带绿色发展的立法网络。

（二）重庆长江经济带绿色发展的执法现状

行政执法是行政机关履行行政职能的重要手段，同人民群众联系密切，直接关系人民群众对党和政府的信任、对法治的信仰。近年来，在市委、市政府的坚强领导下，生态环境领域一系列工作举措，有力推动了长江经济带“共抓大保护，不搞大开发”战略方针的深入落实，为持续改善全市水环境质量，筑牢长江上游重要生态屏障、加快建设山清水秀美丽之地进一步夯实了基础。2019 年以来，3 年分别聚焦开展污水偷排直排乱排专项整治行动、污水乱排岸线乱占河道乱建“三乱”整治行动、提升污水收集率污水处理率和处理达标率专项行动。将严查暗访和严厉打击工矿企业废水超标排放、畜禽养殖污染、污水收集管网跑冒漏滴、污水处理设施运行不正常、船舶污水偷排直排等行为作为重中之重，强化整治、高压打击。推动相关部门横向联动、相关区县纵向协作，对长江流域跨行政区域、生态敏感区域和生态环境违法案件高发区域，依法开展联合执法，整合执法资源、形成执法合力、封堵执法漏洞，专项行动成效显著。

（三）重庆长江经济带绿色发展的司法现状

司法是社会公平正义的最后一道防线，司法公正事关人民群众切身利益。《2021 年重庆市人民检察院工作报告》指出，长江十年禁渔政策得到有效落实，全市检察机关积极参与打击长江流域非法捕捞专项整治行动，起诉 1474 人，起诉破坏环境资源犯罪 2074 人，提起该类公益诉讼 124 件。另外，《2021 年重庆市高级人民法院工作报告》指出，全市法院有力推进山清水秀美丽之地建设，审结环境资源案件 1367 件，入选长江流域生态环境司法保护典型案例数量居全国首位，在全国范围内，首先发布非法捕捞犯罪量刑指引，严惩盗伐林木等案件 491 件。司法机关始终坚持问题导向，勇于攻坚克难，凝聚共识，破解难题，为服务保障长江经济带绿色发展提供了司法保障。

（四）重庆长江经济带绿色发展的普法现状

推进全民守法，必须着力增强人民群众的法治观念。法律的权威来自人民群众的真心拥护和内心信仰。近年来，重庆市积极开展长江经济带绿色发展系列普法活动。一方面，制定实施《长江保护法》学习宣传贯彻方案，组织市属媒体沿长江开展行进式采访报道活动，评选出 13 个“美丽河湖”，增强了广大干部群众爱护长江、保护长江的行动自觉。另一方面，将《长江保护法》纳入各级干部教育培训计划、“八五”普法规划等，作为年度普法要点加强培训，邀请法学专家举行专题解读，市级层面累计召开长江保护法专题培训 30 余次。全市上下积极弘扬用法治方式推进长江经济带绿色发展精神，传播相关法律知识，培育干部群众法律意识，使法治成为重庆市广大人民群众的思维方式和行为习惯。

二　重庆长江经济带绿色发展的法治隐忧

法治是重庆长江经济带绿色发展的必然要求。尽管重庆市在长江经济带绿色发展法治实践中取得明显成效，但是仍然需要警惕四种背离法治精神的错误倾向。

（一）重庆长江经济带绿色发展形式化立法隐忧

《重庆市 2021 年法治政府建设情况报告》明确指出，政府立法的针对性、实效性还需进一步增强。重庆长江经济带绿色发展相关立法举措面临形式化立法的担忧。

其一，立法稳定性不足。重庆长江经济带绿色发展相关立法属于政策推动型立法。事实上，政策具有不确定性和多变性，政策的碎片化、零散化、短视化可能影响重庆市长江经济带绿色发展法治建设的稳定性和可持续性，实践先行的推进模式在一定程度上绕开了法治甚至冲击法治，此种模式最终会导致立法趋于形式，无法有效执行。

其二，立法针对性欠缺。重庆市长江经济带绿色发展相关立法在体例结构上，片面追求完整性，在规模布局上，盲目与上位法看齐。例如，《环境保护法》（2014 年）总共有七章，而《重庆市环境保护条例》（2017 年）同样延续了七章的立法布局。《重庆市环境保护条例》全文 2 万余字，这样一种“大而全”的立法选择不仅篇幅冗长，而且在一定程度上忽视了重庆市的客观实际。事实上，这种立法选择只能做到形式上的“好看”，不能实现实质上的“好用”。总则、分则、附则样样俱全，立法者欲形成一种功能齐全、规模宏大的“百宝箱”，而效果却可能南辕北辙，此种“大而全”的立法选择并没有提升立法实效，反倒陷于形式化的陷阱。此外，相关立法中的“僵尸条款”大量存在。立法者盲目追求“好看”，将许多无操作性的条文“生搬硬套”进立法中，具有实质性的“干货”少之又少。这种立法选择，不仅不能有效突出地方立法灵活、便捷的优点，反而使得相关立法只能变成“纸上的法”，无法真正成为“活法”。

其三，立法重复性明显。在重庆市长江经济带绿色发展立法实践中，立法重复问题较为明显。这突出表现为地方立法重复中央立法，形成了立法抄袭现象。① 例如，2017 年新修改了《水污染防治法》，重庆市出于执行上位法的考虑，也制定了《重庆市水污染防治条例》，通过文本比对，有些内容是对中央立法的“显性重复”，有些则是对中央立法的“隐性重复”。相关立法欠缺创新和地方特色，并不具备解决实际问题的“干货”。特别需要指出的是，立法重复现象特别容易产生创制性立法过程。例如，1998 年在济南、武汉等地制定城市生活垃圾管理办法之后，重庆就跟进以地方政府规章形式推进了我国城市治理的法治化进程，然而，相关立法与其他地区立法在内容上未见显著区别，缺乏地方立法特色，最终只能导致相关立法缺乏针对性，无法解决现实问题。

其四，立法协同性丧失。事实上，流域具有系统性、复杂性、动态性等特点，它与生态系统管理原则和方法所强调的整体性、协同性、适

---

① 封丽霞：《地方立法的形式主义困境与出路》，《地方立法研究》2021 年第 6 期。

应性等内涵高度契合。[①] 长江经济带绿色发展是长江经济带沿线 11 个省市的共同任务，这就决定了长江经济带绿色发展需要进行相当程度的协同立法。然而，以重庆市和四川省为例，重庆市人大和四川省人大针对长江经济带绿色发展缺乏协同立法文件。这是因为，宪法并未赋予地方人大及其常委会、地方各级人民政府进行跨区域合作的权力。正是基于这种现实，重庆市人民政府和四川省人民政府共同发布了《重庆市人民政府 四川省人民政府关于印发深化川渝合作深入推动长江经济带发展行动计划（2018—2022 年）的通知》，虽然在川渝两地长江经济带绿色协同发展具体事务统筹协调上具有重要作用，但是由于其法律地位不明、法律依据不足、法律效力存疑，在实践中将面临不少难点与痛点。强制力的缺失不仅使其丧失法律效力，也由于缺乏统一的执行机构，最终导致协同不足，甚至各自为战。

（二）重庆长江经济带绿色发展运动式执法隐忧

《重庆市 2021 年法治政府建设情况报告》明确指出，重庆市行政执法有待进一步规范。事实上，“强化整治、高压打击”背景下的专项行动极大可能演变为运动式执法。运动式执法是一种非常规的执法模式，“运动式”与“制度式”相对应，旨在通过由上而下有组织、有目的地调动执法力量从而短时间内解决突发事件和重大社会疑难问题。[②] 通常在突发事件爆发或某一问题持续恶化后采用，不可否认，这种“危机应对型”执法方式能够短期内整合资源、具有明显提升执法效率的优势，但从长远来看，其背离了法治的基本精神，应该保持高度警惕。

其一，运动式执法侵犯公民权利。历史无数次表明，运动式执法通常具有强制性，公权力的极度膨胀使得私权利容易受到忽视或漠视。为实现执法目标，运动式执法会秉持刚性执法的态度，对各种危害重庆市长江经济带绿

---

① 秦天宝：《我国流域环境司法保护的转型与重构》，《东方法学》2021 年第 2 期。

② 赵旭光：《“运动式”环境治理的困境及法治转型》，《山东社会科学》2017 年第 8 期。

色发展的行为予以严厉打压，为提升执法效率，运动式执法会坚持“一刀切”的策略，采取“唯结果论”的执法立场，只要产生了环境危害结果就直接纳入环境执法范围，这种执法方式不仅忽视了行为人的主观心态考察，而且淡化了环境危害结果与环境危害行为之间因果关系的判断，侵犯了公民的基本权利。

其二，运动式执法降低政府信用。运动式执法通常具有权宜性，并不注重常态化执法机制的构建，在各方压力的支配下，环境执法主体通常选择“好用”的执法手段，这些手段往往具有临时性，治标不治本。在执法结束后，一遇诱因就会出现反弹，甚至愈演愈烈，这不仅增加了执法成本，更由于“越执法越反弹”而降低了民众对于政府的信任。

其三，运动式执法忽视公平正义。运动式执法通常具有选择性。为追求快速实现执法目标，什么执法手段有效就用什么手段。此时，效率已经凌驾于公平正义之上，选择性执法便是最好的例证。如果环境违法企业大量存在，但只有被媒体曝光或者出现重大环境事故的企业受到惩罚，这无疑会对全社会公平正义理念的塑造形成巨大打击。此种错误倾向导致公众不再信仰法律，不再信任政府，不利于全民守法意识的培养。

（三）重庆长江经济带绿色发展机械性司法隐忧

其一，应警惕机械配合倾向。近年来，重庆公检法环四部门以改善生态环境质量为核心，通过行刑衔接深入打好污染防治攻坚战，解决突出生态环境问题，为持续推动联合执法实效化，重庆市生态环境部门与公安、检察机关围绕固体废物、危险废物、自动监控和垃圾焚烧等重点领域联合开展系列专项行动。然而，行政权与司法权联动很有可能存在“行政架空司法”的风险。在重庆市长江经济带绿色发展司法实践中，过分强调行政机关与司法机关沟通协作、互相配合，容易产生“未审先定”现象，司法权在一定程度上沦为行政权的附庸，甚至会以牺牲公民权利为代价，这种机械配合方式带有“司法权行政化”色彩，专项行动可能演变为新的“运动式司法”，违背法治的基本精神。[①]

其二，应警惕机械修复做法。2017 年以来，全市检察机关督促保护 5 万余亩耕地、林地和水域，清除固体废物 29 万余吨；设立林业、渔业司法修复基地 8 个，督促犯罪嫌疑人补植复绿 7195.07 亩，放养鱼苗 951.97 万余尾，开展护林、护鱼、义务宣传等劳务代偿 336 次。可以看出，重庆市生态修复方式以补种复绿、增殖放流等单项功能性修复或者禁令、限制令为主。事实上，流域是一个有机系统，这就决定了其功能修复不仅是机械式的单一功能修复，还应该是整个流域的多层次、全方位、立体化的整体功能修复。重庆市生态修复的客观实际未能体现生态功能系统性修复以及经济、社会关系整体性恢复的要求。[②] 因此，司法机关必须综合运用多种手段进行生态修复，并着力探索预防性控制手段，防止小风险、个别风险、局部风险向大风险、综合风险、区域性或者系统性风险转变。就这个意义而言，利用大数据探索实现长江生态环境违法犯罪 AI 预警、线上动态监测、线下联动处置等司法新模式显得尤为重要。

其三，应警惕机械裁判思维。在个案裁判上，仍然应该警惕诸多符合形式理性，但实质理性缺失的机械裁判现象。在司法裁判中，法官不得盲目简单对接法律规定，应充分发挥自身主观能动性，兼顾天理、国法、人情，强化释法说理，在立法活性化的当下应充分展示裁判者协调合理与合法之间矛盾的“技术理性”，最终实现案件裁判政治效果、法律效果、社会效果的有机统一，走出机械裁判的“怪圈”。

（四）重庆长江经济带绿色发展应付式普法隐忧

事实上，重庆直辖以来，全市公民的法律素养与法治意识持续提升。然而，在普法收获显著成效的同时，也应看到其中的隐忧。从全市看，绿色生活方式和消费方式的广度和深度还不够，绿色机关、绿色社区等示范创建还

① 秦天宝：《我国流域环境司法保护的转型与重构》，《东方法学》2021 年第 2 期。

② 吴勇：《我国流域环境司法协作的意蕴、发展与机制完善》，《湖南师范大学社会科学学报》2020 年第 2 期。

需持续用力，全民生态文明意识还需进一步加强。现阶段，普法过程中出现了应付式倾向，降低了普法实效。当下重庆市长江经济带绿色发展普法模式已显疲态，应警惕应付式普法的几种典型表现。

其一，应警惕形式化普法。虽然"八五"普法规划对普法对象、内容等要素做了具体规定，但普法实践中的形式主义倾向仍然比较严重。事实上，重庆市各级领导干部本是普法的重点，但在实际普法过程中，往往应付了事，流于形式。简单粗暴的普法方式很难取得实效，民众的法治意识和素养难以提高。另外，青少年作为普法的重点对象，普法规划对此具有专门规定，但在实际教学普法过程中，法治课与思政课合并，思政专业出身的教师教授法治专业，缺少具有法律知识专业化的授课队伍，很难取得明显的普法实效，最终的结果也只能是普法流于形式。

其二、应警惕被动性普法。重庆市普法活动的被动性主要体现在普法时间和普法节点选择上。一方面，在《长江保护法》颁行一年之际，固然是开展长江保护普法的"好日子"，需充分利用这些重要时间节点进行普法宣传，但普法应该作为一种常态，绝不能只限于特定时间点。普法虽无须"天天讲"，但应常态化开展，从实际情况来看，重庆市普法多集中于特殊时间点，此种被动性普法难以真正发挥有效作用，最终使得普法沦为形式。另一方面，普法的被动性还体现为节点选择上的"事后普法"居多，通常情况下，普法主体未在危害结果发生之前开展或有效开展普法，而是多在危害结果产生后，才意识到普法的重要性进而向社会大众普法，当然，"事后普法"的重要性不可否认，但与"事后普法"相比，"事前普法"能够最大限度地防止和杜绝违法犯罪行为的发生，因此，从这个意义上来说，"事前普法"远比"事后普法"更为重要。

其三，应警惕单向性普法。从整体上看，重庆市长江经济带绿色发展普法仍属于政府推进模式，此种模式下，通常采用"灌输式"普法策略，党政部门作为普法主体，而人民群众作为普法客体，事实上，这样一种单向性的区分方式具有明显弊端。一方面，简单对立的二分方式容易导致普法主体与普法客体错位，普法主体在普法过程中很可能忽视普法客体的法律需求，普法主体所普之法并非普法客体所需之法。另一方面，简单对立的二分方式无法有效形成良性沟通与互动，重庆市普法实践中，普法客体所接受的普法内容来源于普法主体的预先设定，但普法客体的实际需求可能与预先设定不匹配，无法形成有效的沟通与对话。正是基于这样一种现实，普法客体无法化被动为主动，使得普法的效果大打折扣。

三 重庆长江经济带绿色发展的法治完善思路

（一）重庆长江经济带绿色发展立法完善思路

重庆市长江经济带绿色发展相关立法必须体现出重庆特色，针对重庆市长江经济带绿色发展形式化立法的隐忧，必须从以下几个方面予以着力完善。其一，以习近平新时代中国特色社会主义思想为指导，充分认识地方立法对于长江流域治理的特殊价值。重庆市长江经济带绿色发展的相关立法必须反映重庆市广大人民群众的基本需求，针对重庆市长江经济带绿色发展中的特殊问题予以重点关注和积极回应，解决重庆市在长江经济带保护中面临的特殊矛盾，弥补《长江保护法》过于原则、缺乏针对性的弊端，不得简单复制抄袭《长江保护法》的相关内容，进而以重庆市长江经济带绿色发展的局部善治不断推进长江经济带整体善治的实现。其二，拓宽公众参与重庆市长江经济带绿色发展立法的渠道，找准地方立法的难点与痛点。民主立法的核心在于为了人民，依靠人民。必须了解人民群众的立法诉求，创新人民群众参与立法的方式，充分听取人民群众的立法建议，推动地方立法与地方民情有效互动，真正发挥人民群众在地方立法中的作用，避免“作秀式立法”“标签式立法”“包装式立法”。其三，坚持立改废释并举，突出问题导向，不断增强重庆市长江经济带绿色发展立法的针对性和及时性。要持续推进重庆市长江保护相关立法，针对实践中长江保护面临的现实问题及时予以立法回应，全面清理与《长江保护法》等上位法规定不一致的规范，在乡村振兴促进条例、渔业法实施办法、生活垃圾管理条例等立法修法中，做好重庆市长江经济带绿色发展立法的制度设计。其四，构建科学的地方立法评估机制，培养专业化的地方立法人才队伍，不断推进重庆市长江经济带绿色发展立法的专业化和科学化。要尊重重庆市的客观实际，把握客观规律，这是重庆市长江经济带绿色发展科学立法的核心。在对重庆市长江经济带绿色发展立法的评估过程中，要改变重“数量”轻“质量”的做法，立法数量与立法质量要并重，立法速度和立法效益要兼顾，将立法质量、实效作为立法评估的重要参考依据。此外，要提高立法专业队伍的知识要求，开展常态化的立法专业技术培训，逐步提升重庆市长江经济带绿色发展立法主体的专业能力和专业素养。

（二）重庆长江经济带绿色发展执法完善思路

针对重庆市长江经济带绿色发展运动式执法的隐忧，可从以下几个方面进行完善。其一，进一步规范执法权力，抓住关键环节，完善重庆市长江经济带绿色发展执法权力的运行机制和监督体系。规范执法方式，推进人性执法、柔性执法、阳光执法，让执法既有力度又有温度，要更加主动接受各方监督，加强和规范政府督查，不断提升重庆市长江经济带绿色发展执法的规范化水平、透明度。其二，进一步夯实法治基础，提升重庆市长江经济带绿色发展的法治化水平。要转变政府是重庆市长江经济带环境治理第一责任人的观念，不断推进法治路径下多方共治的新模式，持续提升重庆市长江经济带环境治理能力与治理体系的现代化水平。其三，进一步保障公民权利和社会公平，要坚决抵制选择性执法，反对歧视性对待，进一步完善轻微违法行为免罚机制，努力让人民群众在每一个执法决定中感受到公平正义。

（三）重庆长江经济带绿色发展司法完善思路

针对重庆市长江经济带绿色发展机械性司法的隐忧，可从以下几个方面予以完善。其一，进一步理顺重庆市长江经济带绿色发展执法与司法的关系，健全行政执法与刑事司法的衔接机制。既要杜绝有案不移、以罚代刑的做法，又要克服司法机械盲从执法的弊端，保障司法中立，维护司法公正。其二，进一步发挥司法能动性，采取有效司法行为方式，充分发挥预防性环境公益诉讼、惩罚性赔偿制度等优势，综合采取不同修复方式，实现类型化、回应型司法保护模式。其三，全面更新司法理念，充分发挥司法职能。要树立绿色司法和能动司法理念，充分发挥司法人员主观能动性，加强重庆市环境司法队伍建设，不断推进重庆市环境司法的专业化和专门化。

（四）重庆长江经济带绿色发展普法完善思路

针对重庆市长江经济带绿色发展应付式普法的隐忧，可从以下几个方面予以完善。其一，科学定位重庆市长江经济带绿色发展普法活动。应该认识到，这是一项必须长期坚持的事业，因此，重庆市长江经济带绿色发展普法活动是内含于重庆市长江经济带绿色发展法治建设中的常规活动，而非运动式治理的内容，就这一层面而言，普法并不必然导致守法，却是重庆市长江经济带绿色发展法治建设中不可缺少的重要内容。其二，着力改善重庆市长江经济带绿色发展普法之体。推动重庆市长江经济带绿色发展科学立法、严格执法、公正司法是有效提升重庆市长江经济带绿色发展普法质量的根本，以科学立法为有效普法奠定基础，以严格执法为有效普法提供支撑，以公正司法为有效普法提供保障。其三，持续优化重庆市长江经济带绿色发展普法之术。健全重庆市长江经济带绿色发展普法责任制的考核机制，完善受众反馈机制，推进第三方普法成效评估机制，加大对重点对象的普法力度，强化普法过程中的对话协商机制，在数字时代来临的当下，着力探索“数字技术+法治宣传”的新型普法模式。

参考文献

封丽霞：《地方立法的形式主义困境与出路》，《地方立法研究》2021 年第 6 期。
秦天宝：《我国流域环境司法保护的转型与重构》，《东方法学》2021 年第 2 期。

何艳梅：《〈长江保护法〉关于流域管理体制立法的思考》，《环境污染与防治》2020年第8期。

单颖华：《当代中国全民守法的困境与出路》，《中州学刊》2015年第7期。

吴勇：《我国流域环境司法协作的意蕴、发展与机制完善》，《湖南师范大学社会科学学报》2020年第2期。

G.17

重庆推动长江经济带绿色发展的法律促进机制研究*

乔　刚**

摘　要： 长江经济带是以长江为核心要素和纽带，集流域和区域于一体的特殊空间。长江经济带绿色发展法律促进机制，是在绿色发展理念指引下，对该空间范围内涉及的权利义务和权力责任配置、实现、流转等动态化过程加以调整的机制组合。重庆市所采取的法律促进机制与长江经济带绿色发展的要求与方向不相匹配，为妥善调和长江流域生态恶化背后的权利冲突，重庆市应通过合理配置政府事权、扩大权利参与主体、具化治理手段、完善权力问责机制等取得一种最佳的法律机制组合效用以实现长江经济带绿色发展。

关键词： 绿色发展　法律机制　流域治理

绿色是长江经济带的底色，绿色发展是长江经济带高质量发展的必由之路。当前学界对于长江经济带绿色发展的法治研究，多是立足于长江整体的流域立法问题，鲜有研究以地区为典型代表探讨长江经济带绿色发展的法律机制。而重庆市处于长江上游最后一个关口，对上下游联动和长江经济带协

* 基金项目：国家社会科学基金西部项目“碳中和背景下碳排放权交易立法构造及展开研究”（22XFX012）。

** 乔刚，法学博士，西南政法大学经济法学院教授，主要研究领域为环境法、能源法、生态法等。

同发展具有重要影响。有必要对重庆市着力推动长江经济带绿色发展法律促进机制进行深入研究。绿色发展的本质是对生态利益的有效整合与平衡，是在充分尊重生态环境容量和资源承载力刚性约束基础之上的经济社会发展。长江经济带绿色发展法律促进机制是对其生态利益确认、实现、保障的调整途径，是对生态恶化背后的权利冲突进行调和与消解的动态化调整过程。国家对长江经济带治理的相关举措，包括长江经济带重大战略的提出、《长江保护法》的出台等，不只是静态的法律规范抑或简单的制度体系，还是动态的系统性治理过程。

重庆市作为长江经济带“一轴、两翼、三级、多点”上的关键一环，该市所采取的法律促进机制至少应该涉及以下两个问题：一是要体现出有别于传统法律规范的动态化、过程性和方法性；二是须适应长江经济带生态系统治理、流域综合治理、区域协同治理的特殊需求。目前，重庆市所采取的法律促进机制总体上为推动长江经济带绿色发展提供了有地方特色的法治保障，但仍有一些举措不甚合理，与长江经济带绿色发展的方向和要求不相匹配。究其法律原因，主要是权利冲突，各种权利冲突导致重庆市着力推动长江经济带绿色发展的法律促进机制在事权配置体制机制、权利参与主体、治理手段及权力问责机制方面存在问题。本文致力于从合理界定政府事权、扩大权利参与主体、具化治理手段、完善权力问责机制四个方面提出完善建议。

一　重庆推动长江经济带绿色发展对法律促进机制的客观要求

长江经济带绿色发展不仅是对自然规律的尊重，也是对经济规律、社会规律的尊重。

绿色发展对长江经济带提出了“山水林田湖草”生命共同体系统治理、“水路港岸产城”流域共同体综合整治以及统筹“东中西部区域协调合作”的要求。重庆市地处长江上游，且作为长江经济带建设“一轴、两翼、三级、多点”的关键一环，其所采取的法律促进机制总体上应当围绕长江经济带绿色发展的功能性促进作用展开。但其现行法律促进机制与长江经济带绿色发展的要求与方向不完全匹配。必须探究影响重庆市推动长江经济带绿色发展法律机制效果背后的法律原因，以突破当前在实现长江经济带绿色发展过程中遇到的瓶颈。要实现长江经济带绿色发展，必须坚持生态系统治理、流域综合治理、区域协同治理。

（一）长江经济带重视“山水林田湖草”生命共同体建设

习近平总书记强调“人的命脉在田，田的命脉在水，水的命脉在山，山的命脉在土，土的命脉在林和草，这个生命共同体是人类生存发展的物质基础”。长期以来，重庆市高度重视地方生态环保立法工作，其中生态环保资源类立法项目占16%，制定了《重庆市长江三峡水库库区及流域水污染防治条例》《重庆市三峡水库消落区管理暂行办法》等，强化以长江生态环境保护为核心内容的地方立法。除立法上的措施外，在重庆市开展推动长江经济带绿色发展的实际工作中，将修复长江生态环境置于压倒性位置，坚持生态优先、绿色发展，统筹山水林田湖草系统治理，着力推进水污染治理、水生态修复以及水资源保护“三水共治”工作的落实。具体在“实施方案”中围绕“强化生态环境空间管控，严守生态保护红线”“排查整治排污口，推进水陆统一监管”“加强工业污染治理，有效防范生态环境风险”等8项任务进行了全面部署，同时明确了“加强党的领导”“完善政策法规标准”等6项保障措施。这就要求促进长江经济带绿色发展的相关法律机制要深入体现以协调自然、经济和社会发展为核心要义的绿色发展理念。

（二）长江经济带要求“水陆港岸产城”流域共同体建设

习近平总书记强调“长江经济带作为流域经济，涉及水、陆、港、岸、产、城等多个方面”。重庆市贯彻落实产业生态化的党政方针，调整产业结构，优化环境布局；积极发展绿色航运，实现重庆地区水脉畅通；积极推动生态环境治理和城市开发相结合的模式探索。另外，重庆市是长江重要的生态屏障和全国淡水资源的生态储备库，该市致力于将“两手发力，三水共治，四源齐控，五江共建”要求转化为相应的法律制度。通过落实河长制，建立水质监测预警机制，在立法层面提高水污染防治、水环境管理水平等方式，在水质管理机制上形成共抓共管的局面。这就要求在流域共同体建设方面，要改变现行以地方政府为主导的传统行政管理模式，明晰长江流域政府事权配置模式。

（三）长江经济带要求东中西部区域协调统筹合作

重庆市切实做到正确把握自身发展与协同发展的关系，其在发展过程中注重从长江经济带建设的整体出发，结合重庆市自身的区位优势、资源情况放置于长江经济带高质量发展的整体中，因地制宜提出推进区域协同发展的新举措。为加强成渝地区双城经济圈生态环境联防联控，重庆市发改委联合四川省发改委制定了《四川省、重庆市长江经济带发展负面清单实施细则（试行，2022 年版）》，并签署《深化川渝合作深入推动长江经济带发展行动计划（2018—2022 年）》和 12 个专项合作协议，在推动基础设施互联互通、区域创新能力提升等八大领域进行交流合作。其致力于形成生态环境联防联治、流域管理统筹协调的区域协调发展新机制、流域综合管理机制，明确了“1+N”的流域生态补偿模式。这就要求在区域协调合作所采取的法律机制方面，不能只靠政府推动，要重视非政府主体参与共治。

二　重庆推动长江经济带绿色发展的法律促进机制存在的问题

长江流域复杂的权利冲突是造成长江经济带生态恶化的重要法律原因，而长江经济带绿色发展法律促进机制，则是在绿色发展理念指引下，对该空间内所涉及的权利义务和权力责任配置、实现、流转等动态化过程加以调整的机制组合。由此，重庆市也需要反思其现行法律机制运行方面存在的问题。

（一）模糊的事权配置体制机制，导致长江经济带绿色发展整体性缺失

当前，我国对长江实行流域管理与行政区域管理相结合的双重管理体制。即由长江水利委员会作为流域管理机构，由长江干流及所流经省、市的水行政主管部门、生态环境保护主管部门对水资源保护及利用进行管理。但事实上流域与区域管理职责未厘清，省、市、县各级行政主管部门也并未对所有涉水管理职责进行明确划分。加之不同行政区域情况各异，所涉事项又涉及多个不同职能部门，导致实践中出现多头管理、职能交叉、监管缺位等问题，致使“九龙治水”与“无人问津”的监管现象并存。据统计，长江流域管理权在中央分属 15 个部门 76 项职能，在地方分属 19 个省级政府 100 多项职能。地方各自利益的藩篱、行政监管体制的障碍使得对流域生态环境缺乏整体考量，严重影响了长江经济带实现绿色发展的目标。

（二）单一的法律机制参与主体，致使长江经济带绿色发展协同性不足

“治理”是指公共和私营部门管理其共同事务的诸多方式的总和。生态环境的状况直接关系到公众的自身利益，一味推行“环境靠政府”反而难以发挥环境治理的最佳效果。目前，重庆市对长江经济带的治理仍然采取直接管制型治理模式，社会组织、企业、相关公众参与性不足。如重庆市实施的生态修复工程中，绝大部分属于公益性项目，由于这些项目投入高、经济回报小、建设周期长，社会资本的参与积极性不高，项目资金来源仍然主要依靠财政投资。为实现绿色发展，近年来一直呼吁引导和组织社会公众参与生态环境治理，但效果并不明显。为实现“3060”碳达峰碳中和的战略目标，碳排放权交易已在全国推行，但重庆的碳排放交易市场活跃度仍然较低，也从侧面反映出重庆市推动减碳排放的社会公众参与度并不高。在着力推动长江经济带绿色发展的背景下，发展要以保护生态环境为底线，不能以

牺牲生态价值为代价换取经济效益，当前绿色低碳转型显然对环境治理体系提出了更高的要求。

（三）片面的法律机制治理手段，引致长江经济带绿色发展综合性不强

在传统的以经济发展为导向的粗放型发展模式下，重庆市关于长江流域法律治理的具体手段主要局限于单一的水要素和水系空间，重庆市近年来水质考核居全国前列，但对于经济空间、社会空间等并未开展综合整治，使重庆市在绿色发展治理的具体手段上明显带有片面性，导致法律机制作用于长江经济带的综合性不强。具体治理手段的缺失，在相当程度上减损了法律机制应有的动态化、过程性和方法性，更对长江流域重庆段经济社会的发展和流域治理的实现造成一定的障碍。

（四）疲软的环境问责追究机制，导致长江经济带绿色发展实效性欠缺

自中央生态环境保护督察以来，重庆市生态环境保护工作取得显著成效，但相较于其所处的特殊重要区位而言仍存在一定差距。重庆市生态环境问责追究机制仍然存在一定问题。第一，由于立法规定过于原则化，行政裁量的空间过大，实践中对问责方式、问责对象难于认定。如根据《重庆市环境保护条例》第 111 条之规定，各级政府及其环保主管部门和其他负有环境保护监督管理职责的部门有“9+1”项违法行为之一时，对直接负责的主管人员和其他直接责任人员给予记过、记大过或者降级处分；造成严重后果的，给予撤职或者开除处分，但对何种违法行为给予何种处罚方式却未明确说明，难以实际操作。第二，立法用语细化不足。例如，《中央生态环境保护督察工作规定》第 18 条第 2 款规定：“中央生态环境保护专项督察的组织形式、督察对象和督察内容应当根据具体督察事项和要求确定。重要专项督察的有关工作安排应当报党中央、国务院批准。”这里“重要专项督察”中的“重要”衡量标准是什么未做明确规定。《中央生态环境保护督察

工作规定》第39条规定“地市级及以下地方党委和政府应当依规依法加强对下级党委和政府及其有关部门生态环境保护工作的监督”，“有关部门”指哪些部门也未做明确规定。第三，法律规定与党内法规协同性存在难题，例如在环境保护责任规定上，《重庆市环境保护条例》明确规定政府在保护环境中的责任，也对政府及其环境保护行政主管部门失职失责行为问责进行了说明，但并未明确党委在生态环境保护中的责任及其问责实施问题。第四，问责启动程序不规范，缺乏依申请的启动方式。现实中罕见依申请启动问责的相关案例，一个重要原因是目前对除政府之外的公众等外部问责主体启动问责程序的相关内容在立法中规定不足甚至缺失，因此实践中启动程序缺乏可操作性。

以上问题，究其法律原因，实际上潜藏着长江经济带建设中资源开发利用与生态环境保护之间的利益矛盾。这些矛盾冲突涉及多层级、多机关、多重法律关系，由此导致的权利冲突是造成长江经济带生态环境恶化的法律原因。各种权利冲突在长江流域水资源开发利用和保护的结果相互抵牾甚至抵消。在资源开发利用方面，不同主体权利界限不明确、权利间关系不清晰，冲突不断；在生态环境保护方面，生态环境行政管理部门与水利行政管理部门之间缺乏明确法律界限。总体上，长江经济带法律上的权利配置呈现区域权利强与流域权利弱、流域资源开发利用权利大而实与流域生态环境保护权利小而虚的巨大反差，各地方、部门、行业为追求自身发展目标而忽视流域生态环境保护，进而引发“长江病”。诚然，权利冲突是造成长江经济带整体生态恶化的重要法律原因，长江流域重庆段自然也受其影响，长江流域复杂的权利冲突固然难以消解，但长江沿线省市可以为调和权利冲突探索有地方特色的法律制度措施。

三　重庆推动长江经济带绿色发展的法律促进机制优化路径

习近平总书记指出“长江经济带应该走出一条生态优先、绿色发展的新路子”。长江经济带绿色发展法律促进机制很大程度上就是要把长江经济带“生态优先、绿色发展的新路子”转化为法律制度，建立促进“绿色发展”的法律机制。有鉴于此，围绕当前重庆市在推动长江经济带绿色发展方面存在的问题，应从以下几个方面进行优化。

（一）健全长江流域管理体制机制，提升长江经济带绿色发展的整体性

过去事权配置存在流域层级虚化或弱化、仅针对单一“水”要素且缺乏长江流域特殊针对性事权配置、片面强调事权关系单向服从的问题。长江经济带绿色发展法律促进机制则将长江经济带视为水系空间，从合理配置政府事权的角度解决上述问题。通过长江流域生态系统、长江经济带涉及的社会关系及法律关系确定事权“范围”。从体制建设角度，为中央、流域、地方三个层级分别配置相应的事权，重点是建立统一高效的流域管理体制机制，科学明确界定流域管理机构的定位和职能，多规合一实现流域综合决策，同时还应为流域管理主体配置相应的流域层级事权。

实现长江经济带一体化的绿色发展，必须破除地方利益的壁垒和相关体制机制障碍，从法律层面完善长江经济带的行政监管机制。重庆市应积极建议并支持国家层面组建统一的流域管理机构，对长江水利委员会、长江航务管理局进行改革，建立专门性的长江经济带管理机关，将其作为国务院的派出机构，不再隶属于部委，同时吸收沿岸省市的行政机关负责人为成员，实现统一领导，对沿岸省、市级各类主管部门进行协调，实现直接管理；在重庆市政府各职能机构间，可以在地方事权范围之内保障管理的事权配置合理性，加强区域间、部门间合作，建立协商协作机制。并在借鉴现有市政综合执法、文化综合执法成功经验的基础之上，积极探索重庆市长江流域综合执法机制；探索建立生态资源案件协作应急制度，对长江流域重庆段生态环境重大情况及时通报、共同研究制定处置办法；通过明晰事权配置体制机制，建立有效的决策监督体制，将重庆市各部门及其领导的决策行为置于长江经济带建设机制严密的法律监督之下；在决策者违反法律时能够依法及时追究

法律责任，敦促政府与相关部门依法行政。贯彻执行有关政策与计划时，各部门通过相互协调，严格执行环境法律法规，有效防止各部门之间“争权夺利、推诿责任”。

（二）扩大法律促进机制参与主体，增强长江经济带绿色发展的协同性

长江经济带是集流域与区域于一体的特殊空间，有关政府是主要的权力主体。形成长江经济带的“核心要素”和“纽带”是水，排污企业、用水单位、污水处理厂等非政府主体之间具有明显的涉水属性。这些非政府主体之间及其与政府之间的利益关系高度复杂。将涉水非政府主体纳入长江经济带建设的权利主体，并厘清有关政府主体内部间以及政府与涉水非政府主体外部间的关系，实现长江经济带建设相关主体之间的关系协同，是实现长江经济带治理的基本内容。

2018 年以来，重庆市与三峡集团充分合作，开工建设共抓长江大保护项目、推进广阳生态岛开发项目、两江四岸治理提升项目、花溪河综合整治项目、溉澜溪“清水绿岸”治理提升工程等首批重点合作项目。重庆市与三峡集团的合作既彰显了三峡集团的运营管理能力，又是重庆库区发展的现实需求，符合国家战略的要求，对探索政企合作的模式具有示范意义。重庆市应以长江经济带绿色发展为共同利益，进一步探索构建政府、公民及其他社会组织共同参与的多层次、多维度、开放性共治系统，统合多主体治理与协作性治理。具体可采取以下措施。一是实现治理主体多元化。明确政府及非政府主体在长江流域多元治理中的不同职能定位。探索政府、企业、个人、新闻媒体等同在一个平台，在各个领域展开协商与合作，使政府与流域各主体的关系从管理与被管理转变为流域复合主体的合作伙伴关系。政府职能部门如生态环境局、规划与自然资源局等发挥枢纽作用，连接企业、个人、专家学者等社会主体，积极推动其成为长江经济带生态环境治理的参与者，确保不同主体的利益诉求得到回应。二是实现治理过程民主化。为调动沿岸公众参与协同治理机制的积极性，重庆市政府可赋予环境治理主体更多

权利，如充分落实环境影响评价制度，若社会主体对政府审批的规划和建设项目有疑问，可行使否决权；定期组织社会主体参与排污企业的抽查，若社会主体对行政处罚结果不满，可提出异议；在决策环节，邀请人大代表、政协委员、公民、企业等参加听证会，充分听取各方代表意见。三是实现治理环节主体参与全面化。具体可以采取以下措施，如地方政府在进行环境决策前举行听证；吸纳公众参与当地生态调研；完善生态环境应急能力建设，将其覆盖至生态危机可能出现的所有环节；吸纳社会主体参与环境行政执法中，如参与长江沿岸非法码头整治行动等。

（三）具化法律促进机制治理手段，巩固长江经济带绿色发展的综合性

当特定的事权配置模式以及权利参与主体作用于长江经济带绿色发展建设中时，权力运行机制必然要具体化为能够产生影响的各种法律手段。重庆市林业局党组成员表示，“到 2025 年全市森林覆盖率提升到 57%，到 2030 年力争达到 60%左右，切实维护生物多样性”，长江经济带的治理不应局限于水系空间，应统筹推进“山水林田湖草”生命系统治理。因此，重庆市推动长江经济带绿色发展的法律促进机制需要健全其具体治理手段，以解决前述的综合性欠缺问题。

一是顺应长江经济带的自然规律、经济规律、社会规律，改变传统的经济社会发展方式和生产生活方式以适应流域治理的新发展、新定位、新目标。具体包括：①流域规划与国土空间管控，发挥不同地区的优势作用。将主城都市区打造成为具有国际竞争力的现代化都市区，将渝东北三峡库区城镇群打造成长江绿色经济走廊，而渝东南武陵山区城镇群则继续突出其文旅融合发展示范区的定位。②合理配置、调度与开发利用长江水资源。2022 年 7 月底，重庆市渝西水资源配置工程全面开工，该工程创新性提出“以干补支、江库互济”的水资源配置理念。当地水资源优先满足生态环境用水，抽提长江、嘉陵江过境水配合当地水库调蓄解决生活生产用水，通过水量置换实现“以干补支”，转变过去以建设水库为主开发利用区内自产水资

源的思路，以水资源的可持续利用支撑区域绿色发展。③长江文化传承与保护。目前长江重庆段已纳入长江国家文化公园重点建设区，长江具有文化等非物质价值，要力争把长江流域重庆段打造成为新时代长江文化的新地标，使重庆能够真正走出一条新时代长江文化保护传承利用的新路。

二是积极探索行政管理与市场机制相结合，激发市场活力。①建立健全重庆市用水权初始分配制度，鼓励和引导各区县、流域上下游、行业间、用水户间开展水权交易。2022 年 5 月 20 日，在重庆市荣昌区水利局指导下，荣昌区昌州街道红岩坪村村民委员会与重庆金石混凝土有限公司在中国水权交易所完成用水权交易，将其在李家岩水库的农业水权转让给重庆金石混凝土有限公司。这是重庆市完成的首例用水权交易，标志着重庆市水权交易工作取得突破性进展。水权交易既解决了部分公司用水紧缺的问题，也让农村村委会增加了经济收入，提升了水权的使用率和经济价值，应予以大力提倡。②进一步深化长江生态保护补偿机制，从此前在各区县间实施开展的生态补偿“1+N”模式中汲取经验，并为其他省市开展生态补偿机制提供可复制的方法。同时，要加大生态补偿资金投资力度，实行分类分级的补偿政策，以激发重庆市内各区县保护长江生态环境的内在动力。

（四）落实政府环境责任问责机制，增强长江经济带绿色发展的实效性

长江经济带绿色发展对重庆市政府权力运行及实践探索既是一种倒逼也是一种推动。重庆市政府规范问责机制的具体方面，一是细化重庆市地方性法规及规范性文件中关于问责相关条款的具体内容，减少因立法规定模糊而导致问责条款不能发挥其应有作用情况的发生。二是推进问责方式规范化，重庆市政府问责方式的选择应以“从根本上使相关从事环境保护工作的人员发生绿色发展理念转变”为目标，且要以其任职资格为限，并考虑引发生态环境事件的严重程度。三是强化终身问责的硬约束，近年来，重庆市水质考核优良正是该市加强对政府的考核问责，实施约谈制度的成果，重庆市政府应当严格落实党政领导干部实施更严格的生态环境损害责任追究问责制

度，对水环境出现反弹、异常、退步的情况，采取通报、约谈、挂牌监督等方式进行问责。四是增强重庆市地方性法规与党内法规的协同性，应明确政府及党委分别在生态环保中所负的责任及问责的具体方面、责任追究方式等。五是推进问责启动程序的制度化，规定公民等外部问责主体在法定条件下可以通过合法途径向作出问责决定的国家机关提出生态环保问责的相关建议。

参考文献

庄超、许继军：《新时期长江经济带绿色发展的实践要义与法律路径》，《人民长江》2019 年第 2 期。

徐祥民：《论维护环境利益的法律机制》，《法制与社会发展》2020 年第 2 期。

吴传清、黄磊：《长江经济带绿色发展的难点与推进路径研究》，《南开学报》（哲学社会科学版）2017 年第 3 期。

刘卫先：《绿色发展理念的环境法意蕴》，《法学论坛》2018 年第 6 期。

吕忠梅：《建立“绿色发展”的法律机制：长江大保护的“中医”方案》，《中国人口·资源与环境》2019 年第 10 期。

刘佳奇：《论空间视角下的流域治理法律机制》，《法学论坛》2020 年第 1 期。

易淼：《新时代长江经济带绿色发展的问题缘起与实践理路》，《中国高校社会科学》2020 年第 4 期。

杨解君：《论中国绿色发展的法律布局》，《法学评论》2016 年第 4 期。

吕忠梅：《寻找长江流域立法的新法理——以方法论为视角》，《政法论丛》2018 年第 6 期。

王元聪、陈辉：《从绿色发展到绿色治理：观念嬗变、转型理据与策略甄选》，《四川大学学报》（哲学社会科学版）2019 年第 3 期。

胡鞍钢、周绍杰：《绿色发展：功能界定、机制分析与发展战略》，《中国人口·资源与环境》2014 年第 1 期。

G.18

成渝地区双城经济圈流域治理合作机制构建研究*

吕　红**

摘　要： 加强成渝地区双城经济圈流域治理是落实习近平生态文明思想的生动实践，也是双城经济圈生态环境治理的关键。本文基于成渝地区双城经济圈生态环境合作治理现状，识别合作治理过程中存在的生态共建任务艰巨，大气污染治理政策措施有差异，规划、标准、执法监督不统一，以及共建共治合作机制还不够健全等阶段性存在的主要问题，提出以流域为单元构建生态治理和环境保护空间格局、以流域水环境容量为最大刚性约束确定生态环境管控目标、以流域可持续发展为目标加强生态系统治理统筹规划、以水为脉推进山水林田湖草生命共同体建设与修复和以流域为单位建立跨行政区生态环境联防联控联治机制五方面的对策建议。

关键词： 成渝地区双城经济圈　流域治理　生态共建

2020年1月，习近平总书记主持召开中央财经委员会第六次会议，研究推动成渝地区双城经济圈建设问题。会议提出了加强生态环境保护等成渝

* 本文系重庆市社科规划项目“氢能产业发展趋势及重庆应用对策研究”（2022ZDZK31）、重庆市科技局技术预见与制度创新课题“‘双碳’目标下重庆推动能源电气化发展政策研究”、重庆市社会科学规划重点智库委托项目“三峡库区加快建设绿色生态廊道的路径及保障政策研究”（2021ZDZK16）的阶段性成果。

** 吕红，重庆社会科学院生态与环境资源研究所副所长、研究员，生态安全与绿色发展研究中心研究员、碳中和青年创新团队负责人，管理学博士，主要研究领域为绿色低碳和可持续发展。

地区双城经济圈需承担的七大任务。“善治国者，必善治水”，2016年以来，习近平总书记三次召开推进长江经济带发展、黄河流域生态保护和高质量发展座谈会，反复强调流域治理是生态保护和促进流域高质量发展的关键所在。

成渝地区双城经济圈位于长江上游，地处四川盆地，东邻湘鄂、西通青藏、南连云贵、北接陕甘，是我国西部地区发展水平最高、发展潜力较大的城镇化区域，是长江经济带和“一带一路”建设的重要组成部分。共筑长江上游重要生态屏障、确保三峡水库一江碧水向东流是成渝地区肩负的上游责任和使命担当。目前，川渝两地生态系统仍然脆弱，地质灾害易发多发，水土流失较为严重，部分流域、区域环境质量不佳，合作机制还不健全，生态环境保护各行其是的问题尚未根本解决，离习近平总书记“统一谋划、一体部署、相互协作、共同实施”的要求差距明显。“水污染问题在河里，根子在岸上”，坚持“以水为脉、以流域治理为重点”优化成渝地区流域治理合作新机制，是完善成渝地区双城经济圈生态环境治理体系的重要抓手。

一　流域治理相关研究及实践

（一）流域治理理论

流域是指“以河流为中心，由分水线包围的一个从源头到河口的完整、独立自成系统的水文单元”。流域治理的概念有广义和狭义之分，狭义的流域治理主要是指围绕水资源管理建立的一系列体制机制，广义的流域治理是一种对涉水公共事务的综合管理，涵盖流域经济、社会和生态治理等领域，旨在推动流域的可持续发展。本文采用后者，即认为流域治理是一项复杂的系统性工程，涉及多元化社会主体的利益，这使得生态治理无法单纯地依靠市场或者政府，而需要寻求多元主体的协同。

目前，国内外对整体性治理和流域治理的研究主题越来越丰富、视角越来越多样。按照整体性治理理论（Holistic Governance），流域治理指对流域水生态环境的系统性治理和保护，流域的整体性治理是研究流域生态环境治理和保护的一个理论分析框架。从研究视角看，国内外学者较为关注流域管理的制度框架，分别从正式制度变化、非正式制度变化、角色者精神模型等维度进行研究评估。国内对于流域治理的研究基本贴合公共管理学意义上的治理，针对我国流域治理陷入困境，致力于探索新的治理模式和路径以促进政府间的沟通与协同，以及基于市场化机制的流域综合治理模式等，提升流域治理的效率及治理结果的公平性等。

（二）流域治理实践及经验借鉴

1. 国内重点区域生态环境合作治理

长三角、珠三角、京津冀、粤港澳大湾区等重点区域一体化发展基础好、起步早、程度高，在生态环境协同共治领域有很多好的经验和做法。总结如下。一是建立高规格的合作领导机制。长三角和京津冀区域的合作机制规格高、组成成员广泛，部委、省市联动有利于争取政策资金支持，推动破解了不少瓶颈问题。二是统一制定相关规划和环境治理及产业准入标准。如京津冀区域编制了《京津冀及周边地区深化大气污染控制中长期规划》，统一了空气重污染应急预警分级标准。长三角区域编制了《长三角生态绿色一体化发展示范区国土空间总体规划（2021—2035 年）》，出台了《长三角区域空气质量改善深化治理方案（2017—2020 年）》《长三角区域水污染防治协作实施方案（2018—2020 年）》等。三是统一执法监督。京津冀生态环境执法部门建立了定期会商、联动执法、联合检查、信息共享等工作制度；长三角区域联合开展饮用水水源地、大气监管执法“互督互学”专项行动，组织执法人员共同开展跨省执法检查等活动。四是突出重点领域深化务实合作。京津冀围绕重污染天气联合应对、秋冬季大气污染攻坚行动开展合作，长三角重点在移动高污染源治理、秋冬季大气污染攻坚方面开展合作等。水污染治理方面，京津冀区域围绕密云水库、官厅水库、白洋淀流域综合治理开展紧密合作；长三角区域开展太湖、太浦河、新安江、滁河、洪泽湖等流域综合治理。五是建设合作平台夯实合作基础。京津冀及周边 7 个省区市建成重污染天气预警会商平台；长三角建成区域空气质量预测预报中心、城市大气复合污染成因与防治重点实验室、太湖流域水环境综合治理信息共享平台等开展信息共建共享。

2. 国外重点区域生态环境合作治理

国外流域水环境管理治理的成功经验，包括莱茵河、密西西比河、圣劳伦斯河等流域，可以为长江水生态环境保护修复提供借鉴。一是建立专门的流域保护和管理机构。如莱茵河流域成立了保护莱茵河国际委员会（ICPR），密西西比河流域建立了跨州协调机制。二是实现生态环境保护政策全覆盖。如德国实行保护优先、多方合作以及污染者付全费的污染管理原则，排污费对排放污染物造成的环境损失成本全覆盖，排污者所交的钱必须足以修复所造成的环境影响。美国实施《清洁水法》，通过实施国家污染物排放消除制度（NPDES）许可证项目，建立了以基于最佳可行技术的排放标准为基础的排污许可证制度，有效促进了流域水质的改善。三是制定统一的专项行动计划。如ICPR各成员国制定的“莱茵河行动计划”“洪水行动计划”“莱茵河2020行动计划”“洄游鱼类总体规划”“生境斑块连通计划”等一系列行动计划，密西西比河流域发布的国家行动计划等，这些行动计划为流域污染控制、生态修复制定目标和时间表，对流域水质改善和生态恢复发挥了决定性作用。四是贯彻实施流域综合管理理念。莱茵河流域十分注重综合管理，制定《欧盟水框架指令》；美国制定联邦流域管理政策，颁布《流域保护方法框架》等，跨学科、跨部门联合，通过加强社区之间、流域之间的合作来治理水污染，也对流域水生态恢复起了重要作用。

二　成渝地区双城经济圈生态环境合作治理的基础

（一）成渝地区双城经济圈是长江上游流域的核心区域，其生态环境保护问题本质上是“流域生态环境治理”

成渝地区是关系长江上游生态安全的核心区，更是“筑牢长江上游生态屏障”的重要组成部分。成渝地区双城经济圈位于长江流域上游地区，区域内河流众多，水系纵横，水量充沛。重庆地处三峡库区核心腹地，长江在域内流经679公里，年均过境水资源量近4000亿立方米；四川作为长江上游重要生态屏障和水源涵养地，长江在域内绵延上千公里。成渝地区是长江上游水资源保护重点区域，是影响长江母亲河、三峡库区水资源安全的重要生态区。

流域水环境治理是成渝地区双城经济圈生态环境保护的重中之重。从流域看，成渝地区是我国重要的流域区之一，重庆境内流域面积在50平方公里以上的河流510条，四川域内流域面积超过50平方公里的各级河流约2816条，流域面积在50平方公里以上的跨界河流有52条（由川入渝30条、由渝入川22条），流域覆盖成渝地区全域，流域水环境保护是成渝地区生态环境保护的重要内容。从水质看，目前受沿江企业排污、农业面源污染、生活污水不达标排放等问题困扰，长江支流二、三级河流部分河段富营养化和水华现象时有发生，成渝地区水污染隐患仍未彻底根除，水生态安全形势严峻，流域水环境治理是成渝地区生态环境保护的重中之重。从发展趋势看，2018年，成渝地区双城经济圈总人口约3亿人、地区生产总值约6万亿元。随着双城经济圈制造业和服务业加速发展、城镇化提速和人口进一步聚集增长，成渝地区流域水生态保护和治理任务加重。

因此，成渝地区双城经济圈生态环境保护问题的根本是“以水为核心的流域生态系统治理”。成渝两地共建长江上游生态屏障、确保三峡水库水生态安全，关键是狠抓流域治理，保证长江干支流水质常年达标。

（二）流域治理是成渝地区完善生态环境治理体系、提升生态环境治理能力的重要抓手

行政区域分割是成渝地区双城经济圈生态环境治理的最大障碍。成渝两地长期分属不同的行政单元，在区域一体化发展进程中，两地在局部地区、部分领域初步建立了生态保护和环境治理合作机制，如对毗邻地区水污染、大气污染的联防联治等，但与流域治理的系统性、整体性、协同性要求有较大差距，与“统一谋划、一体部署、相互协作、共同实施”的区域合作要求有较大差距。具体表现在：在生态空间管控方面仍以行政区域为边界划定生

态环境保护空间，尚未建立以流域为对象的三生空间规划和生态管控格局；在区域生态环境治理方面主要采取条块分割式治理模式，尚未建立以流域为整体的山水林田湖草系统性建设与修复规划；在协调生态环境与经济社会发展关系中仍以行政区域为单元规划产业发展和城镇建设，尚未建立以流域水环境容量为刚性约束的生态环境管控目标；在跨境河流治理中仍采取各管一段的方式，尚未完善以流域为单位的跨行政区生态环境联防联控联治机制。

（三）跨行政区域流域治理是环境保护和促进流域高质量发展的关键

习近平总书记指出，要“从生态系统整体性和长江流域系统性着眼，统筹山水林田湖草等生态要素，实施好生态修复和环境保护工程”；要“统一谋划、一体部署、相互协作、共同实施”；要“上下游、干支流、左右岸统筹谋划，共同抓好大保护，协同推进大治理，着力加强生态保护治理”。成渝地区主要河流范围分布着46个重要节点城市，流域治理牵一发而动全身。成渝地区双城经济圈建设要加强生态环境保护，遵循以水为脉的流域治理理念，牢固树立“一盘棋”思想，推进山水林田湖草生命共同体，上下游、左右岸、干支流，生态、生产和生活空间的综合治理、系统治理、源头治理；从流域层面统筹污染物排放和治理，推动治理方式从传统行政控制单元向流域整体管理转变，通过协调上下游、左右岸、干支流关系，形成“流域—区域—控制单元—污染源”的多层次一体化污染控制目标体系，提出协同性的流域治理保护政策措施；处理好流域保护和发展的关系，构建流域生态环境保护合作机制，完善成渝两地环境治理体系、提升自身环境治理能力，为成渝地区双城经济圈高质量发展提供绿色动力，为建设高品质生活宜居地增添绿色底色。

三　成渝地区双城经济圈生态环境合作治理现状

成渝两地山水相连、人文相通、经济相融，两地生态环境保护息息相关。重庆市位于川渝边界的自然保护地有15个，流域面积50平方公里以上的跨界河流有52条（由川入渝30条、由渝入川22条），大气污染则沿传输通道相互影响。从成渝经济区、成渝城市群到成渝地区双城经济圈，生态共建环境共保始终是成渝两地协调发展的重要组成部分，特别是2018年《中共中央　国务院关于建立更加有效的区域协调发展新机制的意见》印发以来，两地生态环境联防联治步入快车道。

（一）生态共建有序推进

川渝两地生态状况总体良好，重庆市生态环境状况指数（EI）为69.8，四川省生态环境状况指数为71.6。四川省、重庆市都是建立以国家公园为主体的自然保护地体系试点省市，正在同步开展摸清底数、理顺体制、优化整合自然保护地工作。两地持续加强长江上游珍稀特有鱼类国家级自然保护区省市联动协作，开展巡查、救护、增殖放流、禁捕等工作。联合开展长江生态保护修复驻点研究。川滇黔渝四省市联合举办森林城市群建设论坛，谋划建设四省市森林城市群、绿化模范县。

（二）环境共保积极开展

水污染联防联治方面，2018年涪江四川段省级河长与琼江重庆段市级河长开展联合巡河，2019年川渝两省市河长办联合开展琼江巡查，在四川省安岳县召开河长制工作联席会议，进一步建立上下游、左右岸协同机制；依托国家数据平台定期发布水环境质量状况，实现跨省市国控断面水质联合监测和数据共享，“十三五”以来重庆市已向四川省发出水质超标通报5份。大气污染联防联控方面，建成西南区域空气质量预测预报业务平台并投入试运行，实现川渝两省市秋冬季大气污染天气预警预报信息共享；制定长寿区、江津区和四川省毗邻区域大气污染重点行业、重点污染源整治清单，互通整治进度和整治结果；共同开展水泥等重点行业错峰生产，共同提前实施汽车国六排放标准。联合执法监管与应急处置方面，梁平区、荣昌区、合川区、潼南区等区县与四川省毗邻区县（市）多次开展生态环境联合执法检查、环境安全隐患大排查，2017 年以来立案查处跨界环境违法案件 6 件；通过互相派员观摩、联合举行环境应急演练、座谈培训等方式切实加强两地环境应急联动，2017 年以来两地共同妥善处置环境突发事件 4 起。此外，在危险废物跨省转移、环评审批会商、科研项目合作等方面也颇有成效。

（三）合作机制初步建立

2018 年，川渝两省市政府联合制定了《深化川渝合作深入推动长江经济带发展行动计划（2018—2022 年）》，两省市生态环境、林业、水利等部门在生态共建环境共保方面签订 21 个专项合作协议，形成了“1+N”合作机制。两省市生态环境部门牵头、各部门各司其职，制订年度计划，定期调度进展，督促合作事项落实落地。两省市有关区县（市）积极行动，在水污染防治、大气污染防治等方面签订多个双边、多边合作协议，进一步丰富了两省市生态环境合作机制。

四　成渝地区双城经济圈生态环境合作治理问题及原因

（一）生态共建任务艰巨

川渝两地自然保护地都存在范围及功能区划定不合理问题，各级各类自然保护地交叉重叠，保护地内原住民和历史遗留问题较多，保生态与保生计之间存在矛盾。生物多样性基础工作薄弱，基础数据库及监测评估体系不够完善，没有形成系统的管理网络，生物多样性受到威胁。以森林为主的绿色资源总量不足、分布不均、质量不高、林分结构不合理、病虫害严重，森林生态功能低效化问题较为突出，林业发展与生态需求尚存在较大的差距。三峡库区水土流失面积大、侵蚀程度高、地质灾害多发，治理标准低，生态清洁小流域建设缺乏资金，水土保持的综合功能和效益未能高水平实现。川渝交界的川东平行岭谷区多为喀斯特地貌，属石漠化分布重点地区，川渝两地各有 10 个区县为国家石漠化综合治理重点区县。建立长江全流域横向生态补偿机制有赖于中央出台政策，川渝两地尚未签订跨界河流生态补偿协议，上游污染、下游治理的现象不同程度存在。

（二）各管一段的治水困局尚未打破

上下游、左右岸污染联防联治、基础设施共建共享仍然存在机制体制障碍。例如，重庆市荣昌区、四川省泸县分别制定了《荣昌区濑溪河流域综合治理实施方案》《泸县濑溪河流域水体达标方案》，但都没有统筹考虑流域上下游经济社会发展、污染排放、环境基础设施建设等情况，没有形成共同的治污措施。又如，四川省开江县任市镇生活污水直排文化河，与之毗邻的梁平区文化镇提出由文化镇污水处理厂来接纳处理，但因行政壁垒等原因，任市镇决定自建污水处理厂，但至今未建。少数跨界河流治污不到位，由川入渝的平滩河、琼江、坛罐窑河、姚市河和由渝入川的渔箭河水质有超标现象。

（三）大气污染治理政策措施有差异

受大气环流和地形影响，四川盆地存在3个明显的大气污染传输通道，川南城市群和渝西片区互相跨界传输，空气质量密切相关。重庆市将主城区、渝西片区确定为打赢蓝天保卫战重点区域，原则上不新建燃煤火电、水泥等大气污染重的项目；但四川省未将广安、达州、遂宁、南充、泸州等市全域划为重点区域，导致在重庆市不能准入的项目可能在重庆市上风向的城市落地，对重庆市空气质量影响较大。川渝两地均制定了水泥错峰生产方案，四川省空气质量未达标城市全年错峰基准天数为100天，重庆市重点区域每年错峰天数为110天且执行力度严于四川，还实施了砖瓦行业错峰生产。成都市对挥发性有机物的控制措施精准到位，近3年来臭氧超标天数明显减少，相关经验值得重庆市借鉴。

（四）规划、标准、执法监督不统一

缺乏全流域生态廊道建设规划、水污染防治规划和跨区域大气污染防治

规划，两地现有的产业布局规划等缺乏衔接。例如，蓝天保卫战成都市2020年规划目标为$PM_{2.5}$≤50微克/米³、优良天数≥256天，重庆市规划目标为$PM_{2.5}$≤40微克/米³、优良天数≥300天，规划目标的差距导致政策措施、压力传导有差距。重庆市现有地方污染物排放标准14个，四川省现有地方污染物排放标准6个，两地标准管控的行业类别、污染物种类、排放限值差别较大。例如，重庆市的挥发性有机物排放限值比四川省严，但四川省纳入管控的行业类别、污染因子比重庆市多。跨界区域散乱污企业地势偏远、隐蔽性强，执法人员受管辖权限制跨界调查取证、证据移交、案件移送比较困难，联合执法有待进一步深化。

（五）合作机制还不够健全

生态环境保护涉及多部门职责，但目前合作协议的签订主体多为两地生态环境部门，合作机制规格低、合作范围受限。部分合作协议原则性条款多，治理措施、工作任务、资金保障等具体内容少，操作性不强。联合执法多为专项行动，还没有成为长期性、稳定性、持续性的制度性安排，生态环境信息共享的全面性、及时性还不够，监管机制碎片化难题有待破解。合作协议的约束力不强，目标任务进展情况、完成情况缺乏双方互认的评估考核机制。

五　成渝地区双城经济圈生态环境合作治理对策建议

深刻认识成渝地区双城经济圈生态环境保护问题的本质是“以水为核心的流域生态系统治理”，应从以流域为单元构建生态治理和环境保护空间格局、以水为脉推进山水林田湖草生命共同体建设与修复、以流域水环境容量为最大刚性约束确定生态环境管控目标、以流域为单位建立跨行政区生态环境联防联控联治机制、以流域可持续发展为目标加强生态系统治理统筹规划5个方面完善成渝地区双城经济圈生态环境保护合作机制。

（一）以流域为单元构建生态治理和环境保护空间格局

一是合理划定流域生态管控格局。遵循流域整体性、系统性规律，保持流域左右岸、上下游、干支流等空间相对完整性，合理划定“三区”（城镇空间、农业空间、生态空间）和“三线”（生态保护红线、永久基本农田红线、城镇开发边界），明确流域生态空间布局、生态功能定位和生态保护目标。将流域国土空间划分为禁止开发区、控制开发区和适宜开发区，形成“优先保护区—重点管控区——般维护区”的成渝地区双城经济圈流域生态治理与环境保护分区管控体系。

二是加强流域重点区域生态环境保护。在长江一级、二级支流沿岸 1 公里范围内坚决禁止新建有污染风险的生产生活设施，严禁污染物超标排放；在长江一级、二级支流沿岸 5 公里范围，三级支流和通江湖库周边 3 公里范围内严禁新布局工业园区，依法淘汰取缔有污染风险的生产生活设施；在流域其余区域严格控制污染物超标排放。

（二）以水为脉推进山水林田湖草生命共同体建设与修复

流域问题表象在河流，根子在流域。推进山水林田湖草生命共同体，上下游、左右岸、干支流，生态、生产和生活空间的综合治理、系统治理、源头治理。

一是对成渝地区双城经济圈主要河流流域进行系统修复和保护。从流域生态系统的整体性和系统性出发，分析研判长江、乌江、琼江、涪江等主要河流在流域保护和治理中存在的突出问题，针对性地实施水源涵养与矿山修复、污染源治理与河流清水修复、田地整治与节水减排等工程措施，全面修复流域生态功能，提升流域生态环境承载力，保障全流域水体洁净和生态安全。

二是重点推进成渝地区双城经济圈跨境水污染防治和生态保护修复。针对跨境河流突出的生态环境问题，以水定岸、以流域治理为目标，推进跨境河流流域生态格局优化与空间管控；系统谋划、积极争取国家“山水林田湖草”综合治理试点工程，对跨界河流及流域进行系统治理和保护。

三是建设长江、嘉陵江、乌江、岷江、涪江、沱江等生态廊道。协同实施成渝两地重要生态系统保护和修复重大工程实施规划，谋划实施长江上游干旱河谷生态治理工程、长江干支流防护林和四川盆地人工林森林质量精准提升工程；加强流域水生态保护修复，依法整治违规占用岸线项目，严格控制取水总量，保障河流水体连通性；加强川渝森林城市群建设，推进实施“两岸青山·千里林带”工程，协同推行林长制，逐步退出长江两岸自然保护地矿产资源开发项目。

四是推进广阳岛片区长江经济带绿色发展示范建设。统筹岛内岛外规划建设，整体推进片区保护修复和建设利用，系统实施一批“护山、理水、营林、疏田、清湖、丰草”工程，精心打造“长江风景眼、重庆生态岛”。

（三）以流域水环境容量为最大刚性约束确定生态环境管控目标

一是以水环境容量和水环境压力为基础对流域水环境进行分区。统筹考虑流域产业集聚发达度、人口集聚度、水网密集度、水环境敏感度，将流域划分为高压低容、低压低容、高压高容和低压高容 4 种流域评价单元，为建立资源环境可承载的成渝地区双城经济圈人口发展布局、经济发展格局提供决策支撑。

二是制定差别化的流域生态环境保护治理任务和产业准入政策。根据流域分区单元，优化产业布局，控制城镇开发强度；加强流域城市的协作，明确产业分工，鼓励共建园区，促进要素流动，推动产城融合，形成集约高效、绿色低碳的区域新型城镇化发展格局。

三是重点关注水系附近区域的产业调整和水污染控制。优化供给侧结构性改革，引进高新技术，提高清洁环保效能，鼓励绿色产业发展，创建绿色产业链，规划绿色产业园区，促进产业结构优化升级。

（四）以流域为单位建立跨行政区生态环境联防联控联治机制

一是建立跨域综合治理机构。紧紧围绕流域系统治理目标，以联合河长制、湖长制为基础，建立跨省市、跨部门、跨区县的流域治理组织机构。以流域水生态环境保护修复为目标，统筹规划和协同推进流域生态环境保护和经济社会发展。

二是推进生态环境标准一体化。开展成渝地区环境标准建设规划研究，形成一体化标准目录清单；制定“成渝地区双城经济圈水污染物综合排放标准”“成渝地区双城经济圈大气污染物综合排放标准”等文件，实现两地生态环境标准统一。

三是完善流域治理联防联控机制。按照共商、共建、共管、共治、共担的原则，进行跨区域环境执法、突发环境事件应急演练；在跨界河流、重点生态环境功能区的河流及主要支流密布水质监测点，将实时监测数据纳入成渝地区双城经济圈生态环境保护动态监测数据平台，为长江涉水监管执法联动等联防联控联治提供治理依据。

四是实施流域产业发展的“正面清单”和“负面清单”管理，建立“负面清单”产业补偿“正面清单”产业机制。将成渝地区双城经济圈跨界流域打造成“城市群生态环境合作治理”的典范。

（五）以流域可持续发展为目标加强生态系统治理统筹规划

一是制定成渝地区双城经济圈流域生态环境保护专项规划。以《长江经济带生态环境保护规划》为统领，以流域系统保护和治理为目标，以成渝两地生态环境保护规划为基础，制定“成渝地区双城经济圈流域生态环境保护专项规划”；以《全国生态功能区划》为核心，以成渝两地生态环境分区管控规划为基础，制定“成渝地区双城经济圈流域生态环境保护分区管控专项规划”，优化和管控长江、乌江、琼江、涪江等主要河流流域空间格局，形成一张规划管两地的全流域生态保护治理规划体系。

二是建立毗邻地区生态环保基础设施共建共治共管机制，协同推进河流湖库保护修复、饮用水水源地问题整治，共同推进农业面源污染治理、人居环境整治，持续提升流域水环境质量、确保水生态安全。

三是注重流域生态环境保护规划与经济社会发展规划的衔接融合。以成渝两地制定经济社会发展“十四五”规划为契机，按照流域分区管控要求，将流域生态环境保护规划作为制定“十四五”规划的前提条件和主要内容；加强“成渝地区双城经济圈流域生态环境保护分区管控专项规划”与国土空间规划的对接，按照城乡联动和一体化发展的规划理念，合理引导成渝地区双城经济圈产业、人口、城镇发展布局，逐步形成协调发展的流域三生空间格局。

参考文献

顾向一、曾丽渲:《从“单一主导”走向“协商共治”——长江流域生态环境治理模式之变》,《南京工业大学学报》（社会科学版）2020年第5期。

代鑫:《“顶层设计+合作共治”流域治理模式构建与实践——从田纳西河到黄河》,《未来与发展》2020年第9期。

吴健明、姚舟:《协作治理模式下的流域水生态综合治理机制构建》,《中国水利》2020年第9期。

史玉成:《流域水环境治理“河长制”模式的规范建构——基于法律和政治系统的双重视角》,《现代法学》2018年第6期。

李奇伟:《从科层管理到共同体治理：长江经济带流域综合管理的模式转换与法制保障》,《吉首大学学报》（社会科学版）2018年第6期。

底志欣:《构建跨区域流域生态共建治理模式》,《环境经济》2016年第Z9期。

郭佳佳:《当代中国流域治理现状与模式选择——以太湖为例》,《新西部》（理论版）2016年第14期。

贾颖娜、赵柳依、黄燕:《美国流域水环境治理模式及对中国的启示研究》,《环境科学与管理》2016年第1期。

G.19

重庆碳交易机制建设进展与趋势

雷晓玲*

摘　要： 重庆市碳市场稳健运行8年至今，建立起专业的碳市场交易操作体系，形成了规范的交易规章制度，开发了全套交易线上系统，形成了涵盖碳排放配额、国家认证自愿减排和重庆市认证自愿减排的大型碳交易市场。本文总结了重庆市碳交易的发展情况，提出了现存的范围狭窄、缺乏第三方评估和技术支持、交易产品种类和形式单一等问题，并从问题出发提出了有针对性的政策建议。

关键词： 碳交易　碳市场　碳排放　重庆

气候变化已成为全球热点问题，成为国际社会的共识，成为大国博弈的焦点。以习近平生态文明思想为指导，推动世界范围内的绿色低碳转型，努力构建人类命运共同体，是我国作为发展中大国的责任担当。气候变化问题从环境领域延伸到经济、政治、文化、科学和社会领域，关系着人类的兴衰和各国的发展前景。为落实应对气候变化国家战略，发挥市场优化资源配置的作用，中国于2011年启动全国碳排放权交易市场建设，确定北京、天津、上海、重庆、湖北、广东、深圳等7个省市开展地方碳排放权交易试点。重庆作为碳排放权交易试点省市之一、西部地区唯一试点省市，积极推动碳市场试点稳定发展，为全国碳市场建设提供了宝贵经验。

---

* 雷晓玲，重庆市科学技术研究院教授，享受国务院政府特殊津贴专家，重庆英才·创新领军人才，重庆市首席专家工作室领衔专家，主要研究方向为生态环保领域行业管理、技术研究、成果转化与市场服务等。

一　进展情况

（一）制度框架

重庆市碳排放权交易体系建立了“1+3+N”的政策体系，其中“1”为《重庆市碳排放权交易管理暂行办法》，“3”指《重庆市碳排放配额管理细则（试行）》《重庆市工业企业碳排放核算报告和核查细则（试行）》《重庆市联合产权交易所碳排放交易细则（试行）》，“N”则代表重庆市碳排放配额分配方案、重庆市碳排放配额调整方案、碳排放登记簿系统操作手册、工业企业碳排放核算报告指南、企业碳排放核查工作规范、碳排放报告制度操作手册、碳排放申报制度操作手册等。

（二）管理体系

重庆碳排放权交易市场坚持政府引导与市场运作相结合的原则。全市统一平台实行交易，建立了以碳排放核算报告和碳排放核查为核心的监管体系。

碳排放权的监督管理、交易的具体组织实施与综合协调由市气候变化主管部门负责；日常监督、统计监测等工作由全市各交易场所监督管理部门负责，同时牵头风险处置；碳排放权交易的管理工作由市财政、物价等有关部门和单位各尽其责；提供交易场所及交易设施、资金结算、信息发布等工作由交易机构负责，同时兼顾交易活动与资金结算的监督。由主管部门委托第三方碳排放核查机构对企业按规定报送的年度实际碳排放量进行核查，第三方机构同时接受主管部门安排的抽查考核。控排企业需上报碳排放情况，接受核实及配额结算，并可按规定进行配额交易。机构和个人也可参与交易。符合条件的机构投资者和个人投资者可按规定参与碳交易，获得相应收益并承担相应风险。

（三）覆盖范围

根据《重庆市碳排放交易管理暂行办法》，重庆市碳市场试点企业有

242家，均为年碳排放量在2万吨二氧化碳当量以上的工业企业，主要涉及化工、建材、冶金、电力等高能耗行业，其排放量约占全市碳排放总量的一半。6种温室气体被覆盖其中，分别为二氧化碳（CO_2）、甲烷（CH_4）、氧化亚氮（N_2O）、氢氟碳化合物（HFCs）、全氟碳化合物（PFCs）和六氟化硫（SF_6）。这些温室气体折算为二氧化碳当量从而作为一个统一的指标。

（四）运行机制

配额分配方面，重庆市采用总量控制下的申报制度。将2008~2012年控排企业的历史最高值之和作为总量控制上限，并结合国家要求的减排目标逐年降低该上限。

开展交易工作需按照一定的流程，依次是企业配额申报、配额分配、排放报告、第三方核查、第四方审核、主管部门审批、企业清缴。每一年度，企业可以申报配额。主管部门按照碳配额分配规则确定企业配额，免费发放。企业在获得配额后可以出售，但出售配额不得超过自身配额的一半。企业需提交碳排放报告，主管部门委托第三方核查机构对碳排放报告进行核查。复核采取抽查的方式，由第四方进行，最终审定企业的排放数据。企业应当按照审定数据，提交相应的配额，最终完成支付。如果配额不足，不能完成支付，则需在重庆碳市场购买碳配额进行支付。如果配额有盈余，可以在之后的年份使用或交易。

（五）交易平台

重庆碳排放交易平台位于重庆联合产权交易所。碳排放交易是根据交易机构制定的交易规则进行的。交易品种为配额，基准单位以“吨二氧化碳当量”（tCO_2e）计算，交易价格以“元/吨二氧化碳当量”（元/tCO_2e）计。交易方式包括公开竞价和协议转让。交易设置涨跌幅，不设底价。同时，重庆市已建成碳排放报告系统、碳排放申报系统、碳排放权注册登记簿系统和碳排放交易系统4个信息平台，保障重庆市碳交易顺利运行。

（六）与全国碳市场并行

全国碳市场开放后，重庆碳市场形成双轨并行的局面。2016 年以来，重庆在建设地方碳市场的同时，还积极推进企业排放报告、第三方核查、第三方审核、排放数据上报国家等全国碳市场相关工作。同时，自 2017 年起，作为全国碳市场 9 个省市之一，参与推动全国统一碳市场登记制度和交易制度的联合建设和维护。2016 年，经国家发改委同意，成立了“全国碳市场能力建设（重庆）中心”，作为全国八大区域碳市场能力建设中心之一，配合全国碳市场建设开展能力建设培训。

二 面临问题

（一）纳入的排放单位标准较高、范围较窄

目前，重庆碳市场已纳入年排放二氧化碳当量 2 万吨以上的工业企业。与其他试点省市纳入了 3000、5000、10000、20000 吨二氧化碳当量的排放标准相比，重庆市碳交易市场排放单位的标准较高。此外，重庆碳市场纳入的控排企业主要集中在水泥、钢铁、电解铝等高能耗行业。在北京、深圳等城市，大型机关建筑和公共建筑均被纳入控制范围，上海和广东则将航空、交通等排放单位纳入。相比之下，重庆市的排放单位纳入范围较窄。

此外，2021 年 7 月启动全国碳市场，电力、化工、建材等八大行业年排放 2.6 万吨以上的重点控排企业需纳入全国碳市场。重庆纳入全国碳市场的 30 家企业中，有 18 家是原区域市场的控排企业，这些企业 2019 年约有 3800 万吨碳排放，占试点排放量的 36%。随着主要控排企业转入全国碳市场，区域碳市场的发展空间受到限制及影响。

（二）缺乏专业化技术支持与第三方评估

在碳达峰碳中和的背景下，企业可以根据主管部门的要求，积极参与碳

核查，开展碳资产管理、低碳技术研发、碳交易等工作。但由于相关碳核查或咨询服务机构的准入门槛较低、对碳核查相关规则的熟练程度不足、核查报告的质量和水平不够、企业碳减排的效果不佳、企业碳交易成效不好等，缺乏有力的数据和报告来评价其有效性。在重庆市开展碳交易的过程中，实施进度、效果考核和差距分析等也急需第三方的专业评估和技术支持。此外，生态环境部近期发布文件，将碳排放影响评价纳入环境影响评价体系，并提出在环境评价工作中，应开展污染物和碳排放的源项识别、源强度核算、减污降碳措施比选等新要求，更加需要专家或第三方团队的技术指导。

（三）交易产品种类和形式的创新能力不足

目前，重庆试点碳交易市场的交易产品仅为碳排放权配额和中国核证减排量（CCER），且 CCER 备案和签发流程已经于 2017 年暂停，市场上可用于控排企业履约的 CCER 品种较少，不利于碳市场的多层次发展。从交易产品的形式来看，其金融属性受金融监管政策和碳市场交易规模等因素限制，目前重庆市碳交易市场交易标的均为现货产品，缺乏如碳金融衍生品等丰富的市场衍生服务产品供控排单位选择。

三　前景展望

（一）重庆碳市场扩容增量

2022 年 8 月 29 日，重庆市生态环境局在其官网上就《重庆市碳排放配额管理细则（征求意见稿）》（以下简称《细则》）公开征求意见。从目前情况来看，《细则》与原重庆市发改委发布的配额管理规则存在较大差异，这体现了政府对碳市场改革的思考和决心，将对碳市场后续的运行产生深远影响。

根据重庆市生态环境局公开采购文件《重庆地方碳市场扩容企业碳排放数据盘查工作》，重庆市地方碳市场的纳入门槛或将降低，纳入企业数量将有一定的增加。同时，借鉴各个试点和欧盟碳交易市场的经验，更多行业将进入重庆碳交易市场的覆盖范围。随着行业覆盖范围的扩大和碳市场容量的扩大，未来的交易将更加活跃，交易量将显著增加。

（二）调控机制越发完善

在配额总量的设定上，《细则》没有明确规定总配额的上限，但主管部门仍然可以通过调整配额核定方法中的相关参数来限制配额总量，使主管部门有更大的决策空间。在分配方式上，引入配额有偿分配机制，表明政府可在适当时机在重庆碳市场定期进行配额的有偿分配。在市场调控方面，市生态环境局可在碳排放配额总量中预留一定比例用于有偿分配、市场调控等。政府保留配额可通过拍卖、定价出售或其他合法和符合规定的形式进行市场调节。市生态环境局、市财政局可根据市场情况适时组织碳排放配额回购。未来，政府的市场调控手段将更加丰富，从而有效降低市场运行的风险。

（三）开展绿色金融

2022 年 8 月，中国人民银行等六部门印发《重庆市建设绿色金融改革创新试验区总体方案》，其中提出要推动碳金融市场发展。培育和优化碳排放交易市场，探索初始配额有偿使用制度，发展农林行业碳汇，探索碳资产配额回购、核证自愿减排量置换等融资业务的可行性。此外，还提出要支持成渝地区双城经济圈建设。依法依规深化跨省市排污权、水权、林权等环境权益和资产交易，探索建立环境效益和生态价值市场化交易机制。依托“长江绿融通”等系统，推动成渝地区绿色金融服务平台一体化建设，按照国家统一的绿色金融标准体系，推进信息共享、生态共治。积极争取国家绿色发展基金、“一带一路”绿色股权投资基金支持成渝地区绿色发展。

（四）碳配额价格稳步上升

目前，我国碳配额价格偏低。北京碳交易配额的平均交易价格最高，长期在 40~100 元/tCO_2e 之间波动，均价 55 元/tCO_2e，2019 年后持续上升，2020 年初达到 80~100 元/tCO_2e。而欧盟碳市场交易价格已超过 50 欧元/tCO_2e。从长远来看，对比其他国家，我国作为世界上最大的碳排放国，从碳达峰到碳中和的过渡期只有 30 年，从碳达峰到净零排放 30 年所需的减排速度和强度将大于其他发达经济体。预计我国碳市场总配额在碳达峰后可能会更快收紧，增加企业碳排放成本，推动碳价格上涨，直至接近海外成熟碳市场价格水平。

四　对策建议

（一）修订并出台相关政策，拓展碳交易市场覆盖范围

重庆市碳交易市场的纳入标准由《重庆市碳排放配额管理细则（试行）》（渝发改环〔2014〕538 号）确定，自 2014 年起未进行调整。此外，重庆工业企业主动进行低碳转型的意愿较弱，这在一定程度上限制了区域碳交易市场的发展，不利于重庆市尽早实现碳达峰。建议相关部门以碳达峰为目标定位，积极修订出台相关政策，完善制度体系，确定双碳背景下排放单位的纳入标准，进一步扩大重庆市碳交易覆盖范围，探索出台不同行业低碳发展相关激励政策和制度，提高已纳入控排的企业积极性，引导企业开展低碳研发，鼓励企业应用低碳技术，提高传统产业低碳水平，激励企业积极减排。

（二）构建专家智囊团队，探索开展第三方绩效评估

2012 年至今，重庆市相关科研院所、高校和企事业单位的科研团队全面深度参与重庆市以及全国的碳排放交易工作，相关科技成果“我国碳市场关键技术研究与重庆碳排放权交易应用示范”获 2016 年重庆市科技进步二等奖，相关政策建议报告《关于碳排放权分配问题的研究报告》被科技部社发司采纳，并出版了学术专著和科普专著等，科技创新能力较强。建议主管部门甄选重庆市低碳环保领域的优秀科技与管理人才，组建低碳专家智

囊团队，为重庆市碳排放交易工作的推进和评估提供智力支持和技术支撑。通过专家团队，从评估对象、评估内容、评价方法等方面入手，研究建立重庆市碳排放交易以及企业碳减排措施的第三方绩效评估工作机制，探索开展重庆市碳交易绩效评估、企业碳核查结果与碳减排措施成效的第三方评估工作，指导做好环境影响评价体系中的碳排放影响评价。专家团队的建立和评估工作的开展，将引领企业更好实施碳减排技术，有力保障并推动重庆市碳交易的发展，助力重庆市双碳目标的实现。

（三）逐渐丰富碳抵消信用产品的种类

建议有关部门考虑重启 CCER 项目，对各试点区域的 CCER 抵消政策、种类限制、比例限制等逐步加以统一，公开透明 CCER 市场价格，规范 CCER 项目，以实现 CCER 市场的进一步扩大。建议以补贴形式进一步降低 CCER 项目开发过程中的咨询费用、审定费用和核证费用等，并缩短整体项目开发周期，鼓励 CCER 项目的开展。建议确定 CCER 质押定价的方式，降低其质押融资的风险，出台相关金融政策并拓宽企业绿色融资渠道，鼓励 CCER 持有企业或碳资产公司利用 CCER 开展质押融资，进一步增加碳金融市场的流动性，盘活碳资产。建议逐渐丰富碳抵消信用产品的种类，在合适的时期考虑将地方政府自行核证的减排量、碳标准（VCS）认证或经地方主管部门认证的等级优良的碳抵消信用产品用于全国碳市场，形成全国碳排放权交易市场+核证自愿减排市场并进的新格局。

（四）推动实现减污降碳协同效应，积极构建区域化环境资源交易平台

“十四五”时期，我国生态文明建设进入以降碳为重点战略方向、推动减污降碳协同增效、促进经济社会发展全面绿色转型、实现生态环境质量改善由量变到质变的关键时期。建议整合再生能源、绿色建筑、交通领域的二氧化碳减排，森林碳汇、农林领域的甲烷减少及利用，垃圾填埋处理及污水处理等方式的甲烷利用等，开展污染物与温室气体的协同控制，构建区域

化环境资源交易平台；平台可覆盖碳履约、碳中和、碳普惠，并探索建立跨区域的碳排放权、用能权、排污权等交易机制，建议进一步拓展现有碳交易平台功能，形成具有区域环境资源优化配置功能的综合性交易市场，打造区域性环境权益交易平台，服务区域环境与经济高质量发展。

（五）拓展平台功能，构建立体化绿色发展服务体系

结合市场需求，鼓励重庆碳交易平台参与重庆市绿色金融改革创新。鼓励碳交易平台承担碳排放权抵押和质押登记职能，促进碳排放权抵押和质押融资规范化发展。设计金融产品，开发绿色金融综合服务体系，拓展碳交易平台服务功能，为企业提供绿色资质、项目评估、碳中和咨询、绿色投融资对接等服务。充分发挥交易中心在资产交易、项目招投标等方面的现有优势，提供新能源资产交易、可再生资源交易、产能置换等全方位服务。构建立体绿色发展服务体系，推动建立符合未来发展需求的碳交易、碳达峰、碳中和数据资源库。

（六）加大低碳领域科研力度，打造低碳工程示范

建议行业主管部门增设绿色低碳技术发展有关专项，鼓励重庆市相关科研机构、高等院校、企事业单位以及专家智库团队，积极开展双碳背景下碳交易机制与产品、碳金融政策、碳减排措施绩效评价方法和标准、CCUS 以及碳汇等负排放技术研究；鼓励科技人员开展温室气体与污染物协调减排的相关技术研发、应用、示范及推广等；大力推进低碳领域的市级重点实验室、工程技术中心等科技创新平台的搭建；从建设低碳企业、低碳建筑、低碳社区、低碳校园等出发，“以点带面”逐步建设低碳示范园区和碳中和示范项目。

参考文献

魏庆琦、雷晓玲、肖伟：《碳交易市场设计与构建——以重庆为例》，西南交通大学

出版社，2014。

梁为纲、赵晓丽、周凌峰等：《碳交易市场体系中的碳排放基准线：应用实践、研究进展与展望》，《环境科学研究》2022 年第 10 期。

杨东峰、刘正莹、殷成志：《应对全球气候变化的地方规划行动——减缓与适应的权衡抉择》，《城市规划》2018 年第 1 期。

周亚敏：《非二氧化碳温室气体控制的战略与技术选择》，《气候变化研究进展》2013 年第 4 期。

董楠娅、王善礼、贺创：《重庆碳市场配额分配现状分析及政策调整建议》，《环境影响评价》2021 年第 3 期。

杜子平、孟琛、刘永宁：《我国全面启动碳交易市场面临的机遇与挑战——基于“一带一路”战略背景》，《财会月刊》2017 年第 34 期。

张莹、潘家华：《“十四五”时期长江经济带生态文明建设目标、任务及路径选择》，《企业经济》2020 年第 8 期。

G.20

重庆生态文明转型的治理机制研究

唐 龙*

摘 要： 向生态文明转型刻不容缓。打开向生态文明社会转型空间，从根本上改变思想与自我认知比快速行动还要关键。在系列共创美好社会所需要培育的新思维方式中，最重要的是强乐观思维、合作共赢思维与循环发展思维。面对即将到来的生态文明新世界，我们不仅需要新的思想引领，更要重视实践行动与执行能力，要基于共同愿景规划向生态文明转型的具体行动部署，积极响应全球共同行动，平衡好向绿色生产转型的矛盾与节奏，支持绿色消费。要让向生态文明转型从战略到部署到执行的过程更加高效，需要有为政府与高效社会治理机制创新双向促进。

关键词： 生态文明 绿色发展 零碳社会 自然资本

随着工业革命以来化石燃料的大量使用和森林滥伐，20 世纪“全新世”转向“人类世”，大气平均气温升高了 0.9℃，极端气候频发（洪水、热浪、干旱、野火、飓风等）、生物多样性减少、地貌变化（海平面上升）等导致的空气、海岸线、内陆极旱极热与抢水等问题可能会极大地改变世界经济与贸易分工体系，甚至一些地区出现经济崩溃和国家失能问题。自 20 世纪 80 年代可持续发展理念被正式列入国际组织政策标准以来，生态文明的观念逐步深入人心。特别是，21 世纪以来，面对非常严峻的生态环境问题，全球

* 唐龙，重庆科技学院教授，南京大学长江产业经济研究院特聘研究员，主要研究方向为发展经济学、创新经济学、资源与环境经济学、中国经济体制改革与现代化。

向生态文明社会转型的步伐显著提速。如何理解生态文明，并以此为标准来重塑我们生存的世界，调整生产与生活方式，正成为我们这个时代必须认真思考和对待的重大问题。

一　向生态文明转型刻不容缓

人类对自然资源的掠夺性使用已到达一个临界点，超出后将不能维持地球生态系统的自我运转。如果不及时对碳排放采取措施，按目前趋势到2100年左右，全球平均气温可能上升3℃以上。按照科学家的判断，要以50%以上的概率达到《巴黎协定》将温度上升控制在2℃以内，理想状况下不超过1.5℃目标，我们必须在2030年之前把全球二氧化碳排放量降到现在排放水平的一半；到2040年减少到2030年的一半；最迟到2050年实现净零排放。

当前，世界各国正稳步展开向零碳社会转型的实践探索。2015年联合国气候大会通过《巴黎协定》，世界各国承诺控制全球气候升温不超过2℃并努力控制在1.5℃。2019年联合国发布的《2019年排放差距报告》再次拉响警报：如果全球温室气体排放量2020~2030年不能以每年7.6%的水平下降，世界将失去实现1.5℃温控目标的机会。2019年《联合国气候变化框架公约》第25次缔约方大会上，欧盟委员会宣布其绿色新政，到2050年实现净零排放，使欧洲成为世界上“第一个实现碳中和的大陆”。欧盟委员会主席冯德莱恩宣布在欧洲开展“绿色新政”将成其任内的核心工作和管理内容中的最高优先事项。在中国，“生态文明”于2012年被写入宪法，并成为“十二五”规划及后续所有五年规划的重要主题。习近平总书记在2019年举办的第二届“一带一路”发展高层论坛上正式将“一带一路”升级为“绿色一带一路”。其倡议的愿景是建设21世纪的智能化数字基础设施，连接整个欧亚大陆，形成历史上最大的一体化商业空间；这个愿景将中国从地缘政治世界观带入生物圈世界观。生物圈世界观的核心要义是力图与化石燃料文明脱钩，并与新兴可再生能源、可持续技术和新兴生态文明的弹性商业模式再结合。在向生态文明转型中，人类社会正迈向数字互联的全球本地化绿色世界，与之相适应重构经济社会的基础本质上倾向分散而非集中控制。生物圈时代的政治必然以准则、法规、操作标准为中心，以保障新兴数字基础设施和配套网络的透明度，并始终关注各地区把基础设施作为公共场所管理的自由。

二　培育指导向生态文明转型的三大新理念

打开向生态文明社会转型空间，从根本上改变思想与自我认知比快速行动还要关键。如果以旧思维指导转型发展多会导致不充分的渐进式改革。其结果，短期分散式创新成果可能在长期中被基于新利益集团的干扰和对转型造成搁浅资产的担心所形成的阻碍力量抵消，从而使人们基于未来愿景所付出努力的效果止步向前。我们是谁及我们如何在这个世界中出现，将定义我们如何与他人合作，我们如何与周围环境及我们共同创造的未来产生互动。我们不再是自然资源与环境的掠夺者，而是按照人与自然和谐共生的现代化，建设资源节约型、环境友好型社会，人类命运共同体等价值体系重新定义我们的生产与生活方式。做出期望中的改变需要我们有意识地朝着既定方向前进，新的意识方向必须让人类从失败主义走向乐观主义，从线性经济转向循环经济，从个人利益走向共同利益，从短期思维转向长期思考与行动。在系列共创美好社会所需要培育的思维方式中，最重要的是强乐观思维、合作共赢思维与循环发展思维。

（一）强乐观主义

当我们面临经济社会一系列转型的临界点时，非线性的演进、不确定的前景、本领的恐慌等都易让人产生挫败感。为突破临界点以使经济社会运行摆脱原先轨道并及时导向新的轨道，需要树立一种强乐观主义观念。一方面，当我们面临巨大挑战时要保持坚定信念，选择通过坚持不懈工作让当下现实变得更加美好；另一方面，从我们可以掌控并能直接施加影响的事项上

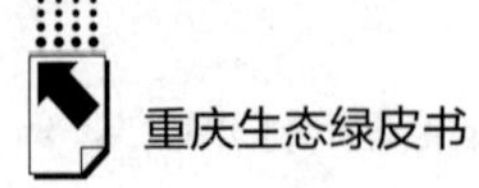

界入，通过每项决定与行动去积极证明我们有能力设计与建设一个美好的未来。强乐观主义是一种心境而不是一种现实态度，向这种思维方式转型需要3个关键要素：超越眼前视野的意愿；能从容面对终极目标的不确定性；乐观心态下的行动坚定。改变现状是一种智慧、勇气与艺术相结合的努力。每一个新的工作思路与方案都需要积极谈判。特别是要关注潜在挑战者的力量与想法，及时将他们引导到建设性空间中，通过集体参与和利用集体智慧形成能接受、可执行的创新型工作方案。更多时候，经济社会转型所遇到的挑战超过个人的能力，出于自保或风险厌恶，会导致产生大量保守者或反对者。因而，着力于全社会个人能力提升以增强应对风险的能力，对于更多创新型改革方案和措施得以形成和推动至关重要。

（二）合作共赢

工业文明时代形成“我得—你失”的零和竞争思维越来越不适应现代经济的运转。面对未来的不确定性、共同处于生态系统循环支持的临界点、需要复杂知识与技术交叉运用支持的颠覆性创新等新问题，“我得—你失”的竞争格局将被若不能共赢便会共输的格局取代，我们需要培育合作共赢新思维。共赢需要合作，需要调动多个利益相关方共同行动，这是我们面向未来创造美好生活面临的重大变化。因此，我们需要运用合作共赢思维而不是竞争型思维去引领经济社会发展与重塑，从搁置历史争议与责任，转而在寻求共同利益的方向中寻求新的成长空间、创造新的岗位，避免发展过程中“以邻为壑”造成的伤害，从而最终使经济进入可持续的包容性稳态增长轨道。

（三）循环再生

人类向自然单向索取的时代已结束，我们需要有组织、有意识、有计划地推动大自然再生以增强地球生命支持系统。广义的再生是指某个物种或生态系统在人类撤除其施加的压力后依靠自身力量恢复到原来状态的能力。有明确意图和良好生活规划的再生活动将使生态系统恢复，也许无法恢复到原先生活状态，但可以恢复到其重获健康且有高度韧性的全新状态。尽管自然具有自我恢复的能力，但人类的再生意识确立与行动可促进或加速恢复的进程。循环再生思维在大自然的运行方式和人类有组织的生活间架起一座桥梁；人类需要超越仅从自然获取的认知，而是把自我认知、自我恢复与生态恢复到更高水平作为重要责任。为此，人类需要反思三个责任：①人类是怎样、在什么时候心力交瘁，并寻求恢复体能的方法；②坚持发挥并向家人与朋友展示再生能力；③跳出最亲密圈子，与大自然融为一体。

三　实施向生态文明社会转型的系统行动规划

面向生态文明转型，我们需要改变过去自己熟悉的工作与生活方式。来自自我改变的本能恐惧、在新的经济社会秩序中对自我地位与利益的担忧、应对变化与挑战的政治定力等多种因素会提升变革性政策与措施的推出与执行效率。面对即将到来的生态文明新世界，我们不仅需要新的思想引领，更要重视实践行动与执行能力。

（一）基于共同愿景规划向生态文明的具体行动部署

深度思考未来社会清晰可见的愿景，是确保面向生态文明具有稳定方向感的重要前提。基于个人自利动机驱动的自由竞争与效率追求持续创造极大物质财富的经济发展模式在今天正面临“天花板”效应。环境污染、不确定性未来、资源瓶颈等要求我们反思过去，重新定义我们的幸福观、价值观与世界观，重建面向未来的经济结构与生活方式。我们需要面向未来设计美好愿景并阐述社会各阶层如何基于该愿景做出努力与行动，从而引导和激励全社会形成共同奋斗的氛围。在重大经济社会转型期，领导人要明确向全社会传递共同行动的愿景，哪怕尚无明确行动部署，一个有感染力能得到社会大部分人认同的愿景目标也能让公众看到希望。要创造共同行动的氛围与机制，使涉事的每个人都能感到自己是为共同愿景奋斗的一分子并清晰规划自己可以开展的行动清单。健全全社会信息传递与反馈渠道，引导公民有序参与为共同愿景而开展的集体行动；加强与怀疑者的沟通，给其传递一个温和的危机感意识。

（二）积极响应全球共同行动

向生态文明转型，关系人类共同体命运，需要全球共同行动。然而，在现实世界，当我们为追求全球受益的生态控制目标需要部分群体做出牺牲或强制大家改变习以为常的行为时，若没有相互谅解或积极配合，没有掌握好政策的度或平衡的节奏，很易遭到反对，甚至引发革命。现实处境困难往往加剧民粹化倾向，尤其是民主制下的政治家更易被民意绑架，被迫做出一些可能维护短期利益而伤及长期利益的做法，或对应对生态之策消极执行，从而进一步加剧生态危机。将应对生态危机的指导思想和新思维转化为现实行动方案，不仅涉及用新能源代替化石能源的技术解决方案，还包括避免进一步挤压社会系统以建立更加公平的经济体系，形成人人尽责的强有力政治参与方式，抛弃对过去的留恋，指出重建这样的过去的危险性。没人掌控世界最终选择的道路及未来世界的样子，但每个人都能参与行动，并在创建再生世界的进程中献计献策。

（三）平衡好向绿色生产转型的矛盾与节奏

基于“碳中和”目标的去化石燃料或绿化地球行动，均需推动人们生产与生活方式及社会经济支持系统发生大规模转型。去化石燃料需要重构交通网络（美国火车倡议、共享汽车、自行车友好城市）、电力网络（分布式或分解式电网与电力）、能源网络（可再生能源）和发展新材料（节能与高能量密度材料）的系统性布局。改造地球生境外貌需要以绿化运动为主线开展植树造林、重构与重组现代城市（绿色外壳、城市农场、屋顶菜园/花园、垂直花园等）和全球再野化（退耕还林、城市公园、荒漠化治理等）等系列活动。转型企业面临一个重要悖论：若转型太快、程度太大，就会动摇企业商业模式与赢利能力的根基，从而降低投资者兴趣与企业融资能力；若拖延时间过长，就会积累越来越多的“搁浅资产”并最终导致企业价值崩塌。在这种情况下，不少企业采取观望态度，期待成为最后离场者以便继续从其他企业离场留下的市场空间中谋求利益，延续自身生命。作为管理层，推动经济去化石燃料需在有洞察力并勇于向前的领导者指挥下有计划、有节制进行，而不是出于恐慌的草率行事。我们需要依据转型目标安排好年度推进方案，安排好投资项目的优先顺序。绿化地球的行动不仅需要植树造林、再野化、改变农业生产方式与产品结构，还需要人们消费方式和结构调整与之紧密配合。实现人与自然和谐共生的现代化需要大力发展清洁型经济：对资源进行最大限度利用，最大限度减少废弃物，积极补充枯竭资源。发展清洁型经济要引导金融投资和重大项目安排朝着期待方向前进。技术突破应成为适应向生态文明转型的最佳盟友，坚持科技向善，以负责任的态度掌控好技术运用方向，使技术创新成果服务于生态文明建设目标，并为之建立一套规范的制度体系。

（四）支持绿色消费

工业文明时代，用广告创造需求，将产品消费与身份认同联系起来以激发持续消费的企业家经营战略孕育出“消费主义”的价值观。在这种消费观指导下，无数产品被设计为定期淘汰型以使产品替代成为刺激经济增长的主要手段，旨在获得满足感或归属感而不是实际需要，这推动着无数消费者产生“成瘾性消费”。其结果，一方面实现物质产品极大丰富，实现了社会高速发展；另一方面，消费者逐步陷入购买自身个性标签的陷阱。在持续追逐身份认同的高频消费中因消费能力不足对自身身份及生活方向产生怀疑与困惑。随着大规模消费发动机开动得越来越快和有意无意试图通过逐渐养成的购物习惯强化身份认同，高速经济增长并没有为人们带来更多精神愉悦，反而吞噬了我们的精神空间，陷入“金钱主义”“享乐主义”的泥潭。当我们面临的生存环境变得恶劣、发展面临的约束条件更加紧迫，高质量发展与高品质生活重新成为经济社会发展最重要的目标，如何引导消费观转型为生态文明建设提供助力显得尤其重要。为此，我们要重新定义美好生活更为具象的价值目标，引导消费习惯与方式摆脱身份认同，将注意力放到支持绿色商品消费支持。要发力绿色生活，为居民提供更为健康的食物。运用单位团购、社区团购与本地农场对接创造更为本地化的食品供给模式，鼓励家庭利用社区空地、阳台、花园等场地实施新型种植，倡导人们改变饮食结构。要去物质化，重新定义我们与消费主义的关系，将消费者定义为服务系统的受益人而非商品拥有者去寻求经济增长的新路径，通过观念创新提升经济发展与提升幸福指数的协同性。

四　创建更适应向生态文明转型的治理新机制

以生态优先绿色发展、人与自然和谐共生、创造一个碳中和以及最终实现净零排放世界等为主要内容，向生态文明转型，不仅相较于工业文明时代的发展模式存在重大差别和若干新特征，更重要的是实施这些措施或新政在工业文明时代发展体系下缺乏内动力。因而，我们需要构建更适应向生态文明转型的新体制为全社会开展有效行动提供系统的制度支持。要让向生态文明转型从战略到部署到执行的过程更加高效，需要有为政府与高效社会治理机制创新双向促进。

（一）积极发挥“有为政府”的市场化资源配置功能

鉴于内部化解决生态外部性问题遇到的困难，经济学家试图另辟蹊径，主要思路是通过政府试行试错和不断改进来实现经济的最优状态。早期，政府介入解决生态保护问题的具体政策手段是基于环境质量标准确定污染物的最大排放量，或将环境税提升至让损害者难以承受的水平。近年，政府促进生态环境保护除了继续重视立法与政策强制外，更加重视遵循市场经济运行规律以增强市场经济行为主体践行生态保护的内生动力。从决策特性看，主要包括管价的补贴或税收、管量的许可证交易，通过明确产权造成市场成长的量化决策，以及以协商谈判或环境立法为代表的非量化决策。从政策执行效果看，受制于潜在危险、影响范围、发生时间与作用对象确定所需要信息的有限性、知识的局限性、生态系统的复杂与多元的联系，精准确定生态决策的成本与收益性受到较大影响，常使理论上完美的生态决策在现实中很难以最佳效率的方式实现。与此同时，迈向生态文明的新时代也对生态环境保护提出更多新要求。提升生态环境政策的精准性与执行效果，积极探索生态环境保护的新问题成为新时代发挥有为政府市场化资源配置功能的最重要努力方向。

在提升生态环境政策的精准性与执行效果方面，重点需从以下几个方面发力。其一，做好生态环境政策的统筹规划，有效发挥政策协同力。政府要着力于新时期重大新特征、生态环境的趋势性变化和急迫解决的重大难题，基于生态文明未来场景规划的经济体系转型与重塑在后期推进中表现出自我持续增强的内动力。特别是，初期若干生态环境重要基础设施与重大项目的设计需同时推进且具备相互协同的能力，避免整体推进中因出现重大“卡脖子”事项而导致转型中断。其二，积极将大数据智能化科技创新成果运用于环境监测与管理环节，积极探索数字时代的生态文明管理体制与机制。其三，持续优化计算产品和服务的“生态背包”、控制人类“生态足迹”、用好“自然资产”等政策工具的经济绩效评估方法，积极探索将影子价格估算纳入决策分析系统，使政策的价值目标与实施工具效率有效匹配，在提升政策绩效上取得明显新进展。其四，尽可能减少政策阻力和确保生态环境政策执行后果的公平性。要着力激励与考核机制改革消除政治家出台预防性环境政策的顾虑，更要防止政治家为实施政绩工程仅关注那些问题严重、民怨极大、影响恶劣的重大生态事件。生态环境决策作为一项事关集体的公共决策，既要防止“生态法西斯”主义倾向，又保证决策过程的民主参与，这基本成为生态环境政策制定与社会秩序维护的一项重要标准。积极推动生态环境重大项目与事件处理的议事制度改革，加强协商，确保弱势地区或弱势群体的损益得到充分考虑，力保政策执行结果有利于促进社会公平。

在积极探索生态环境保护的新问题方面，重要发力点有四。其一，界定和运用好自然资本问题。政府要首先解决好自然资本的概念设定是否科学和如何精确计算自然资本的存量两个重大难题。在精准掌控经济发展生态容量的基础上谋划经济发展系列规划和实施路线，促进自然资本要素健康有序流

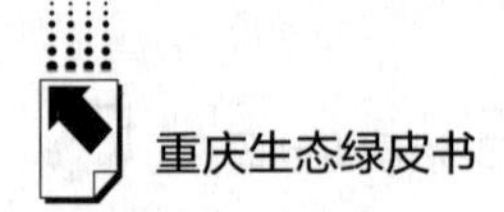

动，使经济发展与环境保护间实现平衡。其二，积极探索“碳达峰”“碳中和”要求的经济转型之路。向零碳社会转型是全球共识和中国作为发展中大国义不容辞的使命。按照“双碳”要求寻求中国未来可持续增长之路，需要从基础架构、支撑条件、技术路径、产业架构、配套政策等诸多方面进行系统调整，这必将对现有经济社会秩序造成巨大冲击并带来诸多不确定性影响。因此，政府需要面向未来全面规划好目标愿景、实施方略、重点工程、推进节奏，以保障以尽可能低的代价和稳定有序避免新旧转变过程中可能面临的震荡和实施阻力。其三，以“人与自然和谐共生的现代化”为指引探索新时代高质量发展与高品质生活间的协同发展道路，使之成为中国特色社会主义现代化道路上的重大闪光点。其四，将“生态优先绿色发展”“共抓大保护，不搞大开发”“绿水青山就是金山银山”等重大生态价值目标纳入经济分析系统，列为系列重大经济决策的执行前提，以此设计出一套制度体系来确保经济效率与价值目标的兼容，防止市场自由竞争产生的掠夺性结果。

（二）完善面向生态文明建设的社会治理新机制

生态治理机制的现代化是中国特色社会主义现代化治理机制的重要组成部分。面向生态文明社会的转型必将给技术选择—产业组织—社会结构革新的相互作用带来重大而深远的影响。有效处理以外部性、长期性、不确定性等为主要特征的生态环境问题，还需要整个社会的治理机制在创新突破上取得新进展。

首先，构建适应生态文明建设的新发展伦理观。以人类中心主义为基础所形成的人类征服与改造自然以满足特定人类需求的发展观已不能适应生态文明建设需求，需要加以修正。满足人们美好生活的愿望需要调整我们的思维方式、确立优先事项，联合政府、企业与个人共同确立一个新的行为底线——人类友好是基于发展标准与原则确立的优先事项和行为基本出发点。我们需要以习近平总书记“努力建设人与自然和谐共生的现代化”指示为总的指导思想，站在“人类命运共同体”的高度重新定义自然环境与人类活动的相互关系，平衡经济系统与自然环境系统的边界，使自然环境保护、经济可持续发展与生态机遇公正分配问题在发展目标体系中得到有效协调。只有通过积极讨论、有效沟通、广泛宣传，让生态文明的一些新价值观念深入人心、形成共识，才能调动最广泛的社会力量支持和参与，增强社会经济行为主体自学践行诸如“生态优先绿色发展”“碳中和”“共抓大保护，不搞大开发”等生态价值伦理的主动性，从而降低整个社会执行生态发展理念各项政策的成本。

其次，创建更具张力与弹性的生态治理新机制。经济系统与环境系统之间的作用并不遵循单一的线性反应机制。面对诸多没有标准答案但解决迫切性又很强的生态环境新问题，我们需要在全社会建立广泛的响应机制，包括加强政府间、地区间、行业间、企业间和个人间的会商机制，在全社会加强与转型相关的教育与技能培训。特别要注意的是，我们是在以大数据、人工智能和互联网为核心的新技术革命大背景下推进向生态文明转型。这场新技术革命给经济社会带来变化的具体路径、方式与效果难以提前预判，且具有复杂性、变革性和分散性特征，这需要我们为此创建更具张力与弹性的生态治理新机制，包括鼓励公民积极参与，推动世界合作和共同制定规则，发挥系统领导力，激发个人探索、尝试和展望的勇气，更加重视未来新生代的作用发挥。

最后，积极扩大生态文明建设的社会支持基础力量。由行政部门主导的生态环境公共决策，受限于有限理性、信息不完全等因素，常常影响决策科学性与执行坚定性。作为环境管控的主管部门，环保部门也主要针对不同行业的特定环境问题进行管理，管理幅度大、社会影响面广，不仅需要熟悉特定的环境问题及其社会敏感性，还需了解不同行业的技术特性及其环境问题的形成。鉴于仅由行政主管部门推进生态文明建设的技术与管理能力局限，积极扩大生态文明建设的社会支持基础力量势在必行。从国际经验看，要积极发挥非政府社会团体、社区、单位和社会公众在生态文明建设中的支持力量，积极发挥其在宣传、贯彻和落实生态文明建设中的重要参与和协调作用。尤其是要推动跨区域、跨部门组织在技术研发、生态监测、环境保护和执行监督中的协同发力。

参考文献

魏胜强：《新发展理念视域下的生态补偿制度研究》，《扬州大学学报》（人文社会科学版）2022 年第 1 期。

曾祥明、蒋若凡：《习近平生态文明思想的生成机理、时代内涵与价值启示》，《中共桂林市委党校学报》2022 年第 1 期。

吕忠梅：《发现环境法典的逻辑主线：可持续发展》，《法律科学》（西北政法大学学报）2022 年第 1 期。

G.21

重庆生态环保科技创新进展与趋势研究

彭国川　王欢欢*

摘　要： 习近平总书记指出，“注重依靠科技创新促进环境保护”“用先进技术解决生态环境问题”。立足重庆生态文明建设实践，以生态环境领域的科技创新为重点，深入梳理重大科技需求和技术前沿，针对生态环保科技发展的瓶颈和短板，提出重庆生态环保科技创新应聚焦流域生态环境基础理论与技术体系、碳达峰碳中和技术体系、生态环境技术集成示范、生态环保产业科技创新等领域。推进生态环保科技创新要完善以国家生态环保战略科技力量为核心的生态环保科技创新体系、完善生态环保科技创新体制机制，完善科技创新与产业发展配套服务体系。

关键词： 生态环保科技创新　流域生态环境　重庆

习近平总书记指出，“注重依靠科技创新促进环境保护”“加快科技创新，培养造就生态管理人才与科研人才，大力发展环保产业，用先进技术解决生态环境问题”。重庆市委、市政府高度重视生态文明建设和碳达峰碳中和工作，明确要求以科技支撑为引领，建立以新能源、清洁生产、节能降耗及可持续环境利用与治理技术为核心的科技支撑体系，坚持经济社会发展全面绿色转型，加快形成节约资源和保护环境的产业结构、生产方式、生活方

* 彭国川，重庆社会科学院生态与环境资源研究所所长，生态安全与绿色发展研究中心主任，研究员，主要从事生态经济、产业经济、区域经济研究；王欢欢，重庆财经学院讲师，主要从事区域经济、公共管理研究。

式、空间格局，坚定不移走生态优先绿色低碳的高质量发展道路。本文以生态环境领域的科技创新为重点，立足重庆市生态文明建设实践，深入梳理重大科技需求和技术前沿，针对生态环保科技发展的瓶颈和短板，提出生态环保科技创新的方向、路径和政策建议，为市委、市政府决策提供参考。

一　重庆生态环保科技创新现状与问题

“十三五”期间，重庆初步构建了“重点技术研究—技术创新平台—技术示范运用—产业培育发展”的生态环保科技创新体系，为生态环境治理提供了强有力的科技支撑。

（一）重庆生态环保科技创新现状

1. 关键技术点上有突破，总体有差距、“卡脖子”瓶颈明显

重庆市生态环保常规技术产品已经相对成熟，但在高端技术产品方面仍较为欠缺；总体技术水平和可靠性与国内发达地区相比还有较大差距，特别是部分领域存在一些“卡脖子”瓶颈，区域竞争力有待进一步提升。

拥有一批自主创新的优势技术。经过多年的技术攻关和产业培育，重庆市建立了较为完善的生态环保产业技术创新服务体系，部分领域技术领先优势明显。重庆市现有自主研发的可调谐半导体激光吸收光谱分析、湿式电除尘、基于炉排炉的垃圾焚烧发电、有机垃圾高温厌氧消化处理处置等 17 项优势技术（见表 1），并在环境监测仪表、烟气污染控制、垃圾焚烧、有机垃圾处置等领域处于国内领先地位。其中，沸腾式泡沫脱硫除尘一体化技术成为我国超低排放的主流技术路线之一；三峰环境炉排炉垃圾焚烧发电技术，应用于全球 115 座城市的 134 个垃圾焚烧发电项目，持续领跑中国垃圾焚烧发电炉排炉市场；重庆大学研发出世界首台超临界二氧化碳致裂驱替甲烷装置，并在页岩气开采技术上实现了重大突破，实现了二氧化碳的地下封存。

表 1 重庆市生态环保领域优势技术

序号	领域	技术名称	所属单位
1	大气污染治理	沸腾式泡沫脱硫除尘一体化技术	远达环保
2		蜂窝离心高效除雾技术	远达环保
3		湿式电除尘技术	远达环保
4	水处理	污水一体化预处理技术	川仪环境
5		三维结构生物转盘处理技术	川仪环境
6		磁加载混凝沉淀处理技术	川仪环境
7		新型填料人工湿地处理技术	川仪环境
8		好氧颗粒污泥处理技术	市环科院
9	生态修复	库区消落带湿地生态治理关键技术	重庆大学
10		三峡库区森林生态系统价值评价技术等核心技术	西南大学
11	环境监测	可调谐半导体激光吸收光谱技术	川仪分析仪器
12		非分散性红外光线分析技术	川仪分析仪器
13		在线式傅立叶红外线分析技术	川仪分析仪器
14		阻容法湿度分析技术	川仪分析仪器
15	土壤与固废治理	有机垃圾高温厌氧消化处理处置技术	三峰环境
16		炉排炉垃圾焚烧发电技术	三峰环境
17	碳达峰碳中和	超临界二氧化碳致裂驱替甲烷装置	重庆大学

部分关键核心技术亟待突破。当前，重庆市内部分区域、流域生态环境问题依然突出，但治理修复急需的烟气治理、挥发性有机物吸附、垃圾渗滤液处理、土壤重金属分离、生态系统有害生物防控、新型环境监测设备等众多领域，还未掌握关键核心技术，缺乏自主知识产权，现有低碳节能技术也难以满足实现碳达峰碳中和目标的要求，存在“卡脖子”风险（见表2）。

表 2 重庆市生态环保领域亟须突破的部分关键核心技术

领域	技术名称	领域	技术名称
大气污染治理	电炉烟气余热回收及二噁英治理技术	水处理	膜滤处理技术
	高炉煤气脱硫技术		垃圾渗滤液处理技术
	W 火焰炉超低排放技术		页岩气废水生产现场原位处理技术
	低浓度挥发性有机废气沸石转轮吸附浓缩技术		高效磷吸附环保材料研发
	垃圾焚烧飞灰无害化处理		湿地修复生物入侵评估与调控技术

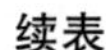
续表

领域	技术名称	领域	技术名称
土壤与固废治理	沼渣减量与资源化	生态修复	湿地生态系统营建及健康评估技术
	超低有机质污泥强化除砂技术		森林生态系统有害生物防控技术
	细粒土壤中重金属污染物分离技术		多种混合重金属污染治理修复技术
	复合重金属污染土壤绿色高效淋洗药剂研发		喀斯特特色经济作物连作障碍与经果林早衰调控技术
	土壤中持久性有机污染物绿色修复药剂研发	碳达峰碳中和	光电热联合催化 CO_2 多途径定向转化技术
	电解锰渣无害化处理技术		工业烟气 CO_2 捕集原位定向转化技术
	页岩气油基岩屑生物处理技术		高碳汇的森林精准抚育间伐和人工林生态系统分结构优化技术
	磷石膏新型胶结材料研发技术	环境监测	DFB 半导体激光器设备研发
	油泥无害化处理和资源化应用技术研发		红外干涉仪设备研发

2. 创新平台逐步完善，国家环保战略科技力量缺乏

现有涉生态环境科研机构 20 家，其中本科院校 11 家，中科院重庆绿色智能研究院等中央属科研机构 3 家，市环科院等市属科研机构 6 家；科技型环保企业 81 家。重庆市现有生态环境领域市级及以上科技创新平台 131 个，其中院士工作站 2 个、国家级重点实验室 2 个、国家级工程技术中心 4 个、市级重点实验室 15 个、市级技术创新中心 7 个、市级工程技术研究中心 25 个、其他研发平台和基地 76 个。

但是，重庆市高水平创新平台相对匮乏，国家级重点实验室和工程技术中心建设培育与浙江、上海等地相比存在较大差距（见表 3）。特别是，生态环境领域的大科学装置和国家实验室等生态环保战略科技力量缺乏，与重庆市肩负的“筑牢长江上游重要生态屏障”的重大使命不匹配。

3. 人才队伍不断壮大，与发达地区相比仍有不小差距

深入实施“鸿雁计划”“英才计划”等政策举措，大力引进生态环境领域的高层次人才。重庆市现有生态环境科技研发人员 34203 人，其中高校和科研院所科研人员 3416 人，正高级和高级技术职称占比分别为 29.0%和 47.0%；

表3　重庆市生态环保领域国家级重点科研创新平台

序号	类型	名称	研究方向
1	院士工作站	中电投远达环保工程有限公司	烟气综合治理
2	院士工作站	重庆亲禾投资(集团)有限公司	绿色建筑节能材料
3	重点实验室	重庆大学煤矿灾害动力学国家重点实验室	矿业安全、环境污染控制与资源化
4	重点实验室	西南大学三峡库区生态环境与生物资源省部共建国家重点实验室	生态环境与生物资源治理
5	工程技术中心	重庆交通大学国家内河航道整治工程技术研究中心	土壤、生态环境治理
6	工程技术中心	中煤科工集团重庆研究院煤矿安全技术国家工程研究中心	矿业安全、环境污染控制与资源化
7	工程技术中心	重庆三峰环境产业集团有限公司生活垃圾焚烧技术国家地方联合工程研究中心	生活污染源治理
8	工程技术中心	重庆大学库区环境地质灾害防治国家地方联合工程研究中心	土壤、环境治理和地质灾害防治

企业技术人员30787人，高级技术职称占比4.9%。拥有生态环境领域“两院”院士3人，国务院政府特殊津贴获得者、国家“杰青”、长江学者、国家学科带头人等高端人才25人，市级学科带头人10人，高层次人才团队17个（见表4），涌现出鲜学福、胡千庭、潘复生、张福锁等一批在国内外知名的生态环保领域顶尖专家。

表4　重庆市生态环保领域部分高层次人才团队

序号	团队名称	承担单位	团队负责人
1	垃圾焚烧与资源化创新创业团队	重庆三峰环境产业集团有限公司	刘思明
2	电镀技术及重金属污染环保治理创新创业团队	重庆巨科环保有限公司	高继轩
3	超细纤维在干净空气和高效节能领域应用技术创新创业团队	重庆再升科技股份有限公司	郭　茂
4	微孔生态透水新材料及生态永久边坡绿化新技术研发创新创业团队	重庆路投科技有限公司	范海军

续表

序号	团队名称	承担单位	团队负责人
5	华悦"1+1"生态环境治理创新创业团队	重庆华悦生态环境工程研究院有限公司	任南琪
6	资源循环利用关键技术及装备创新创业团队	重庆科技学院	周　雄
7	环保装备创新创业团队	中机高科（重庆）环保工程有限公司	杨朝虹

但是，总体上看，重庆市生态环保领域高层次人才偏少，紧缺型领军人才缺乏，受职称晋升困难和收入下降等影响，科研院所人才流失现象突出，企业研发人才紧缺，技术人员和高级职称数量规模均低于全国平均水平。

4. 产业体系日渐完善，装备和产品制造短板突出

重庆已培育污水和污泥处理设备、大气污染防治设备、固体废弃物收运处理设备、环境仪器仪表及环境修复、再生资源综合利用、固体废弃物综合利用、再制造等七大环保产业领域，2019 年实现环保产业营业收入 1032. 82 亿元，2015~2019 年均增长 19. 67%，占重庆市 GDP 的比重从 3. 2%提高到 4. 4%，占十大战略性新兴产业营业收入比重提升至 30. 8%，成为重庆市一个新的经济增长点。

重庆市在环境综合服务领域聚集了部分优势企业，但本地能够形成综合配套的环保装备（产品）制造企业少，且总体上以低端制造为主，关键设备和核心产品的技术水平和可靠性与国内发达地区相比有较大差距，废水处理设备、烟气治理及除尘装备、噪声控制设备等市场份额大多被市外产品占据，对外依存度较高。2019 年，重庆市生态环保领域制造企业营业收入仅约 23 亿元（江苏省 500 亿元、浙江省 200 亿元、四川省 100 亿元、北京市 100 亿元），与传统装备制造大市的地位不相称。

5. 企业主体不断壮大，结构不优、龙头企业缺乏

现有上市环保公司 20 余家，184 家企业被认定为高新技术企业，14 家被评为国家环保产业骨干企业，拥有重庆水务、三峰环境、环卫集团等区域环境综合服务商，远达环保、康达环保、中冶赛迪等系统解决方案服务商，

国际复合、耐德工业、海特环保、东方希望等节能环保装备制造商，以及玖龙纸业、庚业新材料、海龙再生资源等资源综合（循环）利用企业（见表5）。

表5 重庆市生态环保领域前20强企业（2019年）

单位：万元

序号	企业名称	主要领域	营业收入
1	重庆建工第三建设有限责任公司	节能服务	862038
2	重庆水务集团股份有限公司	环境服务	563900
3	玖龙纸业(重庆)有限公司	资源综合(循环)利用产品及服务	515618
4	中节能太阳能股份有限公司	节能产品生产制造、节能服务	501117
5	重庆三峰环境集团股份有限公司	环境服务、环保产品生产制造	435081
6	东方希望重庆水泥有限公司	节能产品生产制造	430378
7	国家电投集团远达环保股份有限公司	环保产品生产制造、环境服务	406701
8	重庆理文造纸有限公司	资源综合(循环)利用产品及服务	353003
9	重庆永航金属制品有限公司	资源综合(循环)利用产品及服务	337552
10	重庆康达环保产业(集团)有限公司	环境服务	281500
11	重庆庚业新材料科技有限公司	资源综合(循环)利用产品及服务	219653
12	重庆润通动力制造有限公司	节能产品生产制造企业	141100
13	重庆三雄极光照明有限公司	节能产品生产制造企业	138329
14	海龙再生资源(重庆)有限公司	资源综合(循环)利用产品及服务	116714
15	重庆国际复合材料有限公司	节能产品生产制造	98547
16	中冶赛迪工程技术股份有限公司	节能、环境服务	93673
17	中冶建工集团有限公司	环境服务	92647
18	重庆剑涛铝业公司	资源综合(循环)利用产品及服务	84894
19	重庆平安胜发建设(集团)有限公司	节能服务	78503
20	重庆市环卫集团有限公司	环境服务	77436

2019年重庆环保产业大型企业占比仅为3.61%，90%为中小微企业，微型企业占比高达46.61%，年营业总收入超过10亿元的企业仅有10家，

尚无一家年营业收入达到百亿级的环保企业，缺少集研发、设计、工程总承包、设备制造、运营服务于一体的大型生态环保集团，缺乏有核心竞争力的龙头骨干企业。

（二）重庆生态环保科技创新的主要问题

1. 环保科研系统性、前瞻性不足

缺乏对主要环境问题成因、污染过程及演变规律、污染物传输和控制技术研发的系统性、长期性的顶层设计，生态环保科研整体统筹规划和阶段性布局不足。对国家、重庆市环保形势和政策分析不够，对环保科技调研不充分、目标定位不准。缺乏对未来主要环境问题的适度超前预判。

2. 多学科技术交叉融合进展缓慢

材料、生物、大数据、信息技术、人工智能等学科快速发展，相比来看，环境科技发展相对滞后，生态环保技术未能充分吸收应用上述最新技术成果，缺乏与其他学科和领域交叉融合，形成创新产品，未能实现重大技术装备创新突破。

3. 科技创新研发投入不足

生态环保研发投入仅占营业收入的 0.88%，占重庆市研究与实验发展（R&D）经费总支出约 1.97%。重庆市生态环境领域技术创新投入不足，投融资体制不完善，重庆市环保股权投资基金大多投向北京、上海、浙江等地环保项目，绝大多数企业只能依靠自身投入开展研发。2019 年，重庆市环保产业研发投入仅占 R&D 经费支出的 1.93%，在全国环保产业科技研发投入中的比重仅为 5.7%。

4. 产学研用协同创新不足

一是技术研发与应用脱节，重庆市生态环保技术研发成果多，但转化效率不高，真正应用到解决实际生态环境问题的少，大范围推广使用的更少。科技成果转化所需要的技术二次开发环节基本属于空白，面向生态环境产业发展需求开展中试熟化与产业化开发的工作格局尚未形成。二是生态环保建设带动产业发展作用不明显。近年来，重庆市每年环保投入占 GDP 的 2%以

上，对生态环境质量的改善和环境监管能力的提升起到了重要的作用，但对重庆市生态环保产业的拉动效应却不充分，没有形成大投入带动大产业的态势。三是技术集成推广不足。当前环境问题大多是区域性的集成问题，如黑臭河道治理就涉及底泥清淤、河道整治、排污企业监测等多方面的技术；工业园区综合整治的覆盖面更广，涉及工业水处理、工业废气、整体监管、应急、企业环境责任险等多个方面，但是由于技术集成推广不足，缺乏整体性解决方案。

5. 科技创新体制机制不顺畅

部分国家既定政策落地难，科研院所的机构、岗位、团队等建设调整自主权较低，科技成果转化缺少容错机制实际操作困难，人才政策“精准性”和“叠加效应”不够，难以激发科技人员自主创新。环保产业政策体系不健全，现有财政和税收等政策较为零散，且执行机制不完善、实施程序复杂，针对产业属性、行业特征、发展机制等方面，仍未形成一套促进生态环境科技成果转化和环保产业发展的政策措施，多数中小型企业无法从中受益，相关招商、财税、金融、土地、人才等特殊优惠政策未能有效落地，对环保产业园区的扶持力度有限。

二　重庆生态环保科技创新的重点与趋势

要按照生态文明建设实现新进步，山清水秀美丽之地建设取得重大进展的新要求，围绕重庆筑牢长江上游重要生态屏障确保水安全的核心功能，坚持面向世界环境科技前沿，扎实推进流域生态环境领域的科学研究和技术攻关，系统推进流域污染源头控制、过程削减、末端治理等技术创新，全面增强科技供给与服务能力，解决突出生态环境问题和促进经济社会全面绿色转型。

（一）生态环保领域基础研究

围绕长江上游生态屏障建设与生态安全，凝练生态环境领域关键科技需求，以生态环境质量改善和生态文明建设为目标，超前谋划设计区域性、流域性重大科研项目。

一是水环境污染与环境过程研究。典型山地城市大气复合污染成因及反应机理、典型山地城市大气复合污染影响扩散规律、不利气象条件下大气环境容量及环境空气质量调控、水环境污染与水资源耦合关系、全球气候变化驱动下长江上游产水格局与生态环境效应、梯级水电开发下长江上游河流环境质量变化及累积效应、新型城镇化影响下三峡库区人居环境质量保障与健康营造机理、典型区域土壤污染特征和控制修复原理、固体废物污染控制及分质转化原理、危险废物特征污染及环境累积效应识别和退化等。

二是长江上游流域生态系统安全研究。长江上游生态安全格局优化，生态系统和生物多样性分布格局与演变机理，生态系统和生物多样性保护的促进机制，受损生态的修复或保育机理及技术，生态系统和生物多样性保护机理，生态系统健康与安全风险评估等应用基础研究，揭示流域生态演变、环境污染及生态退化的成因与调控等。

三是环境与健康研究。开展典型污染物的环境暴露与健康危害机制，典型环境污染物的生态与健康风险评价，敏感区域环境污染对人群健康影响的机制、机理和规律，环境基准研究等。

（二）流域生态环境质量改善技术体系

以关键技术集成和重大应用示范为主线，集成突破污染治理核心技术和设备的研制，形成生态环境一体化治理与修复成套技术体系和综合解决方案，在关键核心技术领域解决“卡脖子”难题，推进智能大数据技术与生态环保的深度融合，构建生态环境质量改善技术体系。

一是空气质量改善技术体系。开展重点区域交通、工业、生活和扬尘污染协同治理，成渝地区大气污染传输、扩散数值模拟等，围绕烟气治理、尾气治理、废气恶臭技术开展成套装置（药剂试剂）研发。深化重点行业典型大气污染物排放全过程控制及源排放在线监管技术评估分析，研发适用于重点行业典型大气污染物排放全过程控制和满足超低排放标准要求的最佳实用技术。突破典型大气污染物净化系统核心部件技术研发。

二是水环境质量改善技术体系。围绕城市大型污水处理厂、小城镇污水处理厂、农村分散污水、垃圾渗滤液等特种废水、面源污染等源头污染处理技术升级与效能提升技术，研究适应重庆山地城镇水污染控制的技术体系，工业污染源控制关键技术、污染物输移转化过程的阻隔削减技术、饮水安全保障技术以及江河湖库水体修复与水源区保护和生态调度调控水质环境过程技术等。

三是土壤与地下水污染防治技术体系。开发土壤修复与治理技术、石油烃和重金属复合污染场地土壤修复技术等；围绕农用地土壤、建设用地及地下水污染治理修复，开展土壤污染快速检测与诊断、土壤污染经济高效治理修复、土壤及地下水污染协同防控、适用修复药剂开发与示范应用，构建污染土壤、地下水修复与风险管控技术体系。加强生物修复技术、复合污染修复技术及综合修复技术研发。

四是流域生态系统修复技术体系。开展河湖和湿地保护修复技术、水土流失综合治理技术、石漠化综合治理技术、三峡库区消落带综合治理技术、矿山治理修复技术等关键技术研究，受损自然生态系统修复技术、山地城镇（群）生物多样性保护与生态修复技术、山地城市亚深水湖库藻华治理技术、湿地恢复与保育关键技术和自然保护地及野生动植物保护监测预警技术研发。从生态系统整体性和流域系统性出发，实施流域生态系统的综合治理，着力扩大流域环境容量和生态空间，构建污染源头控制—过程削减阻隔—修复重建—维护保育等水生态系统综合调控技术与运维保障体系。

五是生态环境智慧化监管技术体系。对接重庆市“智慧城市”平台建设，大力推进物联网、云平台、大数据、移动应用等信息技术与环保、城市应急等领域现代管理业务的深度融合，完善环境监测监控预警体系与综合管理平台。重点开发便携快速监测、自动监测设备、走航监测、航空遥感监测、卫星遥感监测、预警预报等生态环境监测技术；全面整合业务系统和数据资源，面向管理决策，建设智慧生态综合管理系统，开发智慧生态综合管理技术；加快构建生态环境大数据物联网技术架构和应用体系，建设生态环境大数据新型基础设施，开发生态环境大数据智能感知技术。

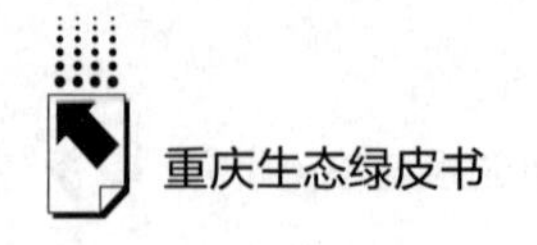

（三）碳达峰碳中和技术体系

攻克绿色能源、工业节能降碳、低碳建筑、绿色智慧交通、废弃物综合利用及碳捕集利用与封存（CCUS）等重点领域关键核心技术。

一是绿色能源关键技术。开展火电等能源生产环节节能减排关键技术及装备研究，大力发展水电、氢能、地热能、风能、太阳能等清洁能源，加快研发能源储存、智慧能源等关键技术与装备，促进重庆市能源生产绿色化、清洁化、智慧化。推动新能源颠覆性技术与先进性技术规模化应用，突破能源储存关键技术，研发智慧能源关键技术及装备。

二是重点工业领域节能降碳技术。重点开展电力、冶金、建材、化工等重点高耗能、高排放行业能源电气化、生产全过程深度脱碳等绿色生产技术研究与工程应用。开展电力、冶金、建材、化工等重点行业深度减排脱碳技术及产业化，重点行业能源高效利用技术及规模化应用，推进重点行业工艺优化与绿色智能生产。

三是绿色智慧交通技术。着力创新绿色交通、智慧交通技术，重点开展氢燃料电池车相关的氢燃料电池堆、车载储氢系统等关键技术，以及纯电动车低碳化电池和快充技术研发，开展燃油车/船污染治理、节能减排技术研究与应用。重点发展氢燃料电池车全产业链技术，提升纯电动汽车全生命周期低碳化技术，研发燃油车/船深度节能减排与治理技术，构建智慧交通运行体系。

四是绿色低碳建筑技术。推动建筑全过程的绿色化、低碳化发展，重点开展低碳建筑新技术、新材料和新型装备研发，以及装配式建筑关键技术和应用。重点发展绿色建筑技术、新型建筑工业化技术等。

五是废弃物碳循环利用技术。围绕工业、农业、生活三大领域废弃物，重点研发废弃物资源化、能源化关键核心技术及装备，并开展示范应用，助力重庆市绿色低碳循环发展经济体系建设。促进工业固体废物资源回收、危险废物资源化协同处置技术和尾矿库污染治理技术研发，研发农业固体废弃物能源化与资源化关键技术、厨余垃圾无害化处置与二次污染防治技术等。

推动垃圾渗滤液全量处理、垃圾焚烧飞灰无害化处理、餐厨（厨余）垃圾干式/两相厌氧消化、沼渣减量与资源化、医疗废物高温蒸煮等技术研发。

六是碳捕集利用与封存技术。重点聚焦大气污染协同控制、碳捕集、碳封存以及高效转化与利用等关键技术研究和示范应用，为重庆市实现碳达峰、碳中和总目标提供有力支撑。重点发展大气污染治理及减碳协同技术、新一代低成本碳捕获技术、CO_2低成本资源化封存技术、高效 CO_2转化与利用新工艺等。

（四）生态环境技术集成示范

围绕三峡库区、成渝地区双城经济圈生态共建环境共保、山水林田湖草生态系统治理修复、广阳岛、“四山”整治与修复提升、水土流失治理、成渝地区大气污染联防联控、“无废城市”等重大战略和重点领域，开展区域全过程污染控制和生态保护的技术集成与应用示范研究。

生态保护和修复关键技术集成示范。开展城区“两江四岸”景观提升、“四山”保护提升、广阳岛片区绿色发展技术开发与应用示范。长江干支流重点流域水环境综合调控应用示范、成渝地区重点区域大气复合污染联防联控技术集成与示范、三峡库区环境保护技术集成与示范。

生态环保与智能化融合技术集成示范。将人工智能技术引入生态环保技术领域，积极探索并实现智能大数据技术在生态环保领域的关键应用点，形成具有示范效应的应用场景。

“碳中和”技术集成示范。针对实现“碳中和”的国家战略目标，开展“可再生能源+储能”技术、碳捕集利用和封存技术等绿色低碳发展及碳中和的关键核心技术和气候投融资、“碳汇+”生态产品等应用场景的集成示范。

（五）以科技驱动生态环保产业发展

一是产业融合培育新兴产业。充分利用重庆制造业基地优势，如以大数据智能化为导向发展生态环境大数据产业，以生物技术为导向发展生物滞留系统、水体净化、水生态治理等生态健康产业，以高端装备制造业为载体带动高端环保装备制造发展，以新能源产业为导向发展资源综合利用相关产业，以新材料为导向发展环保新材料产业，以基因技术为导向发展生物多样性保护和生态系统治理产业。

二是推进关键装备与核心材料制造。依托川仪股份、三峰环境、再升科技、康达环保等优势企业，推进污水处理设备、水质污染监测/检测设备、垃圾焚烧发电、智能化监测装备、大气污染防治设备制造、固体废弃物收运处理设备等品牌化、高端化发展。积极发展土壤污染检测与修复装备、矿山复垦与生态修复技术装备、噪声与振动控制装备。全面提升水、土壤、噪声、大气、固体污染防治及监测等领域内的环保药剂、环保材料等供应能力，重点开发与污染治理设备配套的试剂、水处理膜材料以及水污染事故应急处置的功能材料。

三是推进生态环保产业智能化、网络化发展。建设环保装备智慧云平台，推动“互联网+”再造生态安全装备制造业，实现设计数字化、产品智能化、生产自动化和管理网络化。推进生态物联网产业发展，实现重庆物联网产业基地与生态安全深度融合，构筑涵盖感知、网络通信、处理应用、关键共性及基础支撑的生态物联网产业链。

三　推进重庆市生态环保科技创新的保障措施

（一）完善生态环保科技创新体系

一是培育生态环境国家级重点学科。围绕三峡生态环境、山地灾害与环境等领域推进学科建设和重大科技项目立项，开展水污染过程与控制、生态过程与重建、山地表生过程与生态调控、山地灾害与地表过程、环境健康等基础科学问题研究，支持重庆大学、西南大学等高校建设环境科学与工程、生态学等国家级重点学科。

二是培育高层次创新研究人才队伍。依托英才计划持续加大海内外生态环境高层次人才队伍的引进和培育力度，围绕成渝地区大气污染协同防控、三峡库区水环境安全、碳捕集利用与封存（CCUS）、土壤污染修复等建设跨区域、跨学科、跨体制的领军型技术创新团队。在领军人才选拔、博士后工作站推荐等高层次人才项目中适当向生态安全类企业、人才倾斜，提高薪酬等各方面待遇。建设人才公寓，对高层次科技人才落户予以奖励。探索内外有别的开放合作机制，在某些前沿科技领域、涉及国家安全的相关应用和关键技术，在确保国家秘密不外泄的基础上，更好利用海外智力资源。建议在香港或欧洲与合作机构或高校成立境外、海外联合机构，或通过在当地购买相关科研物资，在当地开展科研工作。

三是构建以国家实验室为引领的科技创新平台体系。以长江上游种质创制科学工程、长江模拟器大科学实验装置为基础，整合成渝地区及长江沿线创新资源，积极筹建生态环境国家实验室，承担长江经济带生态保护重大科技任务、攻关抢占生态环保的战略制高点。以国家实验室、综合性国家科学中心建设为牵引，聚焦信息、生命、能源、生态等重点学科领域，合理有序建设大科学装置，推动大科学装置与国家级重大科技创新平台建设互相带动、同步发展。积极争取国家工程研究中心和国家野外科学观测研究站在重庆市布局，在低碳零碳负碳技术、光化学污染成因分析与防控、固体废物资源化利用、三峡库区生态保护与污染控制等领域，争取建设一批国家重点实验室和工程技术工程。推进成渝地区生态环境联合研究中心建设。支持重点企业设立独立研发或联合研发机构，鼓励企业打造环保产业研究院、技术创新中心等高端新型研发机构。

四是积极培育以企业为核心的创新主体。支持企业设立研发机构，支持企业牵头组建创新联合体，引导环保企业承接国家重大科技项目，加强技术研发和发明创造，实现高新环保企业数量和规模增加值“双倍增”。围绕绿色产业创新发展，通过经费配套、绩效奖励等多种方式，支持规模以上企业建立重点实验室、工程（技术）研究中心、院士工作站等创新平台，形成一批拥有自主知识产权和专业化服务能力的专精特新企业和产业基地。企业研发费用加计扣除范围扩大到创新联合体有形和无形资产购置。国企牵头组建创新联合体，投入资金参照企业“研发准备金”考核和管理，免于增值保值考核、容错纠错。

五是加大生态环境科技创新投入。加大生态环境科技创新财政投入力度，要建立完善稳定支持和适度竞争相协调的生态环境科技投入方式。加强生态环境科技管理，提高科技资源配置效益。探索建立生态环保产业发展基金，重点支持成渝地区生态环保企业创新和科技成果转化。拓宽生态环境科技融资渠道，依托政府的政策引导，以市场为导向，发挥企业技术创新主体作用，引导激励企业增加研发经费投入，着力构建“政府+科技+企业”的联合发展模式，推动企业成为生态环境保护技术创新投入、开发和成果应用的主体，引导生态环境产业快速健康发展，实现优势互补、互利共赢。

（二）完善生态环保科技创新体制机制

一是强化科技战略规划引领。研究制定重庆市面向 2030 年碳达峰和 2060 年碳中和愿景下的生态环境科技创新攻关计划，明确科技创新的总体思路、主要目标、主攻方向与重点任务、科技创新支撑体系等，集中力量开展生态环境技术攻关，大力发展生态绿色节能环保产业，并纳入全市“两中心”“两地”“两高”发展总体规划，从关键核心技术研发、创新主体培育、人才队伍培育等方面实现突破，引领生态优先、绿色发展。

二是推进生态环境科技领域“揭榜挂帅”。推动改革市级生态环境科技重大专项实施方式，市级相关部门每年制定发布生态环境领域的科技攻关项目榜单，突出榜单刚性目标，面向市内外的高校、科研院所、企业等征集技术创新成果，科学合理、公开公平确定“揭榜者”“挂帅人”，坚持结果和成效评价，为集中突破关键核心技术提供良好环境保障。

三是推进科技创新“链长制”。积极构建完整的生态环境领域技术创新链，建立技术创新“链长制”。充分发挥政府的积极作用，由市级分管领导或者相关行业主管部门负责人担任“链长”，研究解决人才、资金、技术、数据等关键资源要素的共性问题，作为整个技术链的倡导者、支持者、维护者和守望者；充分发挥企业在科技创新中的主体作用，由相关行业龙头企业如三峰环保、远达环保等担任“链主”，带动产学研用和中小企业形成链式创新，形成以技术链为纽带的集群发展。

四是进一步完善科技创新激励机制。深化生态环境科研管理“放管服”改革，赋予科研单位更大自主权，实施高校和科研院所法人治理制度，分类制定科研院所与其他事业单位岗位设置比例，建立技术创新容错机制。健全生态环境科技成果转化实施机制，推进科技人员股权激励政策，对市场急需、可能形成优势的环保技术成果，采取投资和技术入股方式进行转化。改进创新科技人才评价考核方式，建立差异化的分类评价考核体系，优化收入分配激励机制。

五是健全创新技术成果转化支持机制。实施积极的财税、金融扶持政策，优化环保首台（套）重大技术装备支持政策，推动环保技术转化应用。加大绿色金融服务创新，鼓励金融机构加大绿色信贷产品和服务创新，积极争取国家绿色发展基金支持，探索建立区域性绿色发展基金，推进政府购买服务向本地科技型环保企业倾斜。拓宽企业绿色融资渠道，推动实施“技术产权证券化”项目，支持初始型环保企业在证券交易中获得更多融资。实施环保服务企业“十百千”示范行动，选择10家龙头企业和100家骨干企业开展结对服务，为企业送政策、送技术、送帮扶。

（三）完善科技创新与产业发展配套服务

一是建设成渝地区生态环境大数据平台。联通成渝生态环境监测网络大数据资源，基本实现基础数据和信息共享，解决生态环境科研数据共享程度低和数据资源挖掘能力不足，难以适应生态环境管理需要的问题；研究建立生态环境数据资源目录体系，开展数据资源统一管理与共享平台建设，为生态环保科技创新和产业发展提供数据基础支撑。

二是筹建生态环境资源交易中心线上平台。实现碳排放权、排污权等环境要素以及生态安全产业技术、产品、服务等“一站式”交易。

三是打造生态环保产业体验展示中心。整合生态环保领域资源，突出产品展示、信息发布、创意设计、产业孵化等功能。

四是打造国际生态环保产业会展品牌。依托智博会、中国国际节能环保技术装备展示交易会等，打造国际生态安全产业博览会，推进生态环保国际学术交流、产品交易，实现技术论坛、新品发布常态化。

五是打造国际生态环保产业贸易港。大力发展环保技术贸易、服务贸易和货物贸易等，借助贸易便利化等措施，支持生态安全企业设立海外营销网络，开拓共建“一带一路”国家和地区的新市场空间。

六是发展新型生态环保服务业。进一步完善碳排放权交易、排污权交易，大力发展绿色金融、绿色认证、环境信用评价、生态风险与损害评价，积极开展环境污染责任保险试点。

参考文献

中国科学院西北生态环境资源研究院文献情报中心资源生态环境战略情报研究团队:《趋势观察：国际资源生态环境领域科技发展态势与战略》，《中国科学院院刊》2021 年第 2 期。

吕美花:《探讨环保科技创新能力的发展》,《环境与发展》2018 年第 10 期。

常杪、杨亮、孟卓琰等:《中国环保科技创新的推进机制与模式初探》,《中国发展》2016 年第 6 期。

么新、熊天煜、郭文婷等:《中国生态环境科技创新体系建设研究》,《中国环境管理》2020 年第 6 期。

胡清、高菁阳、王超等:《生态环境科技转化与产业发展融合之路探索》,《中国环境管理》2020 年第 6 期。

中国科学院创新发展研究中心、中国生态环境技术预见研究组：《中国生态环境 2035 技术预见》，科学出版社，2020。

权威报告 · 连续出版 · 独家资源

皮书数据库

ANNUAL REPORT(YEARBOOK) DATABASE

分析解读当下中国发展变迁的高端智库平台

所获荣誉

- 2020年，入选全国新闻出版深度融合发展创新案例
- 2019年，入选国家新闻出版署数字出版精品遴选推荐计划
- 2016年，入选“十三五”国家重点电子出版物出版规划骨干工程
- 2013年，荣获“中国出版政府奖 · 网络出版物奖”提名奖
- 连续多年荣获中国数字出版博览会“数字出版 · 优秀品牌”奖

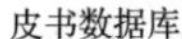

皮书数据库

“社科数托邦”
微信公众号

成为用户

登录网址www.pishu.com.cn访问皮书数据库网站或下载皮书数据库APP，通过手机号码验证或邮箱验证即可成为皮书数据库用户。

用户福利

- 已注册用户购书后可免费获赠100元皮书数据库充值卡。刮开充值卡涂层获取充值密码，登录并进入“会员中心”—“在线充值”—“充值卡充值”，充值成功即可购买和查看数据库内容。
- 用户福利最终解释权归社会科学文献出版社所有。

数据库服务热线：400-008-6695
数据库服务QQ：2475522410
数据库服务邮箱：database@ssap.cn
图书销售热线：010-59367070/7028
图书服务QQ：1265056568
图书服务邮箱：duzhe@ssap.cn

社会科学文献出版社 SOCIAL SCIENCES ACADEMIC PRESS (CHINA) 皮书系列
卡号：931489215632
密码：

S 基本子库
UB DATABASE

中国社会发展数据库（下设 12 个专题子库）

紧扣人口、政治、外交、法律、教育、医疗卫生、资源环境等 12 个社会发展领域的前沿和热点，全面整合专业著作、智库报告、学术资讯、调研数据等类型资源，帮助用户追踪中国社会发展动态、研究社会发展战略与政策、了解社会热点问题、分析社会发展趋势。

中国经济发展数据库（下设 12 专题子库）

内容涵盖宏观经济、产业经济、工业经济、农业经济、财政金融、房地产经济、城市经济、商业贸易等 12 个重点经济领域，为把握经济运行态势、洞察经济发展规律、研判经济发展趋势、进行经济调控决策提供参考和依据。

中国行业发展数据库（下设 17 个专题子库）

以中国国民经济行业分类为依据，覆盖金融业、旅游业、交通运输业、能源矿产业、制造业等 100 多个行业，跟踪分析国民经济相关行业市场运行状况和政策导向，汇集行业发展前沿资讯，为投资、从业及各种经济决策提供理论支撑和实践指导。

中国区域发展数据库（下设 4 个专题子库）

对中国特定区域内的经济、社会、文化等领域现状与发展情况进行深度分析和预测，涉及省级行政区、城市群、城市、农村等不同维度，研究层级至县及县以下行政区，为学者研究地方经济社会宏观态势、经验模式、发展案例提供支撑，为地方政府决策提供参考。

中国文化传媒数据库（下设 18 个专题子库）

内容覆盖文化产业、新闻传播、电影娱乐、文学艺术、群众文化、图书情报等 18 个重点研究领域，聚焦文化传媒领域发展前沿、热点话题、行业实践，服务用户的教学科研、文化投资、企业规划等需要。

世界经济与国际关系数据库（下设 6 个专题子库）

整合世界经济、国际政治、世界文化与科技、全球性问题、国际组织与国际法、区域研究 6 大领域研究成果，对世界经济形势、国际形势进行连续性深度分析，对年度热点问题进行专题解读，为研判全球发展趋势提供事实和数据支持。